까다롭고 예민한 우리 아이,
왜 이렇게 힘들까요?

까다로운 기질, 하이니즈 베이비 맞춤 육아법

까다롭고 예민한 우리 아이, 왜 이렇게 힘들까요?

까다로운 기질, 하이니즈 베이비 맞춤 육아법

송희재 지음

북림

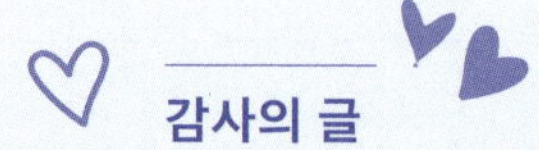

감사의 글

고생스런 시절을 잘 이겨내고
자기다운 행복을 만들어 가는 모습으로
확신을 갖고 이 책을 쓰게 해 준,
귀여운 장난기로 매일 웃음을 안겨 주고
빛나는 미소로 더없는 기쁨을 선물해 주는,
'있는 그대로의 너'를 사랑함으로써
'있는 그대로의 나'를 일깨워 준,
사랑하고 사랑하고 또 사랑하는
아이에게 —

내가 믿는 가치를 인정해 주고
나의 결정들을 존중해 준,
양육의 중요성을 누구보다 깊이 이해하며
그 무게를 나누어 짊어지고
울고 웃는 벅찬 순간들을 함께 맞이해 준,
기나긴 여정의 든든한 동반자가 되어 준,
이제는 연인과 부부라는 이름을 넘어
부모라는 이름으로 더 깊이 사랑하게 된
남편에게 —

깊은 애정과 고마운 마음을 전합니다.

아이를 함께 키우는 '마을'이 되어 준
이웃사촌 엄마들과 아이들,
너무 고마운 거 알죠?

더 크고 다채로운 세상을 보여 주시는
아이의 모든 선생님들께
깊이 감사드립니다.

깊은 희로애락을 함께하며 함께 성장한
하니카페의 한 분 한 분,
그리고 오래도록 힘이 되어 준
스텝 세연 언니와 희연이, 고맙고 사랑해요!

믿고 맡겨 주신 이수정 대표님,
한결같이 응원해 주신 황지영 실장님, 더없이 감사합니다.

힘든 만큼 빛날 아이를 키우는 부모님들,
당신의 고군분투는 헛되지 않아요!
우리 하이니즈 어린이들,
고유의 색으로 너답게 빛날 모습을
기대해, 응원해, 축복해!

어느 것 하나 쉽게 넘어가는 일이 없어 매일같이 좌절하던 때, '하이니즈(high-needs)'라는 개념을 처음 접했습니다. 정말 유레카의 순간이었어요. 외부의 시선이 아니라 아이의 눈높이에서 다시 바라보니, 비로소 내 아이가 온전히 이해되기 시작했습니다. 아이가 그냥 찡찡거리는 게 아니라, 저에게 자신의 마음을 전달하고 있다는 걸 분명히 알 수 있었어요. 그때부터 양육 방향에 확신을 갖고 아이와 단단한 관계를 쌓아 나갈 수 있었습니다. 이제 아이는 십 대가 되었고, 돌이켜 보면 그때의 전환점이 더욱 감사하게 느껴집니다.

이 책은 같은 길을 걷고 있는 부모들에게 따뜻한 위로와 확신을 건네는 든든한 안내서가 되어 줄 것입니다.

강예영 하니베베 카페 멤버

아이가 태어난 순간, 기대와 설렘으로 가득 찼던 제 마음은 얼마 지나지 않아 당황과 좌절, 우울감으로 바뀌었습니다. '내가 잘못하고 있나?', '왜 내 아이만 이렇게 유난스럽지?'라는 질문을 품고, 수많은 육아서와 영상에서 정답을 찾아 헤매며 하루하루를 버텼습니다.

그런 간절함 끝에 '하니카페'를 만나, 예민한 아이를 이해하는 구체적이고 실질적인 방법들을 알게 되었죠. 아이의 기질을 이해하고, 아이만의 성장 속도에 맞춰 함께 울고 웃으며 우리 가족만의 육아 방식을 찾아 갈 수 있었습니다.

어느새 아이는 건강하게 자라 씩씩한 초등학생이 되었고, 평온한 일상을 보낼 수 있음에 감사함을 느낍니다. 이 책은 특별한 '하이니즈' 아이를 만나서 버겁고, 외롭고, 막막한 육아의 길을 걷는 부모에게 지금 꼭 필요한 희망과 해답을 건네는 길잡이가 되어 줄 것입니다.

김은희 하니베베 카페 멤버

그 시절, 아이는 하루하루가 아슬아슬했어요. 잠시도 눈을 뗄 수 없고 무엇 하나 쉽지 않았지요. 그런 아이를 있는 그대로 받아들이고 아이의 속도에 맞춰 사랑을 듬뿍 주었더니, 꽃처럼 피어나 어디서든 사랑을 나누는 사람이 되었습니다.

교사로서도 이제는 보입니다. 교실에서 작은 변화에도 마음으로 반응하고, 다른 사람의 표정을 읽고, 누구보다 빨리 손 내밀 줄 아는 아이들, 섬세함과 공감 능력을 지닌 아이들은 사실 하이니즈 출신이라는 사실! 하이니즈는 단연컨대 꽝이 아닌 로또입니다!

김희연 초등 교사, 하니베베 카페 스태프
『아이의 자존감과 엄마의 자존심이 충돌할 때』 저자, 교육 공동체 〈잇다〉 대표

"저희 아이와 비슷한 것 같아요." 어느 날 누군가가 조심스레 말을 건넸습니다. 아이는 유난히 많이 울고 잠이 없었고, 이유식도 거부한 채 온종일 엄마의 집중만을 요구했지요. 버겁고 외롭기만 하던 그때, 하니베베 카페를 통해 '하이니즈'를 알게 되었고 큰 위안이 되었습니다. 하이니즈 개념은 아이를 까다롭거나 유별나다고 규정하지 않고, 그저 욕구가 많고 채워 줘야 할 사랑이 더 클 뿐이라고 알려 주었고, 아이를 있는 그대로 이해하도록 이끌어 주었습니다.

아이에게 더 큰 '욕구 주머니'가 있다는 사실을 알게 된 후, 아이를 바꿔 보려던 태도를 버리고 그 주머니에 매일 사랑을 채워 주기만 했습니다. 사랑과 이해를 먹고 자란 아이는 빛이 났고, 이제는 스스로 욕구를 조절할 줄 아는 소년이 되었습니다. 저 역시 제 존재를 있는 그대로 받아들이게 되었고, 그 특별함을 바라보게 되었습니다. 희재 작가님께 진심으로 감사드립니다.

김세연 그림책 작가, 하니베베 카페 스태프

Contents

1부 · 까다로운 기질, 하이니즈베이비

Chapter 01.
까다로운 아이의 탄생 ··· 033

Chapter 02.
기질을 고려한 양육의 중요성 ··· 051

Chapter 03.
까다로운 아이의 성장 과정 ··· 060

Chapter 04.
까다로운 아이는 무엇이 다를까? ··· 070

Chapter 05.

까다로운 기질 양육법의 핵심 … 102

2부 · 욕구를 알면 아이가 보인다

Chapter 01.

'하이니즈'라 불러 주세요 … 127

Chapter 02.

우리 아이는 어떤 욕구가 강할까?

3부 · 기질에 맞춘 양육 전략

시작하며

까다로운 기질, 1분 만에 감 잡기

우리 아이들은요, 하이니즈^{high-needs}, 즉 욕구가 강렬해요.

위 그림에서 왼쪽은 욕구 그릇의 크기가 적당한 아이에요.

평범한 일상에서도 욕구가 충족되어 기분이 좋아요.

그렇기에 요구사항이 딱히 많지 않아요.

위 그림 오른쪽은 욕구 그릇이 유난히 큰 까다로운 기질의 아이에요.

일상의 환경에 좀처럼 만족하지 못해요.

더더 섬세한 케어를 원해요! 더더 나에게 딱 맞는 환경을 원해요!

이런 아이들은 요구사항이 많고 뚜렷해요. 호불호가 강해요.

사랑과 인내와 관심과 에너지를 몇 배로 퍼부어 줘야 해요.

욕구 그릇이 너무 큰 나머지, 욕구가 충족되기 어렵기에

까다로운 아이들은 짜증을 많이 느끼곤 해요.

특히 어릴수록 더 취약해요.

거대한 욕구가 스스로 감당 못 할 만큼 버겁게 느껴지거든요.

스트레스가 쌓이면 문제 행동이 나타나요.

스트레스가 안을 찌르면 우울, 불안 등 내면화 문제가 나타나고,

스트레스가 밖을 찌르면 행동 조절이 어려운 외현화 문제가 나타나요.

까다로운 아이들의 한도 끝도 없는 보챔은 육아를 굉장히 힘들게 하지만,

아이 입장에서는 일종의 구원 요청이랍니다.

아이가 지속적으로 좌절을 겪으면 욕구 그릇에 구멍이 생겨요.

    까다롭고 예민한 우리 아이, 왜 이렇게 힘들까요?

결국 채워도 채워도 구멍으로 물이 새어 나가므로

만성 스트레스에 시달리며 불안정한 상태가 기본 정서가 되어 버리지요.

욕구의 결핍이 만성화되면 아예 욕구 그릇이 깨어져

성격 장애가 생길 수도 있어요.

물론 적당한 상처는 괜찮아요! 오히려 좋지요.

정서적 지지를 받으며

욕구 그릇의 작은 구멍들을 메꾸면

점차 회복력이 길러지거든요.

까다로운 기질의 아이들은 아무래도

욕구가 크고 많은 만큼 욕구가 좌절될 일도 많아요.

욕구 그릇에 구멍이 생길 위험도 많고

메꿈을 경험할 기회도 많은 것이지요.

양육자에게 기질을 인정받고, 있는 그대로 사랑받으며

안정적 충족과 안전한 결핍을 경험한 아이에겐 서서히

욕구를 다스리는 힘, 즉 조절력이 자라나요.

올바른 훈육을 통해 자기 성찰이 가능해지고

타인의 입장을 이해할 수 있게 되면

그만큼 욕구 그릇 안에 필요한 물의 양을

스스로 조절할 수 있게 되고 기분도 조절할 수 있어요.

그뿐인가요?

처음엔 양육자의 도움이 필요하지만,

점점 스스로 욕구를 채울 수 있는 수도꼭지도 생겨나요.

내가 원하는 것을 스스로 알아채고,

그 욕구를 충족하기 위해 고민해 보고,

적절한 방법을 찾고, 실행하는 힘이 길러지죠.

이러한 주도성은 스스로 인생을 이끌어 가는 힘이 돼요.

큰 욕구 그릇을 타고난 아이가 (잠재력)

구멍 없이 탄탄한 바닥에 (정서 안정)

안정적인 채움돌을 갖추고 (조절력)

성능 좋은 수도꼭지까지 획득한다면? (주도성)

         까다롭고 예민한 우리 아이, 왜 이렇게 힘들까요?

거기에다 자기 욕구를 타인의 욕구와 조화시키는 법을 배우고(사회성)

나아가 넘치는 물을 타인에게까지 나누어 줄 수 있다면(기여)…

얼마나 멋진 에너지를 갖게 될까요?

이것이 까다로운 기질을 가진 아이의 육아 목표랍니다!

아이가 어릴수록 하이니즈라는 특성, 즉 크나큰 욕구가

불행의 씨앗으로만 느껴질 수 있어요.

그러나 우리 특별한 아이들은요, 노력한 만큼 보람을 주는 아이들이에요.

차근차근 아이가 자랄 때마다 단점인 줄 알았던 것들이 장점이 되고

저주로 느껴졌던 욕구가 성장의 동력이 돼요!

까다로운 아이 키우기, 참 어렵지요.

하지만 힘든 만큼 빛날 우리 아이들을 믿어 주세요.

육아가 고된 만큼, 그만큼 보람 있는 여정이 될 거예요.

까다롭고 예민한 아이의 잠재력, 잘 보존해 주세요.

그리고 우리 함께 성장해요!

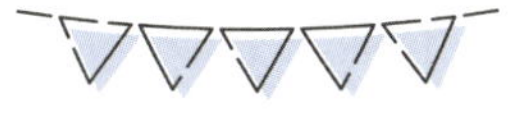

책이 나오기까지

어여쁜 아기가 태어났어요. 나는야 준비된 양육자! 이미 다수의 육아서를 섭렵하여 다 공부해 놨기에 자신 있어요. 솔직히 잘할 수 있을 것 같아요. 계획한 대로 생활 습관도 척척, 훈육도 척척, 학습도 척척! 부모 말을 존중하고 자기 앞가림 잘하는 아이로 키우면 되잖아요. 조금 고생하면 얼마 지나지 않아 내 생활을 되찾을 수 있겠죠? 나는 지나치게 육아에 목매지 않고 내 삶을 유지하는 멋진 부모가 될 거예요.

어라, 그런데 왜 이러죠? 아이가 생각보다 너무 예민하고 까다로워요. 앗, 겨우겨우 재워 놔도 작은 소리에 깨 버려요! 어머, 한번 울기 시작하면 걷잡을 수 없어요. 이런, 커피 타임은커녕 화장실 갈 틈도 안 줘요! 뭐야, 유모차만 태우면 안아 달라고 자지러져요! 아니,

왜 이렇게 혼자 못 노는 거죠? 으악, 아이의 분리불안이 심해서 마음이 너무 불편해요! 맙소사, 왜 이렇게 징징대는 걸까요?

비교하지 않으려 아무리 애써도 저절로 비교가 돼요. 동네 아이들은 어찌나 밝고 명랑하게 잘 노는지, SNS 속 아이들은 어찌나 잘 먹고 잘 자는지, 친구의 아이들은 어찌나 적응력이 좋아 보이는지… 뭐 하나 마음먹은 대로 되는 게 없더라고요. 온종일 긴장하고 쩔쩔매는 바보가 돼 버렸어요.

당황스럽고 점점 우울해졌어요. 쉴 새 없이 몰아치는 육아 일상이 마치 전쟁처럼 느껴졌죠. 수많은 조언을 들었지만 소용없었어요. 아이의 요구에 응하지 말라? 그럴수록 아이는 더 까다로워졌고 육아의 질은 나락으로 떨어졌어요. 부모가 먼저 행복해라? 어린 자식이 울고 있는데 마냥 행복할 수 있는 부모가 있을까요? 부모의 불안한 시선을 버려라? 아니에요, 내 아이는 실제로 무언가 많이 불편해서 도움을 요청하는 느낌이었어요. "이렇게 해라, 저렇게 해라…" 나중엔 귀를 막고 싶었어요.

무엇보다 죄책감이 심했어요. 혹시 내가 굉장히 형편없는 양육자라 아이를 망치고 있는 건 아닐까, 두려웠어요. 눈앞이 캄캄했죠. 때로는 창피했어요. 어디론가 숨고 싶었어요. 왜 나만 이렇게 허둥지둥대는 건지 답답했어요.

하지만 절망에만 빠져 있을 수는 없었죠. 이대로 무너질 순 없었어요. '효율적인 육아'에 대한 로망을 버리고, **내 아이는 조금 더 손**

   까다롭고 예민한 우리 아이, 왜 이렇게 힘들까요?

이 많이 가고 예민한 아이란 걸 받아들였어요. 오로지 내 아이에게 무엇이 필요한지를 고민했어요. 내 삶은 잠시 내려놓고, 내 아이를 누구보다 잘 아는 사람이 되고자 기꺼이 육아 밭에서 뒹굴며 아이에게 올인했어요.

정신없이 휘몰아치는 정보의 홍수 속에서 내 아이에게 맞는 정보들을 선별해야 했어요. 아이가 잠들면, 이미 녹초가 된 상태에서도 밤새 육아 관련 전문 연구 자료를 뒤지곤 했어요. 수없이 깨는 아이를 다시 재우면서 말이죠.

'우리 아이는 왜 이렇게 까다롭고 예민할까? 대체 왜? 뭐가 문제지?' 하나씩 원인들을 파악하게 됐어요. **어떤 면은 시간이 답이라는 것, 어떤 면은 평생 안고 다스리며 살아야 한다는 것, 또 어떤 면은 적극적으로 도움을 줘야 한다는 걸 배우게 되었죠. 우리 아이는 남들보다 훨씬 섬세한 돌봄이 필요한 아이란 걸 확실히 알게 됐어요. 또 이렇게 예민하고 까다로운 아이들에게 특별한 잠재력이 있다는 희망찬 사실도요!**

가장 큰 전환점은 '하이니즈'라는 용어를 접하면서 찾아왔어요. '하이니즈'는 이렇게 까다롭고 예민하고 요구적이며 키우기 힘든 아이들의 기질을 '욕구'에 초점을 맞춰 재해석한 용어예요. 'high-needs', 즉 욕구가 크다는 뜻이지요.

이 용어를 접했을 때, 큰 울림이 있었어요. 아이의 기질을 까다롭다거나 느리다거나 예민하다는 등 양육자의 시선으로 바라보고 평가하는 게 아니라, 아이 입장에서 아이 마음을 있는 그대로 대변하는 것으로 느껴졌거든요. "엄마 아빠, 나는 못된 아이가 아니에요. 다만 다른 아이들보다 욕구가 클 뿐이에요." 내 아이가 나에게 이렇게 말하는 듯했어요. 그래서 부모에게 도움을 구하는 것이었군요. 까다롭다거나 예민하다는 표현 대신 '하이니즈'라고, 단어 하나 바꾸었을 뿐인데 아이를 바라보는 내 마음이 달라졌어요.

'하이니즈'라는 용어는 미국의 저명한 소아과 의사 윌리엄 시어스William Sears가 만들고 소개했어요. 시어스는 애착 육아의 선구자로, 평생 건강한 가정에 대한 교육에 힘썼어요. 간호사 아내와 함께 40권 이상의 책을 쓴 베스트셀러 작가이기도 하지요. 시어스 부부는 까다로운 아이들을 위한 양육법에도 중요한 기여를 했어요.

시어스는 8남매의 아빠예요. 첫 아이 셋은 순했대요. 그래서 자신을 찾아와 상담하는 부모들이 아이의 기질이 까다롭다며 한탄할 때 이해하기 어려웠다지요. 이론적으로는 기질에 대해 빠삭한 전문가였지만, 직접 겪어 본 적은 없으니까 말이에요. 그러다 넷째 딸 헤이든이 태어났는데, 전형적인 까다로운 기질의 아이였다고 해요. '요구하는 것도 많고 요구하는 정도도 컸고 요구하는 방식도 남달랐다'라고 표현하고 있어요. 덕분에 시어스는 까다로운 아이를 키운다는 게 어떤 일인지 직접 경험하며, 아이가 까다롭게 구는 이유는 육아 방식이 잘못됐기 때문이 아니라 타고난 기질의 영향이 크다는 걸 몸소 체험했대요. 그제서야 기질이 강렬한 아이를 키우는 양육자들의 힘든 마음을 온전히 이해하게 됐다지요.

시어스 부부는 오빠들과 너무 다른 까다롭고 예민한 아이를 키우며 기존의 양육법을 완전히 바꿔야 했는데, 그 과정은 아주 힘든 여정이었지만 충분히 그럴 만한 가치가 있었다고 말해요. 이후 시어스는 까다로운 기질의 아이를 어떻게 양육해야 하는지에 대해 집중적으로 연구했어요. '하이니즈'라는 특성이 육아를 어렵게 하는 건 분명하지만 결국 중요한 건 아이가 자신의 특별한 기질을 어떻게 받아들이고 활용하느냐이기에, 부모의 역할은 아이의 이러한 특성들을 이해하고 장점으로 활용할 수 있도록 돕는 것이라는 중요한 메시지를 전파했어요.

시어스가 강조한 양육 방향을 요약하자면 다음과 같아요.

첫째, "까다로운 기질은 타고나는 것이며, 부모의 양육 태도 문제가 아니다"

첫 아이가 까다롭고 예민하다면 육아 경험이 없는 부모 잘못이라 여길 수도 있겠지만, 시어스 부부는 헤이든이 넷째 아이였는데도 불구하고 그동안 쌓아 온 육아 자신감이 모두 무너지는 경험을 했다고 해요. 시어스는 까다로운 넷째의 요구에 기진맥진한 나날을 보내며 '이 아이는 다른 아이들과 다르게 설계된 존재다'라고 느꼈다고 해요. 이렇듯 아이의 타고난 기질을 있는 그대로 받아들이는 것이 건강한 육아의 시작점이 돼요.

둘째, "아이를 통제하지 말고 협력 관계를 형성하라"

까다로운 기질의 아이를 키우다 보면 본래 융통성 있고 유한 성격의 부모도 신경이 날카로워져요. 아이가 버릇없는 성격으로 자랄까 두려워 방어적 태도를 취하기 쉽죠. 그러나 시어스는 부모의 역할은 아이를 통제하는 것이 아니라 조절력을 기르게끔 도와주는 것이라고 강조해요. 그러려면 우선 '아이가 말하고자 하는 것이 무엇인가'를 파악해야 하죠. 시어스는 아이에게 마음을 열었을 때 전환이 일어났다고 설명해요. 아이의 요구를 무시하는 일이 반복되면 아이는 허약한 자아상을 갖게 되고 부모와 아이 사이에 거리감이 생겨요. 반면 아이의 마음을 민감하게 알아 주고 요구에 반응해 주면 아이는 차차 건강한 자아상을 갖고 부모를 신뢰하게 돼요.

셋째, "아이의 잠재력에 주목하라"

육아를 너무 힘들게 만들던 아이의 까다로운 특성들이 오히려 강점으로 발현될 수 있어요. 매사에 불만족하던 성향은 깊은 성찰과 통찰력이 되고, 호불호가 강했던 만큼 자신에게 가장 좋은 환경을 스스로 만들어 가요. 만족을 모르고 끝없이 요구하던 모습은 삶의 에너지와 열정으로 빛나며, 끊임없이 관심을 원했던 만큼 다른 사람에게도 관심이 필요하다는 사실을 깨달아 타인의 필요를 헤아릴 수 있게 돼요. 까다로운 특성이 결국 공감력이 자라나는 밑바탕이 되는 셈이죠. 즉, '욕구'가 '자원'이 될 수 있다는 뜻이에요.

     까다롭고 예민한 우리 아이, 왜 이렇게 힘들까요?

저는 여전히 윌리엄 시어스의 메시지를 처음 접했을 때의 전율을 잊지 못해요. 육아 전문가 부부의, 그것도 여덟 아이나 키운 부모의 경험담이기에 더 뜻깊었어요. '나만 이렇게 힘든가?', '내가 뭔가 잘못한 걸까?'라며 눈물짓는, 까다로운 기질의 아이 양육자들을 위로하는 진심 어린 메시지. 그리고 아이의 타고난 특성을 있는 그대로 받아들이고 사랑하자는 너무나도 따뜻한 메시지로 내 아이에 대해 완전히 새로운 시각을 갖게 해 줬어요. 덕분에 아이의 '땡깡' 뒤에 숨은 '욕구'에 주목하게 되었고, 나아가 이면의 잠재력까지 볼 수 있게 되었어요. 이후 까다로운 기질에 대해 더 깊게 공부했어요. 심리학, 교육학, 뇌과학, 정신건강학 등을 통합적으로 살펴봤죠. 까다로운 아이의 특별한 기질과 강렬한 욕구에 어떻게 대처해야 할지, 고민하고 파고들어 정리했어요.

제가 아이를 키우면서 정말 간절히 알고 싶었던 것들을 모아 이 책에 담았답니다. 까다로운 아이들은 왜 까다로울까요? 이 아이들은 대체 어떻게 키워야 할까요? 잘 자랄 수나 있을까요?

까다로운 아이를 부정적인 시선으로만 보면 아이가 가진 빛나는 잠재력을 키워 주기 어려워요. 그렇다고 마냥 낙천적으로만 대하면 아이에게 필요한 것들을 제대로 가르쳐 줄 수 없죠. 그 사이에서 분별력을 갖추고 균형을 맞추는 게 중요해요.

SNS에 육아일기를 기록하기 시작했고 새벽까지 공부하여 번역한 자료들을 공유했어요. 그러자 유난히 키우기 어려운 아이를 키우며 고민하던 양육자들이 하나둘씩 찾아오기 시작했어요. 외로운 육아 중에 동지들을 만나니 어찌나 반갑던지요. 하루하루를 누구보다 치열하게 보내며, 서로를 응원하고 위로하며 함께 울고 웃었어요. 그 눈물겨운 날들을 어찌 잊을 수 있을까요. 그렇게 애쓴 부모님들 덕분에 우리 아이들의 '특이함'은 '특별함'이 될 수 있었답니다.

1만 명이 넘는 양육자가 모인 커뮤니티를 운영하며, 그동안 많은 아이들이 성장하는 것을 보았어요. 한없이 어리게만 보이던 아이들이 학교에 가고, 온종일 울고 보채던 짜증쟁이들이 누구보다 밝고 행복하게 자라나는 것을 보았어요. 부모의 진을 빼놓던 꼬맹이들이 지혜롭고 성숙한 가족의 일원으로 자라나는 모습을 보았죠. 통제불능이던 아이들이 점차 반짝이며 세상에 나아가는 모습을요.

그것도 자기다움을 간직하면서요! **자신의 기질을 억압하며 가면을 쓰고 힘겹게 사회에 적응하는 게 아니라, 타고난 기질적 특성과 본연의 반짝임을 그대로 간직한 채 자기답게 빛나고 있답니다.** 스스로를 있는 그대로 편안하게 받아들이고 조절해 가며, 자기답게 성장하는 아이들을 보면 얼마나 감격스러운지 몰라요. 이론으로만 공부했던 우리 아이들의 잠재력을 실제로 확인하고 확신을 가질 수 있는 감동의 시간이었어요.

그 뒤에는 수없이 무너지면서도 다시 일어난 우리 부모들의 분투가 있었죠. 함께 고민과 응원을 나누던 기나긴 시간을 잊을 수 없

    까다롭고 예민한 우리 아이, 왜 이렇게 힘들까요?

을 거예요. 저 역시 많은 분들의 도움을 받아 힘든 시간을 버틸 수 있었어요. 따스함을 나눠 주신 모든 분들께 감사드리며, 아이들에게 꼭 말해 주고 싶어요. 너희 엄마 아빠, 진짜 멋진 사람이라고요.

그동안 다양한 인연으로 함께해 주신 한 사람 한 사람의 지혜와 애정을 모아, 어딘가에서 간절히 양육의 등대를 찾고 있을 누군가에게 이 책을 드립니다.

까다로운 기질,
하이니즈 베이비

까다로운
아이의 탄생

유난히 키우기 힘든 아이들이 있어요. 이들은 기본적으로 환경에 순응적이지 않아요. 낯선 환경을 경계하고, 아무에게나 마음을 열지 않죠. 매사에 호불호가 강하고 쉽게 만족하지 않아요. 수면 시간이나 음식 등 주어지는 조건을 순순히 받아들이지 않으며, 짜증을 낼 때가 많고 의사 표현이 강렬해요.

그게 다인가요? 먹고 자고 싸는 원초적 생활을 지나 아이들도 점차 사회생활을 시작하죠. 어린이집이나 유치원 등의 기관 활동을 시작으로 학교생활로 이어지고, 심지어 놀이터도 일종의 사회적 장인걸요. 가정에서는 아무리 까다로운 아이여도 가족들이 오롯이 감당하면 됐었는데, 사회는 개개인의 기질에 맞춰 줄 수 없는 정글이다 보니, 부모의 고민이 아이의 바깥 생활로까지 확장되기 마련이에요. 그러면서 부모의 걱정과 스트레스는 배가 되어 버리죠.

이런 아이를 키우는 양육자는 당황하게 돼요. 육아가 힘들 거라 예상은 했지만 이 정도까지인 줄은 생각도 못 한 거죠. **까다롭고 예민한 아이를 양육하는 데엔 정말 많은 에너지가 들어요. 보통 아이 서너 명을 동시에 키우는 수준에 맞먹을 정도로 힘들다고들 해요.** 부모는 진이 빠지죠. 게다가, 아이를 남의 손에 맡기기도 어려워서 양육자의 역할이 과부하되곤 해요. 양육자는 걱정했다가, 분노했다가, 절망했다가, 자책하는 등, 정말이지 짙고 강렬하게 날뛰는 육아 감정에 시달리게 돼요.

기질에 대해 잘 모르는 사람이라면 부모의 양육 태도에 화살을 돌릴 수 있어요. 혹은 '애가 부모를 이겨 먹으려 한다'라며 혀를 찰 수도 있어요. 이러한 시선들이 안 그래도 힘든 육아를 더욱 힘들게 만들어요. 양육자는 주변의 날선 시선을 견뎌야 하고, 지인의 섣부른 참견에 상처받거나, 친구의 가벼운 말에 무너지거나, 심지어 가족에게 핀잔을 받아 더 괴로워지기도 하죠. 지칠 대로 지친 부부가 서로를 원망하게 되는 일도 허다해요.

하지만 어린아이가 보이는 모습은 타고난 기질의 영향이 압도적으로 커요. **아이는 의도적으로 까다롭게 구는 게 아니라, 유전자에 프로그래밍된 대처 기전에 따라 자극에 자동 반응하는 것뿐이에요. 아직 자신의 기질을 조절할 능력이 발달되지 않았으니까요.** 이처럼 까다로운 기질의 아이들은 다루기가 유난히 힘들고 양육

 까다롭고 예민한 우리 아이, 왜 이렇게 힘들까요?

하기 어렵게 느껴지며, 양육 상담 센터에 가장 많이 의뢰되는 케이스예요. 양육자는 갈수록 지치고 자신감이 떨어지며, 육아 우울증 발병률이 높을 정도로 양육 스트레스가 상당해요.

그러나 그거 아세요? 까다로운 기질은 '나쁜 기질'이 아니랍니다. **사실 까다로운 기질은 올바른 환경에서 큰 잠재력으로 발휘될 수 있어요.** 초반에 양육이 유난히 어렵고 힘든 것이 사실이지만, 그만큼 훈련의 기회가 더 많기 때문에 뛰어난 자기조절력을 키울 수 있는 기질이에요. 또한 기질에 맞는 안정적인 환경과 섬세한 양육이 뒷받침되면 높은 성취도를 발휘할 수 있는 기질이기도 하답니다. 그러한 잠재력이 잘 발휘되려면 부모의 도움이 필요한 것이지요.

가장 많이 울던 아이가 가장 많이 웃는 아이로 성장할 수 있다면 믿으시겠어요? 너무나 까다롭던 아이가 그만큼 깊이 있게 성숙할 수 있다면 믿으시겠어요? 흔들림이 단단함이 되고, 약함이 강함이 되고, 좌절의 경험이 회복탄력성이 되고, 절망이 희망이 된다면, 믿으시겠어요?

기질은 타고나는 것이기에 불편한 특성들을 완전히 없앨 수는 없어요. 하지만 부모가 아이를 이해하고 함께하며 취약점을 보완하고 잠재력을 키워 주면, 아이는 따뜻한 이해와 명확한 기준이 함께하는 안정된 환경 속에서 자신의 기질을 주체적으로 다루고, 타인과 조화를 이루는 법을 배울 수 있어요.

그러려면 까다로운 아이가 왜 까다롭게 구는지, 무얼 어떻게 도와줘야 하는지, 어떻게 해야 취약점을 보완하고 강점을 발휘할 수 있는지 제대로 알아야겠죠. 그중 첫 번째는 '왜?'를 이해하는 것이에요. 아이의 기질에 대한 깊은 이해가 필요하지요.

키우기 힘든 아이들은 어떤 모습을 보일까요? 왜 그런 모습을 보일까요? 이 아이들은 대체 어떻게 키워야 할까요? 잘 자랄 수 있을까요? 지금부터 함께 배워 보도록 해요!

= 우리는 꽝을 뽑은 걸까요? =

"까다로운 기질의 아이들은 기분의 질이 나쁘며, 위축돼 있고, 적응력이 낮고, 긴장돼 있으며, 규칙성이 낮다. 이는 성격과 사회성, 행동의 문제에까지 영향을 미친다. 까다로운 기질은 평생 동안 변하지 않고 유지된다."

이럴 수가! 까다로운 기질의 아이는 아기 때부터 까다로워서 부모를 힘들게 하고, 자라서도 계속 까다롭게 굴어 문제아가 된대요. 일평생 적응력이 낮고 신경증에 시달릴 수 있대요. 부정적인 이야기만 가득해요. 아이의 기질을 부정하고 싶어져요. 그렇지만 부정한다고 달라지는 건 없어요. 아이는 여전히 까다롭고 예민하고, 양육자는 육아가 너무 힘들어요. 이 끝엔 뭐가 있을까요? 노력하는 보람이 있을까요? 이렇게 까다롭고 예민한 기질은 정말 불행의 씨앗일까요? 까다로운 기질, 우리는 꽝을 뽑은 걸까요?

발달 심리학 연구 초기에는 까다롭고 예민한 기질의 아이들을 부정적으로만 보았어요. 각종 문제에 시달리고, 자라서도 부적응적인 문제아가 될 거라고 보았죠. 다음의 그래프는 까다로운 아이에 대한 초기 연구를 단순하게 도식화한 것이에요.

일반적인 아이들은 환경의 영향을 상대적으로 덜 받는 반면, 까다로운 아이들은 환경이 좋지 않을 때 부정적인 정서가 극도로 심화되고, 환경이 좋을 때는 '그나마 정상적인' 수준에 머무르는 걸 볼

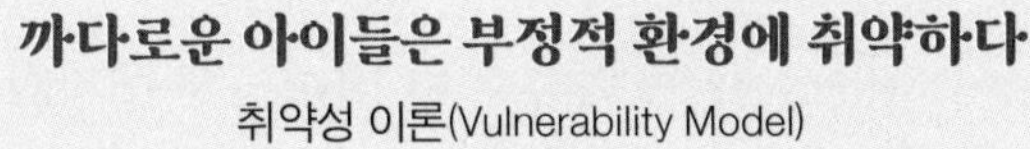

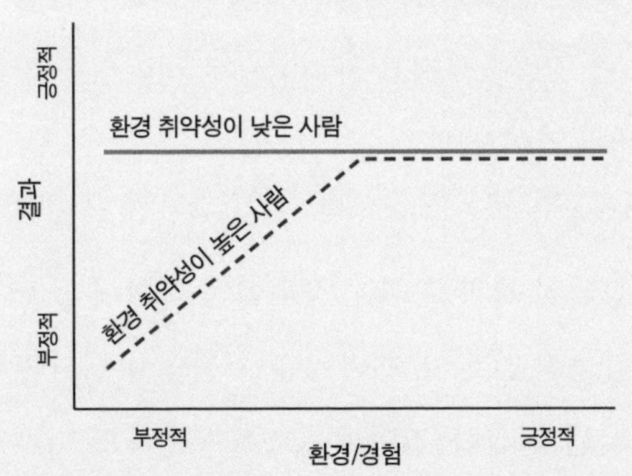

※ 까다로운 아이들은 부정적 환경에서는 문제를 드러내지만,
긍정적 환경에서는 별다른 이점을 보이지 않는 경향이 있음.

수 있어요. 즉, 까다로운 기질을 타고난 아이들은 기질적 한계를 벗어나기 어려워 심리적·사회적·행동적 측면에서 부적응적인 삶을 살 가능성이 높다는 의미예요.

그러나 이후 연구에서는 훨씬 긍정적인 결론이 도출되었어요. 추적 조사 결과, 어릴 적 까다로운 기질로 분류되었던 아이들 중에도 환경에 적응하며 잘 성장한 사례가 많았던 것이죠. **오히려 학교 생활을 더 잘하고, 더 적응적이며, 더 행복하게 자라는 경우가 눈에 띄었어요. 이러한 차이를 만드는 변수는 성장 환경에 있었답니다.**

까다로운 아이는 불안정하고 스트레스가 많은 환경에서 자랐을 때는 기존 연구대로 부정적으로 자라기 쉽지만, 안정적인 환경에서 지지를 받으며 자랐을 때는 오히려 더 뛰어나게 성장할 수 있다는 거예요. 이렇듯 좋은 환경에서는 '단지 정상적'으로 자라는 정도가 아니라, 성취 능력이 월등해지고 사회적으로 리더십을 발휘할 수 있다는 게 밝혀지고 있어요.

유명 심리학자 제이 벨스키Jay Belsky는 이처럼 유전적 취약성에도 불구하고 긍정적인 결과를 내는 경우에 주목했어요. 아이마다 환경에 대한 민감성이 다르며, 까다로운 기질의 아이들은 **환경에 '취약한' 집단이 아닌 '민감한' 집단**이라고 정정했어요. 나쁜 환경에만 민감하게 반응하는 것이 아니라 좋은 환경도 민감하게 받아들인다는 것을 강조했죠.

이러한 연구는 민감성이 높은 아이들의 발달을 이해하는 데 큰

　　　　　까다롭고 예민한 우리 아이, 왜 이렇게 힘들까요?

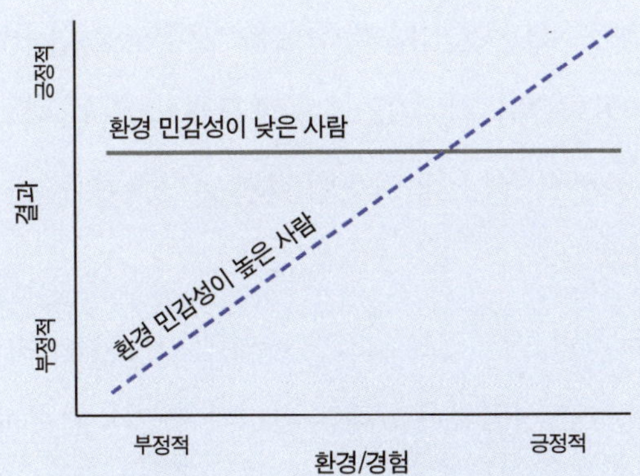

※ 까다로운 아이들은 나쁜 환경에서는 더 나쁜 결과를, 좋은 환경에서는 더 좋은 결과를 보임.

기여를 했어요. 양육과 환경적 요인에 따라 아이들이 얼마나 다르게 반응할 수 있는지를 보여 준, 발달 심리학의 상당히 중요한 이론으로, 현대 양육과 교육 패러다임에도 큰 영향을 미치고 있답니다.

벨스키는 **'양육에 투자하는 시간과 노력이 실제로 차이를 만들어 낸다'**고 설명해요. 어린 시절에 기질에 맞는 섬세한 돌봄을 받고 부모와 긍정적 관계를 맺으면, 기질적 취약점을 뛰어넘어 오히려 더 높은 성취와 뛰어난 발달을 이룰 수 있다고 강조하지요. 이와 달리, 민감성이 낮은 아이들은 다소 엄격한 환경에서도 발달에 큰 어려움이 없이 성장할 수 있다고 해요.

물론 앞에서 살펴본 그래프는 양극단을 단순하게 표시한 것이므로 아이를 그 둘 중 하나로 규정할 순 없어요. 두 선 사이에 수많은 기울기가 존재하겠지요. 그러나 까다로운 아이의 양육자라면 연구에서 말하는 바가 와닿을 거예요. 양육 환경에 따른 아이의 변화를 경험해 봤을 테니까요. 벨스키 연구의 핵심을 살펴볼게요.

- **환경 반응성의 차이** 사람마다 환경적 자극에 반응하는 정도가 달라요. 민감성이 높은 사람들은 긍정적 환경과 부정적 환경 모두에 크게 반응하며, 이는 학습과 발달에 중요한 영향을 미쳐요. 민감성이 낮은 사람들은 환경에 따른 영향을 비교적 덜 받아요.
- **긍정적 환경과 민감성** 민감성이 높은 사람들은 긍정적인 환경에서 성취도가 더 높고 더 큰 행복을 느낄 수 있어요. 이들은 충분한 지지와 이해를 받는 환경에서 특히 잘 성장하며, 알맞은 환경이 발달에 중요한 영향을 미쳐요.
- **부정적 환경과 민감성** 민감성이 높은 사람들은 부정적인 환경에서 더 큰 스트레스와 불안을 경험할 수 있어요. 민감한 사람들은 특히 부정적 경험에서 정서적 어려움을 더 크게 겪을 수 있어요.

따라서 스트레스에 민감한 까다로운 기질의 아이들에게는 정서적 지지와 안정된 환경이 특히 중요해요. 이런 아이들이 스트레스

　까다롭고 예민한 우리 아이, 왜 이렇게 힘들까요?

나 갈등이 많은 환경에서 자라면, 정서적 어려움이나 행동 문제를 겪을 가능성이 높아요. 반면 정서적인 지지와 안정적인 환경이 뒷받침된다면 더 큰 성취와 긍정적인 발달을 이룰 수 있어요. 따라서 부모가 아이의 민감한 기질과 잠재력을 이해하여 적절한 환경을 조성해 주고 충분히 지지해 주는 것이 매우 중요하답니다.

= 당신의 육아가 힘든 이유 =

까다로운 기질에 대한 연구의 시작은 1950년대까지 거슬러 올라가요. '까다로운 기질'은 기질에 대한 초기 연구인 '뉴욕 종단 연구'에서 나온 개념이에요. 이 연구에서는 어린아이들의 초기 기질을 관찰하고, 이후 약 30년간 발달과 적응력을 추적 연구했죠. **연구 결과, 아이가 타고난 기질을 이해하고 이에 맞는 양육 환경을 제공하는 것이 매우 중요하다는 점이 드러났어요.**

여기서 전통적인 세 가지 기질, '순한 기질easy temperament, 더딘 기질slow-to-warm-up temperament, 까다로운 기질difficult temperament' 분류가 생겨났어요. 전체 어린아이들의 40퍼센트 정도가 순한 기질, 15퍼센트 정도가 더딘 기질, 10퍼센트 정도가 까다로운 기질이며, 나머지 35퍼센트 정도는 복합적인 기질이라고 분류했어요. 보통 까다로운 기질의 아이는 양육자에게 '매우 예민한 아이'로 느껴지고, 더딘 기질의 아이도 종종 '예민한 편'이라고 인식되곤 해요.

순한 기질

순한 기질의 아이들은 긍정적인 감정 표현이 많고, 규칙적인 생리적 리듬을 보이며, 새로운 상황에 대한 적응력이 높아요.

- 대체로 평온하고 명랑한 정서가 지배적이에요.
- 낯선 음식이나 사람에게도 거리낌 없이 쉽게 다가가는 편이에요.
- 수면, 식사, 배변 등의 생활 습관이 전반적으로 규칙적이며, 생리적 리듬이 안정되어 있어요.
- 환경의 변화에 크게 영향받지 않고 수월하게 적응해요.

더딘 기질

더딘 기질의 아이들은 처음에는 새로운 환경에 대한 적응이 느리지만 시간이 지나면 차차 나아져요.

- 낯선 사람이나 사물에 대해 초반에 부정적인 반응을 보이는 점에서 까다로운 기질과 유사해요.
- 수면, 식사, 배변 등의 생활 습관은 까다로운 기질보다는 규칙적이지만, 순한 기질보다는 불규칙해요.
- 환경 변화에 대한 적응이 느려요.

- 까다로운 기질과 달리 낯선 환경에 대한 반응 강도가 세지 않고, 초반 적응기 이후에는 점차 거부감이 줄어들어요.

까다로운 기질

까다로운 기질을 가진 아이들은 부정적인 감정을 자주 표현하고, 행동 및 생활 습관이 예측하기 어렵거나 불규칙한 경우가 많으며, 새로운 환경에 적응하는 데 어려움을 겪어요.

- 크게 울거나 웃는 등 평소 감정 표현이 매우 격렬하고, 부정적인 정서를 쉽게 느껴요.
- 새로운 음식을 받아들이는 속도가 느리고, 낯선 사람에게 경계심이 많아요.
- 생활 습관이 불규칙하여 예측하기 어려워요.
- 환경 변화에 대한 적응이 느려요.
- 환경 자극이나 욕구 좌절에 대한 반응 강도가 강해요.

이러한 세 가지 기질 유형 분류는 단순하지만, 어린아이들의 기질을 직관적으로 이해하는 데 유용해 지금까지도 널리 인정받고 있어요. 이를 바탕으로 수많은 후속 연구들이 진행되며 기질 이론은 더욱 확장되고 구체화되었고, 최근에는 신경생물학적 원리가 더해져 보다 정교하고 심층적인 연구로 발전하고 있지요.

까다로운 기질을 다른 기질과 구분하는 결정적인 특성으로 꼽히는 요소들은 다음과 같아요. 이 다섯 가지는 환경에 따른 반응 및 사회적 적응에 강한 영향을 미치는 특성들이에요. 이를 통해 기질별 차이를 구체적으로 파악할 수 있어요.

1. 생리적 규칙성

생리적 규칙성 rhythmicity은 수면, 식사, 배변 등의 생리적 활동이 얼마나 규칙적인지를 나타내는 지표로, 예측 가능한 신체 리듬의 반복적이고 일정한 패턴을 말해요.

- **순한 기질** 수면, 식사, 배변 등이 매우 규칙적이며, 신체 리듬을 예측하기 쉬워요.
- **더딘 기질** 순한 기질만큼 예측 가능하지 않지만 어느 정도는 규칙적이에요.
- **까다로운 기질** 신체 리듬이 매우 불규칙해 예측이 어려워요.

까다로운 기질의 아이들은 수면, 식사, 배변 등 신체 리듬이 불규칙한 경향이 있어 생활 패턴을 예측하기 어려워요. 이로 인해 양육이 더욱 힘들어지고, 부모는 통제감과 자신감을 잃기 쉬워요.

2. 반응 강도

반응 강도 intensity of reaction는 어떤 자극에 대해 감정이나 행동으로 얼마나 강하게 반응하는지를 나타내는 지표예요.

- **순한 기질** 중간 정도의 감정 표현으로, 감정 기복이 크지 않아요.
- **더딘 기질** 감정 표현이 전반적으로 온화하고 절제되어 있어, 기쁨이나 슬픔 같은 감정을 겉으로 크게 드러내는 일이 드물어요.
- **까다로운 기질** 감정 표현이 매우 강렬하며, 기분 변화의 폭도 커서 감정 기복이 뚜렷하게 드러나요.

까다로운 아이들은 작은 자극에도 민감하게 반응하고, 쉽게 흥분하며 감정을 강렬하고 극단적으로 표현하는 경향이 있어요. 불쾌감을 느낄 때는 짜증, 분노, 슬픔 등으로 강하게 반응하고, 양육자가 외면할 수 없을 만큼 집요하게 요구해 결국 원하는 걸 얻어 내죠.

3. 접근성

접근성 또는 회피성 approach/withdrawal은 새로운 사람·장소·상황 등 낯선 자극에 어떻게 반응하는지를 살펴볼 수 있는 지표예요.

- **순한 기질** 새로운 사람이나 낯선 상황에 긍정적이고 편안하게 반응해요.

- **더딘 기질** 처음에는 낯선 상황이나 사람에 소극적인 반응을 보이지만, 시간이 지나면서 점차 익숙해지고 적응해요.
- **까다로운 기질** 새로운 환경에 대해 거부감을 보이거나 회피하려는 경향이 있으며, 그 과정에서 강한 감정적 반응을 드러내요.

까다로운 기질의 아이들은 낯선 환경이나 사람에 대한 경계심이 강해요. 이는 익숙하지 않은 사람에 대한 낯가림, 새로운 음식이나 활동 및 환경 등을 경계하는 모습으로 나타나요.

4. 적응성

적응성adaptability은 새로운 상황이나 변화된 환경에 얼마나 잘 적응하는지를 나타내는 지표예요.

- **순한 기질** 새로운 상황에 유연하게 적응하며, 낯선 환경이나 자극에도 비교적 스트레스를 덜 받아요.
- **더딘 기질** 새로운 상황에 적응하는 데 시간이 걸리지만, 천천히 익숙해지며 잘 적응해 나가요.
- **까다로운 기질** 환경의 작은 변화에도 민감하게 반응하며, 스트레스를 크게 느껴 새로운 상황에 적응하는 데 어려움을 겪어요.

까다로운 아이들은 변화에 민감해 작은 변화에도 큰 스트레스를

까다롭고 예민한 우리 아이, 왜 이렇게 힘들까요?

받을 수 있어요. 새로운 상황에 쉽게 적응하지 못하죠. 특히 새로운 기관 및 학교에 입학하거나 학년이 바뀔 때 긴장하거나 저항하는 모습을 보이기도 해요. 이런 특성은 아이가 자라면서 점차 완화되지만, 특히 어린 시기에는 부모를 많이 힘들게 하는 요인이 돼요.

5. 기분의 질 / 전반적 기분 상태

기분의 질 또는 전반적 기분 상태는 아이가 일상에서 얼마나 긍정적 또는 부정적 정서를 느끼는지를 나타내는 지표예요.

- **순한 기질** 긍정적인 감정을 자주 표현하며, 행복 감수성이 높아요.
- **더딘 기질** 감정적으로 중립적이거나 온화한 편으로 기분의 변화가 크지 않고, 차분한 분위기를 유지해요.
- **까다로운 기질** 부정적인 감정을 자주 느끼고 표현해요.

까다로운 아이들은 부정적인 기분을 자주 표현하는 경향이 있어요. 쉽게 만족하지 않고 상황에 대해 비관적인 태도를 보이거나, 사소한 일에도 쉽게 짜증을 내거나 불만을 드러낼 수 있어요. 이러한 부정적 정서는 육아를 힘들게 만드는 가장 큰 요인 중 하나예요. 양육자는 아이가 만족을 느끼는 환경을 제공하기 위해 지속적으로 노력을 기울여야 하고, 여기에는 굉장히 많은 에너지가 들죠.

요컨대, 까다로운 기질의 아이들은 다음과 같은 특징을 보여요.

까다로운 기질의 다섯 가지 주요 특성

특성 항목	특성 설명
생리적 규칙성	낮음(불규칙한 생활 습관)
반응 강도	큼(강렬한 감정 표현)
접근성	낮음(새로운 자극에 경계심 많음)
적응성	낮음(변화에 대한 저항)
전반적 기분 상태	부정적 경향이 높음(짜증과 불만이 많음)

= 예민하지만 겉으로는 조용한 경우 =

속은 예민하고 까다롭고 복잡하지만, 외적으로는 잘 드러나지 않는 아이들도 있어요. 이런 경우 부모가 아이의 내적 갈등과 스트레스를 놓칠 수 있으므로, 더 세심하게 살펴봐야 해요.

사회적 조절력이 발달한 아이

태생적으로 사회적 조절력이 뛰어난 아이들은 타인의 감정을 빠르게 읽고, 배려하는 성향이 강해요. 이런 아이들은 '착한 아이', '성숙한 아이'로 보이지만, 자신의 감정을 억누르는 경우가 많아요. 감정을 표현하기보다 속으로 삼키며 조용히 해결하려고 해요.

하지만 감정을 억누르는 것이 반복되면 스트레스가 쌓이고, 결국 어느 순간 감정이 폭발하거나 심리적으로 위축될 위험이 있어요. 부모는 아이가 속마음을 솔직하게 표현할 수 있도록 편안한 환경을 만들어 주고, 감정을 숨기지 않아도 된다는 메시지를 꾸준히 전달해야 해요.

내향적인 아이

내향적인 아이들은 감정을 겉으로 크게 표현하지 않고, 혼자 조용히 소화하려는 경향이 있어요. 폭발적인 감정 표현이 없기에 양육이 까다롭게 느껴지지 않을지라도, 아이 마음속에 불안감이 쌓일 수 있으므로 주의해야 해요.

학습된 무기력 상태

아이가 자신의 감정과 욕구를 표현해도 주변에서 반응이 없거나, 도움을 외면당한 경험이 반복되면 점차 감정을 표현하지 않게 돼요. '어차피 소용없어'라고 생각하며 점차 무감각해지는 거죠. 이런 상태에 놓인 아이들은 겉으로는 얌전하고 순응적인 것처럼 보이지만, 자라면서 무력감에 의한 문제가 생기기 쉬워요. 부모는 아이의 작은 신호에도 귀 기울이고, 감정을 표현하는 것의 이점을 경험할 수 있도록 도와줘야 해요.

부모가 아이의 신호를 놓치는 경우

부모가 지나치게 바쁘거나 무심하여 아이의 신호를 자주 놓치면 아이는 자신의 감정을 표현할 기회를 점점 잃게 돼요. 아이가 표현하지 않으면 부모는 아이에게 별문제가 없을 거라고 생각하기 쉽지만, 실제로는 아이가 부모에게 기대를 접은 채 감정을 묻어 두고 있을 가능성이 커요.

특히 겉으로 조용하고 별문제 없어 보이는 아이들도 속으로는 많은 갈등을 겪고 있다는 점에 주의해야 해요. 지속적인 관심으로 아이의 신호를 먼저 알아채고 자연스럽게 대화를 이끌어 내어 아이가 편안하게 감정을 표현할 수 있도록 도와주세요.

　까다롭고 예민한 우리 아이, 왜 이렇게 힘들까요?

기질을 고려한
양육의 중요성

기질에 대한 연구는 단순히 기질을 분류하는 데서 그치지 않았어요. 피험자들을 아동기부터 성인기까지 추적관찰한 결과, 아동의 기질적 특성과 양육 환경이 잘 맞을 때 긍정적인 발달과 적응이 이루어질 수 있다는 점이 밝혀졌지요. 이를 통해 기질을 고려한 양육과 교육이 얼마나 중요한지가 알려졌어요.

환경적합성goodness of fit**은 아이의 기질과 주변 환경이 얼마나 잘 맞는지를 의미하는 개념이에요.** 주변 환경(부모의 양육 방식, 학교, 사회적 환경 등)은 아동 발달에 중대한 영향을 미치며, 특히 까다로운 기질을 가진 아이들에겐 더욱 중요해요.

기질에 맞는 환경 속에서 아이는 정서적 안정감을 느끼고, 사회적·정서적·학업적으로 더 잘 적응할 수 있어요. 반면 환경이 기질에 맞지 않으면 아이의 스트레스와 갈등이 증가하며, 부정적인 행동이나 정서 문제로 이어질 수 있어요.

부모라면 누구나 아이를 잘 키우고 싶고 좋은 환경을 조성해 주고 싶을 거예요. 그렇다면 어떤 환경이 좋은 환경일까요? 혈압이 높은 사람에게는 고혈압 약이 필수지만 혈압이 낮은 사람에게는 오히려 독이 될 수 있죠. 이렇듯 내 아이에게 필요한 것이 무언지를 고심하여 아이의 기질에 맞는 환경을 만들어 나가는 것이 중요해요.

순한 기질, 더딘 기질, 까다로운 기질의 아이들이 양육 환경에 따라 어떻게 다르게 자랄 수 있는지 예시를 들어 볼게요.

= 순한 기질 =

A는 아기 때부터 방긋방긋 잘 웃고 환경에 순응적이며 달래기도 쉬웠다. A는 정서적으로 안정적이었고 잘 노는 편이었다. A의 부모는 육아서에서 배운 대로 아이에게 수면 교육, 식사 교육을 했고 모든 것이 원만하게 진행되었다. A는 기관에도 어렵지 않게 잘 적응했다.

잘 따라 주는 A 덕분에 부모는 양육 효능감이 높았고, 육아와 자기 생활의 균형을 맞출 수 있었다.

까다롭고 예민한 우리 아이, 왜 이렇게 힘들까요?

기질에 맞지 않는 환경

사례 1) A의 부모는 아이가 워낙 순응적인 탓에, 아이에게 주도권을 주기보다는 부모 주도로 모든 걸 이끌었다. 처음엔 별문제가 없는 듯 보였으나, 아이는 점차 자기 주도성 없는 수동적인 성격으로 자랐다.

사례 2) A가 워낙 손이 안 가는 아이였기에, 부모는 '스스로 잘하니까 괜찮겠지'라며 아이에게 별 관심을 주지 않았다. 어릴 때부터 혼자 선택하고 결정해야 하는 경우가 많다 보니 A는 책임감이 강한 아이로 자랐지만, 한편으로는 심리적 부담도 컸다. 감정을 속으로 삭이고 스트레스와 압박을 혼자 감당하는 것이 습관이 되었으며, 어려운 일이 있어도 도움을 청하지 못하고 혼자 끙끙 앓는 성격으로 자랐다.

기질에 맞는 환경

A의 부모는 아이를 예뻐하며 관심을 많이 가져 주었다. 아이가 혼자 잘 놀더라도 종종 아이의 놀이에 참여하고 대화를 나누었다. 혹시라도 정서나 발달 면에서 놓치는 것이 없는지 점검하곤 했다. 아이를 통제하지 않으려 노력했고, 일부러 아이의 의견을 자주 묻고 귀 기울이며 자기 주도성을 키워 줬다. A는 모난 데 없이 밝고 명랑하고 능동적이며, 사회성 있는 아이로 자랐다.

= 더딘 기질 =

B는 얼핏 보기엔 얌전해 보이나 은근히 예민한 구석이 많은 아이였다. 겁이 많으며, 새로운 사람을 만나거나 새로운 장소에 가는 등의 낯선 상황에 적응하는 데 어려움을 겪었다. B의 부모는 이런 아이의 모습이 답답하고 걱정됐다.

기질에 맞지 않는 환경

사례 1) B의 부모는 아이가 낯선 상황에 적응하지 못하고 예민하게 반응할 때 일부러 더 엄한 태도를 취했다. 아이의 감정을 억압하고 아이 입장을 외면했으며, 억지로 적응하게끔 강압적으로 몰아붙였다. 혼내서라도 적응시키면 될 거라 생각했다. 하지만 자신의 기질을 존중받지 못한 아이는 점차 마음속에 불신감과 불안이 쌓였고, 나아가 원망과 반항심마저 싹텄다.

사례 2) B의 부모는 아이가 안쓰러워서 아이를 과보호하기 시작했다. 아이가 싫다고 하면 어떠한 시도도 하지 않고 그저 아이를 보호하기만 했다. 그럼으로써 아이가 성장하는 과정에서 변화하는 환경을 점검하고 그에 맞는 대처법이나 적응력을 키워 줄 기회를 놓치고 말았다. 안정감을 주고 싶었던 부모의 마음과는 다르게, 안타깝게도 아이는 점점 더 세상을 위험한 곳이라 인식했다.

    까다롭고 예민한 우리 아이, 왜 이렇게 힘들까요?

기질에 맞는 환경

B의 부모는 아이의 마음을 이해하려 노력했다. 낯선 환경을 접할 때 초기 긴장도가 높은 B의 성향에 맞게 공감하고 인정해 주었다. 아이의 기질을 존중하여 무리한 시도는 하지 않았지만, 아이의 성장을 면밀히 관찰하며 아이가 받아들일 수 있는 만큼의 변화에 도전했다. 이때 충분한 설명과 준비 시간을 주고 곁에서 응원하며 아이가 적응할 수 있도록 도와주었다. 조급하게 윽박지르지 않고 아이의 속도를 존중해 주자, B는 자신의 감정과 의견이 수용된다는 안정감을 느꼈다. 긍정적이고 점진적인 극복 경험이 쌓이면서 B는 조금씩 도전하려는 마음을 가질 수 있었다.

= 까다로운 기질 =

C는 일상이 불규칙하고 예측이 어려우며 손이 많이 가는 아이였다. 욕구가 좌절되면 강하게 반응하고 쉽게 짜증을 내고 울음을 터뜨리기에, C의 부모는 언제나 긴장 상태로 아이를 돌봐야 했다. 수면 교육을 하면 C는 밤새 울었고, 자주 보챘으며, 온종일 요구가 끝이 없었다. 또래와도 편안히 어울리지 못하고 적응력이 낮았다.

부모는 아이를 순하게 '고쳐 보려' 노력했지만 엄하게 대할수록 아이는 더욱 까칠해졌다. 부모는 점점 지쳐 갔고 '내가 잘못 키운 걸까?' 하는 죄책감에 시달렸다.

기질에 맞지 않는 환경

사례 1) C의 부모는 남들의 시선이 신경 쓰여, 아이의 기를 꺾기로 다짐했다. 아이의 요구를 무시하기로 마음먹고 냉담하게 대했다. 울음에도 반응하지 않고, 혼자 울다 지쳐 자게 내버려 두었으며, 매우 엄하게 혼을 냈다. 감정에 치우쳐, 격렬하게 반항하는 아이를 체벌하기도 했다. C는 고통을 피하기 위해 부모에게 복종하는 듯했으나, 자라면서 점차 힘이 세지자 부모는 아이를 통제할 길이 없었다. 뒤늦게 심리검사를 받아 본 결과, 아이의 내면에 심각한 우울과 분노가 쌓여 있는 것으로 드러났다.

사례 2) C의 부모는 아이와의 갈등이 두려워서 모든 걸 아이에게 맞춰 주었다. 아이가 남에게 피해를 주는 상황에서도 제지하지 못하고 아이를 감싸기 바빴다. 어떠한 한계와 훈육도 경험하지 못한 C는 점점 더 자기중심적이 되었고, 어디서든 왕처럼 군림하려 들었다. 그러면서도 문제 해결력을 배우지 못해 자존감이 낮아졌고 사회에 잘 적응하지 못했다.

기질에 맞는 환경

C의 부모는 아이를 이해하려고 기질에 대해 공부했다. C가 까다

롭게 구는 것은 기질적 반응이라는 걸 받아들였고, 이런 아이들에 겐 특별히 더 섬세한 양육이 필요하다는 걸 깨달았다. C의 부모는 아이의 욕구를 파악하여 충족할 수 있게끔 도와주었고, 신체적·정 서적으로 편안한 환경을 만들어 주려 노력했다.

전반적으로 욕구 그릇이 채워지고 스트레스가 줄자 C는 점점 안 정되고 밝아졌으며, 부모에 대한 애정과 신뢰감이 생겼다. 부모는 이러한 애착 관계를 바탕으로, 꾸준히 '되는 것'과 '안 되는 것'을 구 분해 주었고, 불편한 상황들에 대한 해결책을 함께 논의했다. 그 과 정에서 실수도 하고 여러 가지 시행착오도 겪었으나 언제나 진심으 로 아이와 대화하고 부모가 잘못한 부분이 있다면 사과도 하며 문 제를 풀어 나갔다. **이러한 진실된 관계를 바탕으로, 아이는 자신이 부모에게 있는 그대로 받아들여지고 사랑받는다는 것을 느끼게 되 었다.** 한 해 한 해 지날수록 아이는 부모를 믿고 배우려는 자세로 협 력하게 됐고, 점차 조절력이 발달하고 문제 해결력이 생겼다. 또한 자신의 욕구가 중요한 만큼 타인의 욕구도 중요하다는 것을 알고 이를 존중하는 법을 배워 사회적 적응력이 발달해 갔다.

이처럼 기질 자체는 변화하기 어려운 고정적인 특성이지만, 환 경을 조정함으로써 아이가 자신의 기질을 긍정적인 방향으로 활용 하게 할 수 있어요. 어떤 기질을 타고났든지 아이는 행복하게 자랄 수도, 힘들게 자랄 수도 있어요. 특히 까다로운 기질의 아이는 그 격차가 매우 클 수 있기에 더 유의해야 해요.

주의할 점이 있어요. 역으로 부모의 양육 태도도 아이의 기질에 영향을 받는다는 사실이에요. 순한 기질의 아이를 키우는 경우, 부모의 양육 스트레스가 덜하고 아이가 예쁜 행동을 많이 하므로 긍정적인 양육 태도를 취하기 쉬워요. 반면 까다로운 아이를 키우는 경우, 부모의 양육 스트레스가 상당하고 아이가 문제를 자주 일으키기 때문에 부정적인 양육 태도를 취하기가 쉽지요.

처음엔 민주적으로 따뜻하게 키우다가도, 점차 아이의 까다로움에 지쳐 강압적이고 억압적인 양육 태도를 보이게 될 가능성이 높아요. 이에 부정적인 영향을 받은 아이는 점점 더 까다로워지고, 불안한 부모는 아이를 더 옥죄게 되고, 안타까운 악순환이 거듭되죠. 반대로, 지친 부모가 방임을 택하는 경우도 있고요. 이를 막기 위해, 까다로운 아이의 양육자는 양육에 대해 공부하며 누구보다 섬세하게 인내심을 발휘해야 해요.

네, 맞아요, 까다로운 아이 키우기 정말 힘들지요. 그러나 행복하게 자란 아이를 보며 '나 참 수고했다'며 스스로를 칭찬할 날이 분명 올 거랍니다. 아직은 뜬구름 잡는 얘기처럼 들릴지 몰라요. 하지만 책을 찬찬히 읽어 내려가다 보면 기질과 양육에 대한 큰 그림이 보일 거라 기대해요. 기질에 대한 이해는 그 어떤 세부적인 양육 방법론보다 중요한 것이니 꼭 기억해 주세요.

 까다롭고 예민한 우리 아이, 왜 이렇게 힘들까요?

"엄마 아빠, 제가 좀 유별나게 행동할 때가 있죠?

저도 제 기질이 힘들게 느껴질 때가 있어요. 때로는

왜 혼나는지도 모르겠고, 왜 나만 이렇게 괴로운 건지

억울하고 우울하기도 해요. 그렇지만 엄마 아빠가 저의

타고난 면모를 있는 그대로 인정해 주고 다루는 법을 가르쳐 줄 때,

저는 안정감을 느끼고 제 자신을 긍정적으로 바라보게 돼요.

그 덕분에 마음이 편안해지면 저는 더 잘 배울 수 있답니다.

저에게는 어떤 장점이 있나요? 저의 좋은 점들을 찾아내

칭찬해 주실 때 자신감이 생겨요. 저는 무엇을 배워야 하나요?

아직 서툴지만 매일 열심히 배우고 노력하고 있답니다."

까다로운 아이의
성장 과정

까다로운 아이들은 어떻게 자랄까요? 까다로운 기질의 아이들은 나이별로 다음과 같은 모습을 보일 수 있어요.

= 신생아기(출생~1개월 미만) =

신생아기에는 아직 기질을 정확히 구분하기 어렵지만, 까다로운 기질의 아이들은 더 자주 더 심하게 보채는 경향이 있어요. 빠른 경우 조리원에서부터 차이를 보이기도 해요.

다른 아이들이 속싸개에 쌓여 가만히 누워 있을 때, 벌써부터 버둥거리며 누워 있기를 거부하기도 하고, 남들보다 강렬한 울음소리를 뽐내기도 하죠. 이른 시기부터 구강 감각이 민감해 모유와 분유를 구분하거나 특정 젖병이 아니면 자지러지며 거부하는 경우도 있어요. 한편, 신생아기에는 평범하다가 자라면서 점차 까다로운 특성이 드러나는 경우도 있어요.

= 영아기 =

까다로운 기질의 아이들은 영아기 시절에 가장 중요한 '먹고, 자고, 놀기'에서 어려움을 겪는 모습을 보여요.

식습관

음식에 대한 호불호가 강해요. 음식의 맛과 질감, 냄새, 심지어 음식의 모양과 온도에까지 예민한 반응을 보여요. 새로운 음식을 시도하기가 어렵죠. 모유나 분유에 집착이 강해서 이유식과 유아식으로 넘어가는 데 크게 어려움을 겪거나, 유동식과 고형식을 시작하고도 강한 편식 습관을 보일 수 있어요. 한편, 선호하는 음식은 지나치게 과식을 하기도 해요. 가만히 앉아 있지 않으려 해서 식탁에서 음식을 먹이기가 어렵기도 해요.

수면 습관

보통의 아이들이 100일의 기적을 맞이하여 점차 밤잠 시간이 늘어나고 통잠을 자기 시작하는 데 비해, 까다로운 기질의 아이들은 잠들기가 매우 어렵거나 잠에 들더라도 밤새 수시로 깨는 모습을 보여요. 양육자의 품만 찾거나, 젖이나 젖병을 밤새 물고 자는 등 바닥에 누워 스스로 잠들게 하는 수면 교육이 잘 되지 않아요. 지나치게 늦게 잠들거나 일찍 깨는 등 수면 리듬을 잡기가 어려워요.

놀이 습관

다른 아이들에 비해 만족스러운 놀이 시간을 보내기가 어려워요. 이때 다양한 양상을 보일 수 있어요. 놀이에 집중하지 못하고 산만하며 짜증을 낸다든지, 새로운 장소나 놀잇감을 거부하고 같은 놀이만 반복한다든지, 혹은 늘 새롭고 자극적인 것만 찾는다든지, 주도적으로 탐색하지 못하고 수동적 자극에만 몰두한다든지, 놀이 수준이 높아지지 않고 단순한 놀이에 고착된다든지 하는 모습을 보일 수 있어요. 양육자가 옆에 없으면 잠시도 혼자 놀지 못하거나, 놀이를 즐기지 못하고 꼭 어딘가 아픈 아이처럼 징징대기도 해요.

영아기는 부모가 체력적으로 많이 힘든 시기예요. 하지만 이 시기에 아이와 많은 시간을 함께 보내고 소통하며 아이의 기질을 제대로 파악한다면, 이후 양육관을 세우는 데 큰 도움이 된답니다.

  까다롭고 예민한 우리 아이, 왜 이렇게 힘들까요?

= 유아기 =

까다로운 기질의 아이들을 키우는 양육자들이 이 시기에 가장 걱정하고 힘들어하는 것은 '적응'과 관련된 문제예요.

분리불안

모든 아이들이 발달 과정에서 정상적인 분리불안 시기를 겪지만, 까다로운 기질의 아이들은 그 시기가 지나도 여전히 양육자에게 심하게 집착하며 떨어지지 못하는 모습을 보이기도 해요. 이는 양육자와 떨어져 다른 사람들과 어울려야 하는 사회적 상황이 불안하기 때문일 수도 있고, 양육자만큼 자신의 욕구를 잘 맞춰 줄 수 있는 사람이 없어서일 수도 있어요.

기관 적응

두세 돌쯤 되면 대부분의 아이들이 기관에 입학하는데, 까다로운 기질의 아이들은 기관 적응에 아주 오랜 시간이 소요되거나 혹은 아예 기관에 보낼 엄두를 못 낼 만큼 적응력이 부족한 경우도 있어요. 크게 두 가지 이유가 있는데, 양육자와의 분리나 사회적 상황이 두려워서 그렇거나, 혹은 편안하고 자유로운 분위기의 집에 반해 기관은 너무 답답하기에 괴로워서 그런 경우도 있어요.

또래 관계

까다로운 기질의 아이들은 사회성 발달이 더디며 남들만큼 편안한 또래 관계를 맺지 못해요. 또래 관계의 어려움은 크게 두 가지로 나뉘는데, 또래 아이들에게서 받는 자극이 부담스럽거나 불안해 위축되는 경우와, 반대로 자기주장이 강하고 자기만의 색깔이 뚜렷해 또래와 어울리기 힘든 경우가 있어요.

학습

아직 본격적으로 공부를 할 나이는 아니지만, 아이들은 보통 유아기에 기본적인 한글이나 수 개념을 배우곤 해요. 까다로운 기질의 아이들은 호불호가 강해 조기 학습을 힘들어하는 경우가 있어요. 반면 예민함을 바탕으로 좋아하는 분야의 학습에 몰두하여 두각을 나타내는 등 학습 역량을 발휘하기도 해요.

유아기 후반 무렵이 부모의 걱정이 많은 시기예요. 그전까진 '아직 아기니까…'라며 이해하려 했던 모습들이, 초등학교 입학을 앞두고 부모를 조급하게 해요. 부모는 아이가 입학하기 전에 사회생활에 필요한 모든 역량을 키워야 한다는 압박감을 느껴요.

그러나 학교 입학은 '끝'이 아닌 '시작'에 가까워요. 초등학교 입학 전에 아이를 '완성형'으로 만들어야 한다는 생각을 버리는 게 좋아요. 쉽지 않지만, 조금 여유롭고 편안한 마음을 가지려고 노력하

              까다롭고 예민한 우리 아이, 왜 이렇게 힘들까요?

시면 좋겠어요.

유아기는 아이들이 스스로에 대한 자아상을 만들어 가는 중요한 시기이므로, 아이가 편안함을 느끼며 자신과 세상을 탐색하는 것이 중요해요. 아직은 친구보다 가족이 훨씬 중요한 시기이고요. 정서적 안정을 느끼며 가족이라는 첫 번째 사회 안에서 원활하게 소통하고 단단한 관계를 맺고 있다면, 아이는 잘 자라고 있는 거예요.

= 초등기 =

초등기, 까다로운 기질의 아이들은 조절력 발달 속도에 따라 다양한 양상을 보일 수 있어요.

조절력 발달이 느린 경우

이런 경우에는 유아기의 까다로운 특성들이 이후까지 이어질 수 있어요. 따라서 부모는 아이의 또래 관계는 물론, 학습 면에서도 남들보다 더 세심하게 신경을 써 줘야 해요. 감정 표현이나 욕구 조절도 계속 가르쳐야 하고요.

특히 전두엽 발달이 원활하지 못한 ADHD 아이의 경우, 충동적인 성향이나 집중력 부족으로 인해 학업과 사회성 발달에 어려움을 겪을 수 있어요. 이런 경우 약물의 도움을 받기도 하지만, 부모가 아이의 기질을 잘 이해하고 팀워크를 쌓아 왔다면, 앞으로도 아이의 부족한 부분을 파악해 적절한 도움을 주며 함께 나아갈 수 있어요.

조절력 발달이 빠른 경우

조절력 발달이 빠르다면, 이 시기쯤 되면 아이 스스로 생활 습관, 사회성, 학습 등 영유아기에 힘들었던 문제들에서 자연스럽게 벗어나요. 오히려 보통 아이들보다 부모와 더 많은 대화를 나누고 끈끈한 애착을 맺으며 바른 가르침을 받을 기회가 많았기에 학교에 다니면서 모범생으로 자리 잡는 경우도 상당히 많아요. '어릴 때 너무 예민하고 까다로워서 걱정했다'라는 부모의 말을 믿기 힘들 정도로 성숙함과 책임감을 갖춘 아이로 성장할 수 있어요.

예민함이 긍정적으로 작용하여 또래보다 깊이 사고하는 점이 강점이 될 수도 있어요. 까다롭고 예민한 기질은 그대로지만 배움과 경험을 토대로 이를 조절하고 활용할 수 있게 되는 거죠. 그러나 여전히 기질적으로 스트레스에 취약할 수 있으니 주의해 주세요.

조절력 발달이 보통인 경우

앞서 언급한 두 경우의 중간 단계예요. 까다로운 기질에 따르는 문제가 있더라도 스스로 조절하고 활용하며 사회에 맞춰 가는 중이죠. 예를 들어, 특정 상황에서는 여전히 고집을 부리거나 감정적으로 반응할 수 있지만 동시에 집념을 발휘해 문제를 해결할 수 있어

　　까다롭고 예민한 우리 아이, 왜 이렇게 힘들까요?

요. 새로운 상황에서 여전히 긴장하거나 불안을 느껴 주저할 수 있지만 동시에 사소한 부분까지 살피고 준비하는 세심함을 갖출 수 있어요. 남들이 생각하지 못하는 창의적 아이디어를 떠올리기도 하고, 비판적 사고력이 발달하며 세상을 더 넓게 보는 통찰력을 키워 나갈 수 있어요.

이 시기 가장 큰 문제는 '공부 스트레스'예요. 교육열이 과도한 우리나라의 특성상, 아이들이 지나치게 이른 나이 때부터 감당하기 어려운 학업 스트레스에 시달리는 경우가 많아요. **발달 단계에 맞지 않는 과도한 공부량은 까다로운 아이들의 정서적·신체적 균형을 무너뜨리는 중요한 변수가 될 수 있어요.** 따라서 이 시기에 아이의 스트레스를 잘 관리하는 것이 건강한 성장의 토대가 돼요.

학습 부담이 크면 아이는 더 예민해져요. 공부와 놀이 시간을 적절히 조절해 숨 쉴 틈을 주고, 아이에게 맞는 효율적인 학습 루틴을 만들어 주는 것이 중요해요.

= 청소년기 =

까다로운 아이들이 청소년기에 접어들면, 자아정체감 형성과 독립 추구라는 발달적 과제가 더해지면서 기질적 특성이 새로운 양상으로 나타날 수 있어요.

까다로운 아이들은 호불호가 강한 만큼, 진로나 학업에서 자기에게 맞는 분야를 찾으면 남다른 열정을 보일 수 있어요. 그러나 관심 없는 분야에서는 동기가 떨어져 좌절감을 느낄 수도 있어요. 부모가 아이에게 자신의 흥미와 재능을 탐색할 기회를 제공하고 아이와 꾸준히 대화하며 의견을 나누는 것이 중요해요.

안정되고 지지적인 환경이 갖춰진다면, 까다로운 아이들은 누구보다 자기 주도적으로 성장하며 자신의 가능성을 펼치려 노력할 거예요. 그동안 양육자의 도움으로 쌓아 온 자기 이해를 바탕으로 자신의 강점과 약점을 인식하며 이를 적절하게 활용하는 능력을 기를 수 있어요. 주도적으로 목표를 세우고 이를 위해 노력하는 과정을 통해 자립심과 책임감을 키워 나갈 거예요.

아이가 여전히 감정 기복이 심하거나 스트레스 상황에 취약할 수 있어요. 특히 이 시기에는 사춘기라는 복병이 있지요. 사춘기에는 뇌에서 조절력을 담당하는 영역인 전두엽이 완전히 발달하지 않은 상태에서 감정을 담당하는 뇌 영역인 편도체가 과활성화되어, 순했던 아이들도 매우 예민해질 수 있어요. 사춘기에 발생하는 특징과 까다로운 기질 사이에는 유사점이 많아요. 감정 기복, 충동성, 부정적 정서, 조절의 어려움, 갈등 증가 같은 특징들이 사춘기의 일반적인 변화 양상인데, 까다로운 기질의 아이들은 이 특징들이 더 두드러질 수 있죠.

   까다롭고 예민한 우리 아이, 왜 이렇게 힘들까요?

그러나 어릴 때부터 기질에 맞는 섬세한 양육을 받아 왔다면, 아이는 자신의 감정을 이해하고 다루는 법을 많이 배웠을 거예요. 사춘기 특성상 여러모로 종종 흔들릴 수 있지만, 이는 자기 이해력과 성찰력을 키우는 기회가 될 수 있어요. 안정적인 환경과 단단한 애착이 확보돼 있다면, 사춘기라는 복잡한 과정을 통해 아이는 한층 더 성장하고 성숙할 수 있어요.

만약 아이가 성장하는 과정에서 양육자로부터 오랫동안 과잉보호나 과잉통제를 받았다면, 청소년기에 그동안 억눌렸던 감정이나 욕구가 터져 나오거나 무기력한 모습이 나타날 가능성이 높아요. 만약 그런 상황이 발생한다면 부모가 다시 한번 양육에 대해 심도 있게 공부할 때예요. 청소년기에는 뇌에 혁명이 일어난다고 표현할 정도로 많은 변화가 생겨요. 스트레스 시스템이 과열되는 힘든 시기이지만, 또 한편으로는 스트레스 시스템을 재정비할 절호의 기회이기도 해요. 단단한 애착부터 시작하여 어린 시절 놓쳤던 것들을 하나하나 되짚어 가며 챙겨 주면, 아이는 다시 한번 안정된 성장을 할 기회를 얻을 수 있어요.

이처럼 까다로운 기질은 시기마다 상황마다 다른 모습으로 나타나요. 부모는 아이가 완전히 바뀌길 기대하기보다는, 아이가 기질적 취약점을 관리하며 긍정적인 특성을 강화할 수 있도록 돕는 데 초점을 맞추는 것이 중요해요.

까다로운 아이는 무엇이 다를까?

= 까다로운 아이는 뇌부터 달라요 =

까다로운 기질의 아이들은 왜 다를까요? 무엇이 이들을 까다롭게 만드는 걸까요? 왜 더 관심을 가지고 섬세하게 보듬어 줘야 하는 걸까요?

"애들이 다 똑같지, 뭐! 그냥 대충 키워! 너무 오냐오냐 해서 애가 까다롭게 구는 거 아니야?"라는 상처되는 말을 들으면, 앞으로는 "우리 아이는 뇌부터 다르다고요"라고 대답하세요. 까다로운 아이들에게는 분명한 사정이 있답니다.

가장 큰 차이는 편도체의 활성화로 설명할 수 있어요. 편도체는 불안과 공포, 흥분과 충동성, 절망과 분노 등의 원시 감정을 담당하는 뇌 부위예요. 까다로운 아이들은 편도체가 유난히 민감해요. 그래서 원시적 감정을 강하게 느끼고, 감정에 쉽게 사로잡혀 빠져나오기가 어려워요. **편도체는 '뇌의 화재 경보기'라고도 불려요. 편도체가 비상등을 켜면 곧바로 뇌의 주도권을 잡아 버리죠. 까다로운 아이는 편도체가 더 빨리, 더 많이, 더 강하게 활성화되므로, 순식간에 감정이 폭주하는 거예요.** 이미 편도체에 비상이 걸린 상황에서는 뇌가 이성적으로 작동하기 어렵고 진정시키기도 어려워요.

원시 시대에 편도체는 생존에 매우 중요한 기관이었을 거예요. 언제나 산과 들의 짐승의 위협이 도사리고 있던 환경에서 사람들은 편도체 덕분에 위험을 빨리 감지하고 피할 수 있었지요. 또 자원이 귀한 환경에서 사람들은 편도체 덕분에 생존 본능이 강하게 발동하여 사냥도 하고 음식도 쟁취했을 거예요.

하지만 현대 사회에서는 상황이 꽤나 달라졌죠. 이제는 일상에서 목숨을 위협할 만한 일이 거의 없고 자원이 부족하지도 않아요. 그럼에도 불구하고, 여전히 불안정하거나 스트레스를 유발하는 환경에 처하면 편도체에 비상이 걸려요. 까다로운 아이 입에 낯선 음식이 들어가면 마치 독버섯을 먹은 듯 순식간에 몸이 경계 태세로 돌입하고, 욕구가 좌절되면 마치 마지막 남은 식량을 빼앗긴 것처럼 편도체가 난리가 나죠.

예민한 아이들은 부모에게 매섭게 혼나면 마치 원시 시대에 호랑이를 만났을 때처럼 편도체가 반응하기 때문에 겁에 질려 얼어붙거나 공격적으로 변하기도 해요. 그러면 교감신경이 활성화되고 스트레스 호르몬이 분비돼요. 심장 박동이 빨라지고 호흡이 가빠지고 입이 바짝 마르는 등, 마치 목숨이 위협되는 것처럼 생존에 초점이 맞춰지는 거예요. 그렇게까지 반응할 필요가 없는데, 원시적인 반응이 남아 있어서 불편함을 유발하죠.

편도체가 과열되는 일이 적은, 순응적인 기질의 아이들은 감정 기복이 크지 않은 편이에요. 이러한 안정된 정서를 바탕으로 명랑하고 안정적인 모습을 보여요. 욕구가 강렬하지 않아 양육의 어려움이 덜해요. 환경에 순응하는 성향을 보이고, 부모의 인도에 큰 거부감 없이 잘 따르는 편이라 조절력을 가르치기도 수월한 편이죠.

반면 편도체가 예민한 까다로운 기질의 아이들은 감정적으로 예민하고 감정 기복이 커요. 정서 불안을 느끼기 쉽고, 작은 좌절도 크게 느끼고, 외부 자극에 쉽게 정서가 흐트러져요. 남들은 아무렇지 않게 지나치는 일에 대해 유달리 불편함을 느끼기도 하고, 만족의 조건이 까다로워요. 똑같은 일상에서도 남들보다 스트레스를 많이 받고 에너지를 많이 쓰게 되죠.

그래서 까다로운 아이들은 다음처럼 부모에게 도움을 청하곤 해요. 오른쪽의 말은 아이의 내적인 요구를 해석한 것이에요.

- 불평불만이 많다 = '엄마 아빠, 나 너무 괴로워요!'
- 호불호를 뚜렷이 보인다 = '안정감을 느낄 수 있게 도와주세요!'

까다롭고 예민한 우리 아이, 왜 이렇게 힘들까요?

- 끝까지 물고 늘어진다 = '타협할 수 없는 정신 건강의 문제예요!'
- 표현의 강도가 세다 = '그 정도로 간절해요!'
- 요구가 많다 = '저도 행복하고 싶어요!'

까다로운 아이의 끝없는 요구는 양육자를 굉장히 힘들게 하지만, 아이 입장에서는 일종의 구원 요청이랍니다. 오히려 '도와줄 수 있어서 다행이다'라는 관점을 취하는 게 좋아요. 부모에게도 아무런 표현을 하지 못하는 아이는 나중에 손쓸 수 없을 만큼 더 큰 문제를 겪을 수 있거든요.

= 더 섬세한 양육이 필요해요 =

까다로운 기질의 아이는 정서적으로 불안정한 상황에서 더 민감해져요. 이는 단기적으로는 스트레스 유발과 부적응으로 이어지고, 장기적으로는 발달 과정 전반에 악영향을 끼치므로 주의해야 해요.

아이의 까다로움이 다스려지지 않을 때, 이는 두 가지 방향으로 표출될 수 있어요. 외부로 드러나거나, 내부로 숨겨져 나타나는 방식이에요. 이러한 문제들은 기질과 상관없이 누구에게나 발생할 수 있지만, 스트레스에 민감하게 반응하는 까다로운 아이들이 특히 더 취약할 수 있기에 양육자가 주의 깊게 살펴야 해요.

내면화 문제

내면화 문제는 아이가 감정이나 스트레스를 내부로 감추는 방식으로 발생해요. 이 과정에서 불안, 우울, 사회적 위축, 자존감 저하 같은 문제가 나타날 수 있어요.

이러한 아이들은 자신의 마음을 표현하지 않고 억누르거나 속으로 감추며 감정적인 어려움을 겪게 돼요. 외적으로는 조용해 보일 수 있으나 내면에서는 끊임없이 걱정하거나 스스로를 자책하는 경우가 많고, 감정적 어려움에도 도움을 요청하지 않고 혼자 감당하려다 보니 스트레스가 더 클 수 있어요.

외현화 문제와 달리 **내면화 문제는 공격성이 자기 자신에게로 향하며, 자기 비난이나 자기 비하로 이어질 수 있어요. 이러한 문제는 겉으로 드러나지 않아서 쉽게 간과될 수 있지만, 아이의 내적 고통은 매우 크기 때문에 양육자가 주의 깊게 살펴야 해요.**

내면화 문제를 해결하려면 아이가 자신의 감정을 인식하고 표현하는 능력을 키우도록 도와줘야 해요. 또한 아이가 자존감을 회복하고 불안을 관리할 수 있도록 돕는 다양한 전략을 통해 건강한 정서 발달을 촉진해야 해요.

부모나 교사는 감정 신호를 주의 깊게 관찰하며, 아이가 감정을 억누르지 않고 건강하게 감정을 표현하도록 도와주고, 필요한 경우 전문가의 도움을 받으세요.

내면화 문제는 다음과 같이 나타날 수 있어요.

① 불안

- 특정 상황이나 사건에 대해 과도하게 걱정하고 두려워하는 상태. 학교나 새로운 환경에서 불안을 느끼고, 시험, 발표 등에서 극심한 스트레스를 받을 수 있음.

- 자주 초조해하거나 손톱을 물어뜯고, 잠을 제대로 못 자며, 긴장된 상태를 유지하는 경우가 많음.

② 우울

- 기분 저하를 느끼며, 슬픔, 무기력, 흥미 상실 등의 증상을 보임. 일상적인 활동에서 즐거움을 느끼지 못하고, 의욕을 상실한 듯한 모습을 보일 수 있음.

- 자주 피곤함을 느끼고 혼자 있으려 하며, 자신이 가치가 없다고 느끼거나 미래에 대한 희망을 잃기도 함.

③ 자기 비하

- 스스로를 낮추거나 부정적인 시각으로 보는 경향. "아무도 날 좋아하지 않아", "나는 쓸모없는 사람이야", "나는 못 해"와 같은 말을 자주 하며, 자존감이 낮은 상태.

- 자신의 능력이나 성과를 과소평가하며, 타인의 기대에 미치지 못했다고 자책하는 모습을 보임.

④ 사회적 고립

- 다른 사람들과 어울리기보다는 혼자 있으려 하며, 사람들과의 관계를 단절하려는 경향을 보임.
- 친구들과 어울리지 않고 자발적으로 고립을 선택함.

⑤ 지나친 완벽주의

- 스스로에게 너무 높은 기준을 세우고, 작은 실수도 용납하지 않으려는 경향. 작은 실패에도 큰 스트레스를 느낌.
- 실패에 대한 두려움이 크며, 이를 피하려고 아예 도전하지 않거나 미리 포기하는 모습을 보임.

⑥ 집중력 저하

- 불안, 우울 등 내면화된 부정적 감정으로 인해 학습이나 활동 중에 집중하지 못하는 상태. 감정적 부담을 느끼면서도 이를 외부로 표출하지 않기 때문에 생각이 산만해지고 주의가 쉽게 흩어짐.
- 수업 시간에 집중하지 못하거나 과제를 할 때 쉽게 산만해짐.

⑦ 신체화 증상

- 내면화된 부정적 감정이 신체적 증상으로 나타나는 경우. 자주 복통, 두통, 피로감 등을 호소하며, 스트레스나 불안을 신체적 증상으로 표현하는 경향을 보임.

- 의료 검진에서 특별한 질병이 발견되지 않더라도, 스트레스나 감정적 문제로 인해 신체적 증상이 발생할 수 있음.

⑧ 회피 행동

- 불안하거나 부담스러운 상황을 피하려 하는 행동. 학교에 가기 싫어하거나 발표, 놀이 참여 등을 회피하려는 경향을 보임.
- 실패할 것을 과도하게 걱정하며, 불안을 피하기 위해 아예 시도조차 하지 않으려 함.

⑨ 무기력

- 감정적 압박이나 우울감으로 인해 일상에서 의욕을 잃고 무기력해지는 상태. 수업이나 놀이 활동에도 흥미를 보이지 않으며, 기본적인 생활도 무기력하게 보냄.
- 자주 피곤해하며, 오랫동안 멍하니 있는 모습을 보임.

⑩ 강박적 사고 및 행동

- 특정 생각이나 행동에 집착하는 경향이 있으며, 불안이 심해질수록 이를 반복해 안정을 찾으려 함.
- '엄마가 사라지면 어떡하지?', '납치범을 만나면 어떡하지?' 등 비합리적인 강박적 사고가 반복됨.

외현화 문제

외현화 문제는 아이가 감정이나 스트레스를 외부로 표출하는 방식으로 드러나요. 감정을 효과적으로 표현하지 못해서 감정적 어려움이 곧바로 부적절한 행동으로 표출되는 것이죠. 이런 경우 타인에게 피해를 줄 수 있고, 사회적 관계에서 어려움을 겪기 쉬워요. 따라서 적절한 지도를 통해 아이가 감정을 건강하게 표현하고 문제 행동을 교정할 수 있도록 돕는 것이 매우 중요해요.

외현화 문제는 다음과 같이 나타날 수 있어요.

① **과잉 행동**

- 가만히 있지 못하고 끊임없이 움직이며, 자리에 앉아 있어야 할 때도 산만한 행동을 보임.
- 학교나 가정에서 과도하게 뛰어다니거나 물건을 만지작거리는 등 주의력이 분산된 모습을 보임.

② **충동성**

- 깊이 생각하지 않고 즉각적으로 행동에 옮기는 경향. 예를 들어, 차례를 기다리지 못하거나 대화 중 끼어들고, 남의 물건을 허락 없이 만지는 등의 행동이 나타남.
- 순간적인 감정에 따라 행동하며, 후속 결과를 고려하지 않음.

③ 공격성

- 화를 참지 못해 언어적 비난을 퍼붓거나 고함을 지르거나, 신체적으로 폭력을 행사하는 등의 공격적 행동을 보임.
- 주로 타인과의 갈등 상황에서 과격하게 반응하는 경우가 많음.

④ 반항적 행동

- 부모나 교사의 지시에 반항하거나 규칙을 어기는 행동을 함. 명령을 거부하거나 의도적으로 말을 듣지 않는 태도를 보임.
- '싫어', '안 할래'와 같은 부정적인 언어를 자주 사용하고, 자신의 감정적 좌절을 반항으로 표출함.

⑤ 비행

- 규칙을 어기거나, 거짓말을 하거나, 더 나아가 물건을 훔치는 등 문제 행동이 심화된 상태.
- 사회 규범에 어긋나는 행동을 지속적으로 반복함.

⑥ 말다툼 및 언어적 공격

- 언어를 통해 자신의 불만이나 좌절을 표출함. 친구나 가족에게 상처 주는 말을 하거나, 고함을 치고 비난하는 형태로 나타남.
- 때로는 욕설이나 비난, 심한 말로 갈등을 일으킴.

⑦ 파괴적 행동

- 화가 나거나 좌절할 때 물건을 던지거나 부수는 등 물리적 파괴 행
  동을 보임.
- 심각한 경우 자해 행위로 발전할 수 있음.

외현화·내면화 문제는 각기 다른 양상으로 나타나지만 근원은 같아요. 모두 아이가 감정적으로 어려움을 겪고 있다는 신호이며, 아이의 건강한 성장에 방해가 될 수 있죠. 특히 외현화 문제는 근본적으로는 아이의 감정 조절의 어려움과 스트레스 관리 부족에서 비롯된 경우가 많아요. 물론 남에게 피해를 주는 행동은 즉시 제지해야 하지만, 이때 근본적인 원인이 되는 아이의 마음을 살피지 않으면 행동 문제가 고쳐졌다가도 금세 다시 나타날 수 있어요. 외현화 문제를 무작정 힘으로 억누르면 얼핏 봐서는 문제가 사라진 것처럼 보일 수 있지만, 그 문제는 아이의 안을 파고들어가 내면화 문제로 모습을 바꾼 것뿐이에요.

그렇기에 아이가 외적으로 과격한 행동을 하거나 반대로 내적으로 침묵하는 모습을 보일 때, 그 이면에 있는 아이 마음을 살피는 것이 매우 중요하답니다. 만약 양육자가 지나치게 강압적인 태도로 대응하거나 아이의 감정을 무시한다면 문제는 더 악화될 수 있어요. 문제 행동에만 초점을 맞추지 않고, 아이의 정서적 요구와 어려움을 이해하며 이를 돕는 장기적이고 일관된 접근이 필요해요.

까다로운 기질의 아이가 스트레스 취약성을 극복하지 못하면 이후에도 스트레스 반응 체계가 과민한 채로 일생을 보낼 수 있어요. 그런데 '섬세한 애착 육아를 통한 정서 안정'이 이러한 악순환의 연결고리를 끊을 수 있는 방법으로 제시되고 있어요.

발달심리학 분야의 세계적 권위자인 대니얼 키팅Daniel Keating은 까다로운 기질의 아이들에게 슈퍼양육supernurturing이 필요하다고 강조했어요. 슈퍼양육이란 아이가 아무리 까다롭게 굴어도 고집스러울 만큼 일관되게 정성을 다해 돌보는 것을 의미해요. 스트레스에 취약한 까다로운 아이들은 짜증이 많고 쉽게 진정되지 않아 양육이 어렵지만, 그럴수록 아이에게 더 집중하고 인내하며 사랑으로 섬세하게 보살펴 주어야 해요.

정서적으로 편안하고 따뜻한 환경을 꾸준히 제공해 주면, 아이는 '세상은 안전하고 좋은 곳'이라는 믿음을 마음속에 차곡차곡 쌓아 가요. 기질적인 어려움에서 오는 문제가 당장 사라지지 않더라도, 그것을 마주하고 견뎌 낼 힘을 기를 수 있어요.

어린 시절은 뇌의 신경 회로들이 열심히 길을 만드는 시기예요. 많이 쓰는 길은 더 확실하고 빠르게 갈 수 있게끔 뚫리고, 자주 안 쓰는 길은 점점 약해지고 사라지기도 해요. **양육자의 도움으로 아이의 뇌에 스트레스를 해결해 주는 초기 신경 연결이 자리 잡으면,**

거기서 다시 스스로 위로하는 능력으로 이어지는 신경 연결이 확립될 수 있어요. 즉 감정 조절 뇌 회로가 발달하는 거죠.

이러한 경험이 꾸준히 쌓이면 스트레스를 받았을 때도 감정이 쉽게 과열되지 않고, 점차 자기 조절력이 생겨 스스로 스트레스 신호를 끌 수 있게 돼요.

사랑을 듬뿍 받은 아이는 '행복 호르몬'이라 불리는 세로토닌과 옥시토신이 원활하게 생성돼요. 덕분에 마음이 단단해지고 스트레스를 이겨 낼 힘, 즉 '보이지 않는 자기 조절 장치'가 생기죠.

이게 바로 까다로운 아이에게 깊은 애착 육아가 필요한 이유예요. 우리 아이들은 안정을 느끼기 위해 채워져야 할 사랑의 그릇이 보통 아이들보다 조금 더 크고 까다롭다는 사실, 꼭 기억해 주세요.

물론 생애 초기가 정서 안정의 황금기지만, 아동기의 섬세한 보살핌도 그에 못지않게 중요해요. 그러니 '이미 늦은 게 아닐까?' 후회하는 대신, 언제든 다시 시작하면 돼요. 뇌가 격변하는 청소년기 또한 결정적인 기회이고, 심지어 성인의 뇌에도 변화할 수 있는 힘(가소성)이 있으니까요.

 까다롭고 예민한 우리 아이, 왜 이렇게 힘들까요?

DNA 발현까지 바꾸는 애착 육아

최근 활발히 연구되는 후성유전학에 따르면, 유전자의 발현 방식이 환경에 따라 달라질 수 있다고 해요. 선천적인 유전자의 DNA 구조 자체는 바뀌지 않지만, 환경적 요인에 따라 유전자의 스위치가 꺼지거나 켜질 수 있다는 거예요.

뇌의 스트레스 대응 시스템에서도 이런 현상이 일어나요. 아이가 어린 시절 과도한 스트레스를 받으면, 뇌는 세상을 늘 위험한 곳으로 인식하고 경계하면서 스트레스 호르몬을 억제하는 기능이 떨어져요. 그 결과, 코르티솔이 지속적으로 분비되어 과도한 스트레스에 시달리는 스트레스 조절 장애가 생길 수 있어요.

반면 안정적인 환경에서 아이의 뇌는 세상을 안전한 곳으로 인식하고 경계 시스템을 완화시켜요. 안심하고 스트레스 호르몬을 억제해도 되는 환경인 거죠. 이를 통해 아이의 스트레스 시스템이 과열되지 않을 수 있어요.

이처럼 환경적 요인이 유전자의 발현 방식에 직접 영향을 미칠 수 있다고 밝혀지고 있어요. 따라서 아이의 민감성을 이해하고, 안정된 애착과 긍정적 상호작용을 제공하며, 스트레스를 적절히 관리할 수 있는 환경을 조성해 주는 것이 중요해요. 이는 기질적 어려움을 완화하고 강점을 극대화하는 데 핵심적인 역할을 할 수 있어요.

= 강렬한 기질 속에 잠재력이 숨어 있어요 =

'기질에는 좋고 나쁨이 없다'라고 해요. 까다로운 아이를 키우는 양육자라면 이 말이 쉬이 와닿지 않을 테죠. 하지만 확실한 건 모든 기질적 성향에는 장단점이 있다는 사실이에요.

까다로운 아이들의 강렬하고 끈질긴 요구는 양육자를 참 힘들게 해요. 어려서부터 자신이 원하는 바를 분명하고 고집스럽게 주장해요. 아이 입장에서는 워낙 욕구가 크고 강렬하기 때문에 자신의 필요를 채우려 애쓰는 거죠. 아직 스스로 자기 욕구를 채울 수 없으니 도움을 요청하는 거예요.

양육자는 아이가 조금만 순했으면 좋겠다고 생각하게 돼요. **하지만 자기 욕구를 분명히 알고 주장할 수 있는 건 굉장히 중요한 능력이에요. 이런 아이에게 필요한 건 요구를 무작정 꺾는 것이 아니라, 나이에 걸맞은 바른 표현법과 옳고 그름을 꾸준히 알려 주는 것이랍니다.** 아이의 신호에 세심하게 반응해 주면서 점차 타인의 욕구와도 조화를 이루는 법을 가르쳐 주면 돼요. 아이가 양육자와 세상에 대한 신뢰를 먼저 탄탄히 쌓고 나면 정서가 안정되고, 그러면 점차 사회적인 방법으로 요구하는 법을 익힐 수 있게 돼요.

아이가 부모에게만 의지하는 시간은 결국 지나가게 돼 있어요. 욕구를 세심히 채워준 만큼, 아이는 자신의 욕구를 소중히 여기고, 나아가 스스로 그것을 해결할 줄 아는 사람이 될 거예요. 이는 주도적인 삶을 사는 데 매우 중요한 밑거름이죠. 이러한 고집과 집념은 끝까지 노력해 쟁취해 내는 투지와 성취욕으로 발달하여, 아이 인생의 빛나는 자산이 될 거예요.

　　　　　까다롭고 예민한 우리 아이, 왜 이렇게 힘들까요?

아이의 넘치는 에너지 때문에 지치셨나요?

남다른 활동성은 아이의 에너지 수준이 높다는 걸 의미해요. 아이의 몸과 마음이 잠시도 쉬지 않아 양육자는 힘들 수 있지만, 그 안에는 못 말리는 호기심과 열정이 가득하답니다. 이 강렬한 탐색 욕구를 잘 지켜 주면, 아이는 평생 열정적인 삶을 살게 될 거예요. 에너지가 건강한 방향으로 흐르도록 물꼬만 틔워 주세요. 훗날 일과 취미에 무섭게 몰입하며 성취해 내는 멋진 어른으로 자랄 테니까요.

온종일 부모만 찾는 아이 때문에 버거우신가요?

잠시의 여유도 허락하지 않는 아이와 씨름하다 보면 양육자는 녹초가 되기 마련이죠. 까다로운 아이들은 부모가 자신이 하는 것을 봐 주길 원하고, 언제나 함께하길 원해요. 관심과 사랑을 온전히 쏟아 주길 기대하는 것이죠.

아이들은 환경과 상호작용하며 배우고 발달을 이뤄요. 아이가 관심받길 원하는 것을 발달 욕구라 생각해 보세요. '엄마 아빠, 난 더 배우고 싶어요!'라는 외침으로 여겨 보세요. 부모와의 소통을 통해 아이는 언어와 인지는 물론 정서 발달까지 이룰 수 있어요. 꼭 책상에 앉아서 문제집 푸는 것만이 공부가 아니니까요.

이러한 욕구가 잘 충족되면 아이는 배움에 재미를 느끼게 돼요. 반대로 이러한 욕구가 계속해서 좌절되면 미디어 등의 자극에 지나치게 빠질 수 있어요.

아이의 분리불안 때문에 힘드신가요?

아이를 다른 사람이나 기관에 맡기는 건 꿈도 못 꾸고, 화장실조차 맘 편히 못 가는 주양육자의 피로감은 말로 다 할 수 없죠. 하지만 유난히 낯을 가리고 부모와 떨어지지 않으려 하는 건, 그만큼 아이가 상황 및 사람을 구별하는 능력(식별력)이 뛰어나다는 뜻이에요. 어떠한 환경이, 어떠한 사람이 자신을 보호해 줄 수 있는지를 인지하고 위험에 대해 조심할 수 있는 거죠. 또한 분리불안이 크다는 것은 그만큼 애착을 강하게 맺는 능력이 있다는 뜻이에요. 자신에게 좋은 것을 분명히 파악하고, 좋은 사람과 깊고 진한 관계를 맺을 수 있는 거죠. 이런 아이들은 탄탄한 애착을 바탕으로 자신의 조심성을 지키며 한 발짝씩 세상으로 나아갈 거예요.

혼낼 일이 많아 힘드신가요?

까다로운 아이를 키우는 매일매일이 얼마나 복잡한지, 얼마나 고민이 많은지, 얼마나 기진맥진한지, 겪어 보지 않은 사람은 모를 거예요. 아이가 영원히 조절력을 기르지 못하고 미성숙하게 자랄까 봐 걱정도 되죠. 하지만 오히려 어려서부터 훈련의 기회를 많이 가진 덕분에 뛰어난 성찰력을 기를 수도 있답니다. 매일의 에피소드가 좋은 가르침의 기회가 될 수 있어요. 무작정 혼내고 윽박지르는 건 도움이 안 되지만, 올바른 소통법을 유지하며 꾸준히 옳고 그름을 가르쳐 주면 아이는 점차 성숙하고 지혜롭고 뛰어난 조절력을 지닌 사람으로 자랄 수 있답니다.

아이의 불평불만이 잦아서 힘드신가요?

까다로운 아이들은 쉽게 만족하지 못해요. 주어진 환경에 쉽게 만족하지 못한다는 건 그만큼 만족의 조건이 까다롭다는 걸 의미해요. 자기가 원하는 게 확실하고 그것이 충족될 때 그제서야 만족하는 거죠.

만족의 기준치가 높다는 건 완벽주의로도 연결돼요. 타인의 입장에서 편하게 대하기 어려워 보이는 면모이지만, 더 좋은 것을 추구하고 그를 향해 나아가는 능력은 아무나 갖지 못한 재능이에요. 단지 어린 시절에는 그걸 스스로 이루기 어려울 뿐이죠. 아이는 현재보다 더 나은 미래를 만드는 사람으로 자랄 수 있어요.

아이의 예민한 감각과 감수성 때문에 힘드신가요?

까다롭고 예민한 아이들은 작은 변화나 자극에도 크게 반응하고, 감정을 강렬하게 느껴요. 이러한 예민함은 부모에게 피로감이나 걱정을 유발할 수 있지만, 사실 이는 아이가 세상을 더욱 풍부하고 다채롭게 경험할 수 있다는 뜻이에요.

이런 아이들은 창의적인 분야에서 두각을 나타낼 수 있어요. 아이에게 풍부한 감수성을 표현할 수 있는 기회를 제공하고, 마음을 나눌 수 있는 대화 상대가 되어 주세요. 이러한 과정을 통해 아이는 자신이 느끼는 바를 건강하게, 창의적으로 표출하며 개성과 매력이 가득한 세계를 만들어 갈 수 있어요.

아이의 고집이 세서 힘드신가요?

까다로운 아이들은 자신의 의견이나 욕구가 뚜렷하고, 그것을 이루기 위해 끈질기게 노력해요. 이는 때로 부모와의 충돌로 이어질 수 있지만, 이러한 고집은 아이가 자신의 목표를 향해 꾸준히 나아가는 추진력으로 발전할 수 있어요. 아이의 고집을 무조건 억누르기보다는, 그 에너지를 긍정적인 방향으로 이끌어 주세요.

아이와 열린 대화를 통해 서로의 생각을 공유하고, 협력적인 해결책을 찾아보는 거예요. 이렇게 하면 아이는 자신의 의견이 존중받는다고 느끼고, 타인과의 소통 능력도 향상될 수 있어요.

아이가 변화에 민감해서 힘드신가요?

까다로운 아이들은 모든 것을 예측하고 싶어 하며, 예측하지 못한 상황에서 불안감을 느낄 수 있어요. 갑작스러운 일정 변경이나 낯선 환경은 아이를 더욱 긴장시키죠. 이는 아이가 세부적인 것까지 신경 쓰고 계획을 중시하며 신중하게 접근하는 성향을 가졌다는 뜻이에요. 이런 아이들은 자라면서 뛰어난 준비성과 책임감을 발휘하며, 체계적이고 꼼꼼한 사람으로 성장할 수 있어요.

아이에게 예측 가능한 일상을 제공하여 혼란을 덜 느끼도록 돕

　　　까다롭고 예민한 우리 아이, 왜 이렇게 힘들까요?

고, 변화가 있을 때는 미리 설명해 주어 아이가 준비할 시간을 갖게 해 주세요. 함께 계획을 세우고, 일정 관리에 참여시키는 것도 좋은 방법이에요. 아이가 안정감을 느끼면 점차 변화에 유연하게 대처하는 법을 배울 수 있어요.

아이가 타인의 말이나 행동에 쉽게 상처받아 힘드신가요?

예민하고 까다로운 아이들은 다른 사람의 말 한마디, 표정 하나에도 민감하게 반응해요. 이는 아이가 타인의 감정에 민감하고, 이를 읽을 수 있는 능력이 있다는 뜻이에요. 이런 능력이 잘 발달하면 다른 사람들의 마음을 깊이 헤아리고 배려하며 누군가를 돕는 따뜻한 사람으로 성장할 수 있어요.

아이의 민감성을 인정하고 상처받은 감정을 충분히 위로해 주세요. 또한 아이에게 상대방의 의도를 해석하는 다양한 시각을 알려주어 건강한 사회적 관계를 맺는 데 도움이 되도록 해 주세요.

아이의 지나친 호기심 때문에 힘드신가요?

한 가지 활동에 오래 집중하지 못하고 여기저기 관심을 보이는 아이들은 부모에게 걱정을 안겨 줄 수 있어요. 그러나 이는 아이가 다방면에 흥미가 많고 다양한 경험을 통해 배우고자 하는 욕구가 크다는 의미예요. 이런 아이들이 자기에게 맞는 관심사를 발견하면, 누구보다 열정적으로 에너지를 쏟으며 깊이 몰두할 수 있어요.

아이에게 다양한 활동을 경험할 수 있는 기회를 주고, 특히 흥미를 보이는 분야를 찾도록 도와주세요. 아이의 관심사를 따라가다 보면 아이가 남다른 열정을 보이는 분야를 찾을 수 있어요.

어떤가요? 힘들게만 느껴지던 특성들이 새롭게 보이나요?

까다로운 아이들의 다양한 특성은 단순히 육아를 힘들게 만드는 요소가 아니에요. 그 안에 숨겨진 잠재력을 놓치지 마세요. 강점의 씨앗을 싹틔워 주세요. 부모가 아이를 이해하고 긍정적으로 이끌면, 아이도 자신의 특성을 건강하게 발전시킬 수 있어요.

모든 성향에는 양면성이 있답니다. 까다로운 아이의 뾰족함을 그저 삐뚤빼뚤한 돌덩이로 볼 것인지, 아직 다듬어지지 않은 귀한 원석으로 바라볼 것인지, **우리는 매일 아이를 바라보는 시선을 선택할 수 있어요.**

= 까다로움은 '비판적 사고력'의 기반이 돼요 =

까다로움 자체가 강점이라고 한다면, 믿어지시나요?

'순응적'이라는 단어를 사전에서 찾아보면 '상황의 변화나 주위 환경에 잘 맞추어 부드럽게 대응함'이라고 나와요. 까다로운 기질은 이와는 정반대겠죠. '순응적'의 반대, 즉 '상황의 변화나 주위 환

 까다롭고 예민한 우리 아이, 왜 이렇게 힘들까요?

경에 맞추기 어렵고 날카롭게 대응함'이라고 표현할 수 있어요. 이러한 까다로움, 얼핏 봐서는 순도 백 퍼센트의 단점인 것 같죠. 과연 그럴까요?

까다로운 기질은 '체제 거부형'이라고도 불려요. 예민하고 까다로운 이들은 주어지는 것을 무비판적으로 받아들이지 않고 끊임없이 내면의 고찰과 검증을 거치는데, 그러면서 비판적 사고력과 통찰력이 발달해요. 이러한 까다로움 덕분에 사회가 끊임없이 새로운 모습을 추구하며 변하고 발전할 수 있다는 설명이에요. 세상에 혁신을 일으킨 많은 위인들도 어린 시절 매우 까다롭고 평범하지 않았던 경우가 많지요.

게다가 우리 아이들이 살아갈 미래는 까다롭고 예민한 사람들에게 더 유리해질 수 있어요. '나만의 것'이 점점 더 중요해지는 세상이니까요. 적응력에 대해서도 새로운 관점을 취할 수 있어요. 까다로운 아이들은 '주어진 틀'에 맞추는 적응력은 떨어질지 몰라도 '나만의 틀'을 만들어 가는 적응력은 남들보다 우수할 수 있으니까요.

아이가 자기 주도성을 키우고 발휘하도록 도와주면, 급격히 변화하는 시대에 굉장한 장점이 될 수 있어요. **미래에 필요한 적응력은 '주어진 조건'에 무조건적으로 순응하는 게 아니라 '자기만의 조건'을 만들어 가는 것일 거예요.**

'까다로움, 고집, 예민함….'

이러한 단어들이 어떤 뉘앙스로 느껴지나요? 육아에서는 보통 키우기 힘든 아이를 부정적으로 묘사할 때 쓰는 단어들이죠. '아이가 너무 예민하고 까다로워서 힘들어요', '너무 고집이 센데 고집을 꺾어야 할까요?' 등의 표현으로요.

그런데 이 표현들이 요즘 마케팅에서 각광받고 있어요. '원료를 까다롭게 골랐습니다', '타협하지 않고 저희만의 철칙을 고집해요' 등의 홍보 문구가 익숙하실 거예요. 인플루언서들이 상품을 소개할 때도 '제가 워낙 까다롭고 예민해서 샘플을 몇 번이나 뽑았나 몰라요'라는 표현을 쓰곤 하죠.

이처럼 까다롭고 예민하다는 것은 아무거나 맹목적으로 받아들이지 않는 비판적인 눈이 있고, 좋고 나쁜 것을 알아보고 구별할 줄 알며, 주관이 뚜렷하단 뜻이에요. 물론 어린아이들은 아직 판단력이 부족하기에 황당한 것에 꽂히기도 해요. 그러나 점점 판별력이 생기고 올바른 가치관이 형성되면 생산적인 목표를 향해 나아갈 수 있게 되죠. 이렇듯 예민하고 까다롭고 비순응적인 기질은 누구도 흉내 내지 못하는 강점이 될 수 있어요.

이렇게 보니 우리 아이들 굉장히 매력적이지 않나요? 까다로움은 짓밟아 없애야 하는 면이 아니에요. 아이가 본연의 예리함을 간직하면서 이것이 '비판적 사고력'이라는 자원으로 발전할 수 있도록 돕는 것이 부모의 역할이에요.

어려서부터 쉼 없이 보채고 말도 잘 안 듣는 청개구리들이라 키우기는 무척 힘들지만, 나중에는 이러한 기질이 아무나 가질 수 없는 무기가 될 거예요.

= 타고난 기질을 꺾지 마세요, 키워 주세요 =

까다로운 기질은 알맞은 환경에서 잠재력이 발휘되면 사회의 발전과 혁신에 기여할 수 있는 자질이에요. 이런 긍정적인 가변성 덕분에 까다로운 기질이 인류 내에서 약 10퍼센트라는 일정한 비율로 유지되고 있다는 가설도 있어요. 만약 까다로운 기질이 단점뿐이었다면, 진화의 과정에서 이미 도태되었을 거예요.

우리가 잘 아는 유명인들의 사례에서 까다로운 기질이 강점으로 발현된 모습을 찾아볼 수 있어요. '까다로움'이 '순함'이 된 것이 아니에요. **타고난 기질을 있는 그대로 보존하면서 이를 강점으로 활용한 점에 주목해야 해요.**

스티브 잡스

애플Apple의 창시자 스티브 잡스Steve Jobs는 어린 시절부터 반항적이고 충동적이며 비순응적인 태도로 유명했어요. 홍미와 관심이 있는 일에는 깊이 몰입하는 한편, 학교의 전통적 교육 체계와 자주 충돌하였고 학교생활에 적응하기 어려워했죠.

심지어 잡스는 입양아였어요. 그의 양부모님은 양육에 큰 어려움을 겪었지만, 잡스를 있는 그대로 받아들여 줬어요. 특유의 호기심을 장려하며, 특히 잡스의 관심사였던 전자 제품과 기계 분야에서 창의적 에너지를 긍정적으로 발산할 수 있도록 격려했어요. 부모님의 이해와 지지 덕분에 잡스의 강렬한 기질은 생산적인 방향으로 이어졌고, 남다른 비전으로 IT 업계를 선도한 인물이 될 수 있었어요. 체제에 순응하지 않고 관심사에 몰입하는 잡스의 강한 성격은 애플의 혁신적인 기술 및 콘셉트와 품질에 대한 강한 고집에 반영되었죠.

애플 창립 이후에도 스티브 잡스는 괴팍한 성격으로 유명했어요. 그럼에도 불구하고 잡스와 함께 일했던 많은 사람들은 그의 비전과 열정에 매료되어 그를 따랐죠. 그의 독특한 성격은 혁신을 추구하는 데 도움이 되었으며, 애플의 성공에 큰 기여를 했어요.

레이디 가가

유명 팝스타 레이디 가가Lady Gaga는 예민한 기질로 인해 힘든 어린 시절을 보냈어요. 어린 시절의 가가는 매우 민감하고 감수성이 풍부한 아이였고, 독특한 내면 세계 때문에 친구들과 어울리지 못하고 괴롭힘을 당하기도 했어요. 이에 불안 장애를 겪고 트라우마에 시달리기도 했지요.

가가의 부모님은 그녀의 개성과 창의성을 이해하려 노력하며 정

    까다롭고 예민한 우리 아이, 왜 이렇게 힘들까요?

서적으로 지지해 줬어요. 딸의 감성적 재능을 인지하고 예술 학교에 진학하도록 지원하고 격려했죠. 덕분에 가가는 예술을 통해 힘든 마음을 표현하고 치유할 수 있었다고 해요.

가가는 자신의 경험을 음악과 창의적 활동에 녹여 냈고, 그녀의 불안정성은 독창적이고 특별한 예술성으로 승화되어 빛나게 되었어요. 처음에는 독특한 음악 스타일과 파격적인 창의성 때문에 조롱받기도 했지만, 사람들은 점차 그녀만의 개성과 진정성에 매료되었죠.

세계적으로 사랑받는 아티스트가 된 가가는 음악뿐만 아니라 패션과 사회 운동에서도 혁신을 이끌며 강력한 영향력을 발휘하고 있어요. 자신과 비슷한 어려움을 겪는 사람들을 돕기 위해 'Born This Way Foundation(타고난 모습 그대로)'이라는 재단을 설립했고, '자기 자신을 믿고 사랑하라'는 메세지를 전하며 많은 이들에게 희망과 영감을 주는 상징적인 인물이 되었어요.

일론 머스크

테슬라^{Tesla}의 창업자이자 CEO인 일론 머스크^{Elon Musk}는 어릴 때부터 매우 호기심이 많고 창의성이 풍부하며 내성적인 성격으로, 혼자만의 상상의 세계에 몰입하기를 좋아했어요. 대화 중에도 혼자 깊이 생각에 잠기거나 현실에서 벗어난 듯한 태도를 보여 또래 친구들과 어울리기 어려웠죠.

테슬라, 스페이스X^{SpaceX} 등을 설립하며 첨단 기술과 혁신의 상징이 된 현재에도, 어린 시절의 창의성과 독특함은 머스크의 기업 경영에 그대로 반영되어 있어요. 그의 비전은 항상 현재의 한계를 뛰어넘고, 불가능을 가능으로 바꾸는 사례들을 만들어 내고 있죠.

지금도 머스크의 앞선 아이디어들은 현실과의 간극이 크다는 평가를 받기도 해요. 지나친 과감함을 비판하며 오너 리스크를 우려하는 사람들도 많죠. 그러나 머스크의 혁신성과 열정에 감탄하지 않는 사람은 없을 거예요. 그는 자율주행과 인공지능 로봇 등의 미래 산업을 선도하는 한편, 우주 탐사와 지속 가능한 에너지, 뇌와 컴퓨터를 연결하여 상호작용이 가능하도록 하는 뉴럴링크 등 도전적인 아이디어를 계속해서 세상에 선보이고 있어요. 어릴 적부터 품었던 꿈을 위해 포기하지 않고 계속해서 달리고 있죠. 그의 꿈들이 설령 아직은 실현 불가능해 보인다고 해도 전 세계의 귀추가 주목되고 있어요.

타지리 사토시

'포켓몬스터^{Pokémon}' 게임 시리즈의 창시자 타지리 사토시(田尻智)는 어린 시절에 수줍음이 많고 친구를 사귀는 데 서툴렀어요. 그는 곤충 채집과 관찰에 푹 빠져 있었지만, 이러한 독특한 관심사는 또래 친구들과 공감대를 형성하기 어려웠죠. 이로 인해 사토시는 외로움을 많이 느꼈고, 주로 혼자 시간을 보내며 자연을 탐험하곤 했어요. 학교 공부보다 취미에 열중하느라 학업 성적도 부진했고요. 그러다 도시화가 진행되며 숲이 사라지자, 그의 관심사가 게임으로 옮겨 갔어요.

게임에 심취한 그는 나아가 게임 잡지를 만들고 게임을 직접 개발하기도 했죠. 훗날, 게임에 대한 열정과 어린 시절 곤충에 대한 사랑을 결합해 '포켓몬스터'라는 혁신적인 게임을 창조할 수 있었어요. 사토시는 학창 시절에 친구들과 잘 어울리지 못했던 상처가 있지만, 그가 만든 포켓몬스터 덕분에 많은 아이들이 서로 화합하고 친구를 사귈 기회를 갖게 되었어요. 사토시는 어린 시절에 자유롭게 실컷 노는 경험이 중요하다고 강조해요. 좋아하는 것에 푹 빠져서 열중하는 경험이 중요하다고요.

찰스 다윈

생물학의 패러다임을 바꾼 인물로 평가되는 찰스 다윈^{Charles Darwin}은 감각과 감정이 민감한 아이였어요. 학교에서는 집중이 어려울 정도로 상상력이 풍부했고, 전통적인 학습 방식보다는 자연 속에서 혼자 탐색하고 관찰하는 활동을 더 좋아했죠. 특히 몸과 마음이 쉽게 예민해져 불안이 잦았고, 스트레스에 취약해 신체화 증상을 겪었다는 기록도 남아 있어요.

이러한 민감성은 훗날 그의 대표작 『종의 기원』을 탄생시키는 힘이 되었어요. 작은 변화에도 민감하게 반응하는 기질 때문에 그는 다른 이들이 지나치는 미묘한 차이와 패턴을 찾아냈고, 방대한 관찰 기록을 집요하게 정리하며 진화 이론을 구축했어요. 어린 시절부터 두드러졌던 예민함이 연구의 집요함이라는 과학적 강점으로 활용된 거예요.

쇼펜하우어

심리철학의 선구자, 쇼펜하우어Arthur Schopenhauer는 어린 시절부터 감정이 격하고 고집이 세며 충동적이면서 매우 예민한 아이였어요. 또래들과 가볍게 어울리기보다 혼자 생각에 잠기거나 자신의 내면 세계에 빠지는 시간이 많았으며, 작은 갈등이나 비난에도 강하게 반응하는 기질을 보였다고 전해져요.

이 과도한 예민성은 점차 깊은 철학적 통찰로 이어졌어요. 그는 인간의 욕망, 고통, 감정의 깊이를 누구보다 정확히 포착했고, 인간 내면의 본질을 파고드는 사유를 펼쳤지요. 어릴 때는 감당하기 어려웠던 강렬한 감정과 날카로운 감수성이 '인간을 깊이 이해하는 능력'으로 연결되어 독보적인 철학자로서 사유의 에너지를 발휘할 수 있었어요.

짐 캐리

배우이자 희극인인 짐 캐리Jim Carrey는 코미디 연기로 유명하죠. 그러나 실제로는 어린 시절부터 감정의 기복이 매우 컸고 성인

　　　　　　까다롭고 예민한 우리 아이, 왜 이렇게 힘들까요?

이 된 후에는 우울증을 앓았을 만큼 정서적으로 예민한 사람이었어요. '사람들이 나를 웃기는 사람으로만 보지만, 그 이면에는 늘 깊은 슬픔이 있었다'고 자신을 소개하곤 하죠.

어린 시절 짐 캐리는 학교에서 조용히 앉아 있지 못하고 장난을 치거나 통제하기 어려운 행동을 반복해 교사들이 어려움을 호소했대요. 또, 가족들이 걱정할 만큼 TV에 빠져 살고, 코미디를 따라 하며 불안을 달랬대요. 문제 행동처럼 보였던 이 몰입이 그에게는 감정을 다스리는 숨구멍이었어요.

이런 경험을 바탕으로 짐 캐리는 훗날, 배우로서 독보적인 표현력을 뽐내며 수많은 대표작을 남길 수 있었어요. 에너지 넘치는 코미디 연기로 유명한 「마스크^{The Mask}」, 웃음 뒤의 슬픔을 보여 준 「트루먼쇼^{The Truman Show}」, 그만의 감정 연기의 깊이를 새롭게 증명한 「이터널 선샤인^{Eternal Sunshine of the Spotless Mind}」 등 다양한 대표작을 만들었죠. 짐 캐리는 자신의 예민함을 숨기지 않고 그 감정들을 작품 속 연기로 녹여 내며 사람들에게 위로와 웃음을 주는 인물로 성장했어요. 한때는 감정이 너무 강렬해서 힘들었던 아이가, 그 감정을 예술적 에너지로 바꾸어 세계적인 배우로 성장한 거죠.

J. K. 롤링

작가 J. K. 롤링^{J. K. Rowling}은 어린 시절부터 감수성과 상상력이 매우 풍부한 아이였어요. 그녀는 스스로 "어릴 때 나는 지나치게 예민하고 작은 일에도 깊이 상처받는 아이였다"라고 회고하곤 해요. 혼자만의 상상의 세계로 빠지곤 했던 경험과, 감정이 쉽게 흔들리고 자극을 크게 느끼는 예민함이 그녀의 내면 세계를 더 넓고 깊게 키워 주었지요.

이는 훗날 『해리 포터 Harry Potter』 시리즈라는 거대한 세계관을 만들어 내는 원동력이 되었어요. 두려움과 희망 같은 인간 감정을 섬세하게 다루는 롤링의 능력은 어린 시절부터 예민하게 느끼고 관찰해 온 정서 경험에서 비롯된 것이랍니다. 예민함이 깊이 있는 이야기를 만들어 내는 힘이 될 수 있다는 것을 보여 주고 있죠. 그녀는 자신의 우울과 감정적 어려움을 솔직하게 밝히며 많은 독자에게 위로와 희망을 주고 있어요.

이들의 이야기를 통해, 까다로운 기질이 언젠가 독창성으로 빛날 수 있다는 걸 알 수 있어요. 단순히 까다로움을 '극복'한 것이 아니라, 까다로움 자체를 강점으로 발휘했다는 것이 인상 깊죠. 이처럼 까다로운 기질은 특별한 잠재력을 품고 있어요.

마지막으로, 디즈니 애니메이션 「겨울왕국 Frozen」의 엘사 이야기를 떠올려 볼게요. 엘사는 눈과 얼음을 원하는 대로 만들어 내는 마법을 타고났지만, 어린 시절 마법을 사용해서 놀다가 실수로 동생을 다치게 한 후 자신을 괴물처럼 여기게 됐어요.

마법 능력을 숨기려 애쓰며 세상과 단절된 채 살아갔고, 두려움 속에서 자신을 가두었죠. 그러나 결국 엘사는 타고난 마법을 저주가 아닌 자기 본연의 일부로 받아들이게 돼요.

억누르려 할수록 통제할 수 없었던 마법으로 인해 고통받았지만, 마법의 힘을 조절하는 법을 배우고 마법에 맞는 환경을 찾자 비로소 엘사는 자유롭고 행복할 수 있었어요. 그리고 그 마법은 더 이상 저주가 아닌 멋진 능력이 되었어요. 오히려 세상을 아름답게 변화시키는 힘이 되었죠.

까다로운 기질을 가진 아이들도 마찬가지예요. 자신의 특성을 억누르고 감추려 하면 불안과 두려움 속에서 힘들어질 수 있어요. 하지만 자신의 기질을 이해하고 받아들이며, 그것을 조절하는 방법을 배운다면, 기질은 단점이 아니라 강점이 될 수 있어요.

엘사가 마침내 자신의 특성을 인정하고 빛을 발했던 것처럼, 아이들이 자신만의 방식으로 성장하고 빛날 수 있도록 도와주세요.

기억해 주세요, 까다로운 기질은 꺾어 누르고 없애야 할 특성이 아니에요. 타고난 특성을 받아들이고, 이를 조절하는 법을 배우고, 이것이 강점으로 발현될 방법을 찾는 게 중요해요.

아이의 까다로움을 꺾지 마세요, 키워 주세요.

까다로운 기질 양육법의 핵심

＝ 까다로운 기질만의 특수한 육아법이 따로 있을까? ＝

까다로운 기질의 아이에겐 보다 세심한 양육이 필요하다고 하는데요, 그렇다면 까다로운 아이에겐 특수한 육아법이 필요한 걸까요? 완전히 다른 양육법이 따로 있는 걸까요? 결론부터 말하자면 그렇지 않답니다.

이 책에서 제시하는 육아법은 사실상 모든 아이에게 적용할 수 있고, 모든 아이에게 유익한 육아의 원칙들이에요. 다만 **까다로운 아이들에게는 육아의 기본 원칙을 더 세심하고 일관되게 지키는 것이 중요해요.** 순한 기질의 아이들에게는 육아법을 조금 느슨하게 적용해도 그다지 악영향을 미치지 않거나 아이들이 자연스럽게 잘 따라오는 경우가 많아요. 반면, 까다로운 아이들은 올바른 육아법이 아니면 크게 흔들릴 수 있어요. 마치 정교한 레시피로 요리를 하듯, 까다로운 아이들에게는 더 세심하고 체계적인 접근이 필요한 거예요.

처음에는 아이에 대해 알아 가고 맞춰 나가는 과정이 힘들 수 있지만, 어느 정도 시간이 지나면 훨씬 수월해져요. 지혜와 경험이 쌓이면 육아에 대한 대처 능력과 자신감이 생길 거예요.

정리하자면, 까다로운 아이에게는 '특수한' 육아법이 필요한 것이 아니라, 올바른 육아법을 더 '세심하게' 적용해야 한다는 뜻이랍니다. 우리 아이들은 충분히 그 노력의 가치를 보여 줄 거예요. 까다로운 기질의 아이들을 위한 육아의 정석을 네 가지로 요약하면 다음과 같아요.

- **기질 수용** 아이가 가진 고유의 씨앗을 있는 그대로 바라봐요.
- **욕구 활용** 아이의 강한 욕구를 문제로 여기지 않고 잠재력으로 키워 줘요.
- **정서 안정** 모든 발달의 기반이 되는 정서적 안정에 집중해요.
- **조절력 발달** 애착과 훈육과 놀이를 통해 문제 해결력을 길러요.

= 기질을 수용한다는 것의 의미 =

양육자가 아이의 기질을 수용하는 것, 이게 올바른 양육의 시작점이에요. 누가 들어도 좋은 말이긴 한데, 기질을 수용한다는 게 대체 무슨 의미일까요?

먼저 아이의 기질이 수용되지 않을 때 어떤 현상이 일어나는지부터 생각해 볼게요. 만약 부모가 아이의 타고난 기질을 강압적으로 억누르거나 억지로 부모가 원하는 방향으로 바꾸려 한다면 어떻게 될까요? **기질은 선천적이고 자동적이며 그렇게 느끼고 반응하도록 프로그래밍된 밑바탕이에요.** 그런데 이것이 부정당하면, 아이는 저절로 올라오는 자신의 고유한 기질 반응을 받아들이지 못하고 혼란에 빠져요. '이런 감정을 느끼는 내가 이상한 건가? 나쁜 건가?' 하는 의문이 끊임없이 들며, 자기 자신을 있는 그대로 편안하게 수용하지 못하고 점점 자신을 부정하고 거부하게 돼요. 마음속에서 끝없는 고군분투가 시작되는 거예요.

부모는 아이가 기질적 취약점을 극복하길 바라는 마음에서 하는 행동이지만 오히려 역효과를 불러일으켜요. 아이는 자신의 기질을 인지하고 다루는 법을 배우지 못하고, 결국 기질에 압도되어 경직된 삶을 살게 될 수 있어요.

그렇다면 어떻게 하라는 걸까요? 특히 까다로운 아이들은 대체 어떻게 키워야 하는 걸까요? 기질을 부정하면 무서운 부작용이 생

　　까다롭고 예민한 우리 아이, 왜 이렇게 힘들까요?

긴다니, 그럼 그냥 놔두라는 말일까요? 아이가 까다롭게 굴든 말든, 사회에 부적응하든 말든, 그저 '너는 너로서 어여쁘다'라는 이상적인 말로 아이가 제멋대로 굴게 방치하라는 의미일까요?

기질은 자동적인 정서 반응을 일으키며 성격의 밑바탕이 돼요. 그러나 우리는 살면서 기질을 다스리는 힘을 발달시킬 수 있어요. 이것이 큰 차이를 만들어요. 기질에 압도되어 끌려다니며 살지, 기질의 주인이 되어 주체적으로 내 기질을 자원으로 활용할지가 달라지는 거죠.

호스에 비유해 볼까요? 호스를 수도꼭지에 연결하고 물을 콸콸 튼 뒤 손을 놓으면 난리가 나죠. 물이 사방팔방으로 발사되고 호스가 통제 불능으로 춤을 출 거예요. 하지만 우리는 호스가 맘대로 활개치게 놔두진 않을 거예요. 이때 손으로 호스를 단단히 잡았느냐 잡지 않았느냐에 따라 큰 차이가 나요. 내가 호스에 끌려다닐 때는 강한 물줄기가 스트레스의 원인이 되지만, 내가 호스의 주인이 되면 물을 자원으로 활용할 수 있는 거죠.

호스에서 나오는 물줄기의 수압이 세면 센 대로 약하면 약한 대로, 그 정보를 파악하고 적절한 쓰임새에 대해 안다면 이를 알맞게 활용할 수 있어요. 세찬 물줄기를 뿜는 호스로 세차를 하면 차가 깨끗해지지만, 그 강한 물줄기를 화단에 뿜어 버리면 꽃들이 꺾여 버리겠죠. '너는 왜 옆집 호스처럼 화단을 섬세히 가꾸지 못하니!'라고 호스를 탓할 수 없는 노릇이에요. 반대로 잔잔한 물줄기를 뿜는 옆집 호스에게 '너는 왜 그렇게 약해서 세차를 깨끗이 하지 못하니!'라고 해서도 안 되고요. 이렇듯 각자의 타고난 기질적 강점에 맞는 환경이 주어지면 잠재력이 발휘될 수 있고, 반대로 타고난 기질적 약점이 부각되는 환경에서는 잠재력이 꺾여 버릴 수 있어요.

하지만 현실적으로 나에게 잘 맞는 환경에서만 살 수는 없어요. 때로는 내가 가장 싫어하고 가장 못하는 일들도 잘 해내야 하죠. 수압이 센 호스로도 가끔은 화단을 가꿔야 할 때가 있어요. 그럴 때는 손이 아플 테지만 호스를 꼬아서라도 물줄기를 일시적으로 약하게 만들어야겠죠. 반대로 수압이 약한 호스로도 가끔은 세차를 하고 찌든 얼룩을 닦아야 해요. 그럴 때는 손이 아플 테지만 호스를 쥐어짜서라도 수압을 높여야겠죠.

그런데 이것은 무작정 강요한다고 되는 일이 아니에요. 나의 기질을 잘 알아야 나의 기질적 반응을 살필 수 있고, 나아가 상황에 맞게 이를 조절할 수 있어요. 기질을 모르면요? 문제가 발생해도 그 근본 원인을 모르니 나에게 맞는 해결책을 찾기 어려워요. 남이 하는 대로 어설프게 따라하다가 더 힘든 상황에 빠져 버리기도 하죠.

'수압이 세다'는 걸 알아야 '이 상황에서는 수압을 낮춰야 한다'는 것을 알 수 있고, '그럼 호스를 꼬아 보자'라는 방법까지 찾을 수 있어요. 반면, 수압이 세다는 근본 원인을 모르면 매일 화단을 망치며 자책하게 되겠죠. '옆집 친구의 화단에는 예쁜 꽃들이 만발한데 왜 내 화단의 꽃들은 다 시들어 버릴까? 똑같이 물을 주는데…'

    까다롭고 예민한 우리 아이, 왜 이렇게 힘들까요?

반대의 경우도 마찬가지예요. '수압이 낮다'는 걸 알아야 '이 상황에서는 수압을 높여야 한다'를 알 수 있고, '그럼 호스를 쥐어짜 보자'라는 방법을 찾아낼 수 있어요. 반면, 수압이 낮다는 근본 원인을 모르면 매일 누구보다 열심히 세차를 해도 차는 여전히 얼룩져 있겠죠. '옆집 친구의 차는 항상 깨끗한데, 왜 나는 똑같이 노력해도 항상 부족할까….'

요컨대, 아이의 기질을 수용한다는 것은 무작정 모든 걸 받아 준다는 의미가 아니에요. 기본적으로 아이의 기질에 맞는 편안한 환경을 제공해 주면서, 조금씩 다양한 상황을 접하며 이에 대처하는 방법을 익히도록 돕는 거예요.

아이가 어릴수록 기질에 맞는 환경을 제공해 주는 것이 주가 되어야 하고, 조금씩 새로운 상황에 대처하는 경험을 쌓아서 적응 반경을 넓힐 수 있도록 해 주는 것이 좋아요. 연령이 높아질수록 차차 사회적 조절력이 길러져서 기질에 맞지 않는 환경에서도 견뎌 내는 능력이 발달하죠.

다만 이렇게 조절력을 발휘하는 것은 쉽지 않은 일이에요. 타고난 본능을 거슬러야 하니 엄청난 노력과 에너지가 든다는 것을 알아야 해요. 하루 중 대부분의 시간을 이렇게 보내야 한다면 어린아이라도 번아웃이 와요. 그러므로 아이의 상태를 살피며 환경을 조절해 주는 것이 중요해요.

다시 호스 비유로 마무리할게요.

- 조절력을 키우는 첫 단계는 부모가 아이의 기질을 파악하는 순간이다(각 호스의 특성을 파악해야 함).
- 아이는 자신의 기질을 강점으로 활용할 수 있는 환경에서 가장 행복하며, 제대로 능력을 발휘할 수 있다(수압이 센 호스는 세차에 적합, 수압이 약한 호스는 화단 관리에 적합).
- 물론 아이가 다양한 상황에 적응할 수 있게 사회적 조절력을 키워줘야 한다(때로는 수압이 센 호스를 꼬아야 하고, 수압이 약한 호스를 쥐어짜야 함).
- **다만 이렇게 조절력을 발휘하는 것은 무척 힘든 일이므로 아이의 상태를 살피며 천천히 나아가야 한다**(온종일 호스를 손이 아프도록 꼬거나 쥐어짠 상태로 평생을 살 순 없음).

부모의 이해가 선행되어야 아이도 자신의 기질을 긍정적으로 수용할 수 있어요. 지속적으로 이러한 도움을 받으면 아이는 차차 자신의 기질적 반응을 스스로 인지하고, 나아가 이를 조절하는 법을 배울 수 있어요. 점차 건강한 조절력 발달이 촉진되면서, 기질적 약점은 관리하고 강점은 활용할 수 있게 돼요.

자신의 기질에 대한 이해, 이게 자기 수용의 첫걸음이에요. 알아야 다룰 수 있어요. 그래야 기질에 압도되지 않아요. 그래야 행동에 유연성이 생겨요. 그래야 주체적인 삶을 살 수 있게 돼요.

"그래서 잠을 일찍 재우려면 어떻게 하나요?"
"그래서 친구는 어떻게 사귀나요?"
"그래서 학원은 언제부터 보낼까요?"

당장 눈앞에 닥친 문제들부터 빠르게 해결하고 싶으실 거예요. 그러나 육아는 한 가지 문제를 해결하면 또 다른 문제가 나타나는 연속적인 과정이에요. 현실적으로 모든 변수를 예측하고 대비할 수는 없어요. 따라서 **개별 문제의 솔루션을 찾는 데 급급하기보다, 아이와 부모 모두 '문제 해결력'을 키우는 데 초점을 맞추는 것이 중요해요.** 근본적인 문제 해결력을 길러야 다양한 상황에서 효과적으로 대처할 수 있어요.

$$1 + 1 = 2, \ 3 + 42 = 45, \ 58 + 16 = 74, \ 719 + 483 = 1202\cdots$$

덧셈을 배울 때 이런 식들을 개별적으로 외운다면 얼마나 비효율적이겠어요? 이건 말도 안 되는 공부법이죠. 모든 식에 대한 답을 하나하나 외울 수 없으며, 덧셈의 개념과 원리를 익혀야 한다는 말이에요. 그래야 처음 보는 수학 문제 앞에서도 문제 해결의 실마리를 찾고, 큰 원리를 적용하여 창의적으로 답을 찾아 갈 수 있어요.

아이를 키우는 것도 마찬가지예요. 아이 연령에 따라, 상황에 따라, 예측할 수 없는 다양한 일들이 벌어질 거예요. 그러나 모든 상황을 미리 알고 대비할 순 없다고 걱정하지 마세요. 아이를 이해하고 올바른 육아법을 습득하면 마주하는 다양한 상황을 지혜롭게 풀어 나갈 실마리를 찾을 수 있어요. 무엇보다 까다로운 기질에 대한 '큰 그림'을 먼저 그려 두세요. 막막한 순간마다 길을 잃지 않게 돕는 확실한 길잡이가 되어 줄 거예요.

우리가 아이에게 궁극적으로 길러 줘야 할 것도 '문제 해결력'이에요. 감정을 조절하는 것도, 욕구를 다스리는 것도, 어려움을 이겨 내는 것도, 원하는 것을 이룰 방법을 찾는 것도, 갈등을 해결하는 것도 모두 문제 해결력이에요.

다양한 상황에서 부모의 도움을 받아 문제를 풀어 나가는 경험을 쌓도록 해 주고, 그 과정에 필요한 설명을 해 주며 점차 아이를 적극적으로 참여시키면 돼요. 오랜 시간 공들여야 하는 힘든 과정이지만, 그러한 노력을 통해 점차 아이 스스로 상황에 맞게 대처해 나가는 문제 해결력이 길러질 거예요.

이것은 '육아의 최종 목표는 독립이다'라는 말과 일맥상통해요. 아이의 독립이란 '부모와의 관계 단절'을 뜻하는 게 아니에요. 아이를 억지로 내치거나 외롭게 내몰 필요 없어요. **아이가 문제 해결력을 기르는 동안 충분히 응원해 주고 지지해 주세요. 아이는 어른에게 충분히 의지해야 점차 혼자 설 힘을 기를 수 있어요.**

 까다롭고 예민한 우리 아이, 왜 이렇게 힘들까요?

기질과 관련된 문제 해결력이 바로 '조절력'이에요. **기질은 조절력이라는 필터를 거쳐서 작용해요.** 그래서 조절력의 발달 수준에 따라 일상의 모습이 크게 바뀔 수 있어요.

기질은 타고나는 것이기에 까다로운 기질 자체를 바꿀 수는 없어요. 아이의 기질에서 비롯되는 감정 자체는 있는 그대로 이해하고 수용해야 할 부분이에요. 이것을 바꾸려고 하면 모든 것이 꼬여 버려요. 기질을 바꾸려는 대신, 조절력을 기르는 데 주목해 주세요.

예컨대, 낯선 환경에서 불안해하는 기질의 아이에게 "불안해하지 마!"라며 불안을 억누르려 하는 건 소용없어요. 그럼 어떻게 해야 할까요? 아이 마음은 있는 그대로 품어 주면서 불안에 대한 대처법을 익힐 수 있도록 도와주는 거죠, 아주 천천히 차근차근 말이에요. 또한 정적인 활동을 답답해하는 아이에게 "넌 대체 이게 뭐가 그렇게 힘드니?"라며 기질을 비난해 봤자 소용없어요. 그럼 어떻게 해야 할까요? 아이의 답답함은 있는 그대로 이해해 주면서 충동을 이겨 내고 욕구를 조절하는 법을 배울 수 있도록 돕는 것이죠. 아주 조금씩 단계별로 말이에요.

기질을 비난하거나 바꾸려고 하지 말고 수용하라는 이유는 뭘까요? 귀한 내 새끼, 다 받아 주며 오냐오냐 키우기 위해서일까요? 아니오, 오히려 기질을 '조절'하는 걸 효과적으로 돕기 위해서예요.

먼저 기질과 조절력이 무엇인지부터 더 자세히 살펴볼게요.

기질은 타고난 성향

태어난 지 얼마 안 된 꼬물꼬물 아기를 떠올려 볼까요? 어떤 아기는 재우면 자고 먹이면 먹고 환경에 순응적인 반면, 어떤 아기는 어려서부터 자기주장이 뚜렷해요. 어떤 아기는 인형처럼 얌전히 있는 반면, 어떤 아기는 양육자가 온종일 안고 돌아다니지 않으면 울고 보채요. 어떤 아기는 환경에 별 상관없이 꿀잠을 자는 반면, 어떤 아기는 벌써부터 소리나 빛에 예민하고 엄마 품에서만 자려고 해요. 어떤 아기는 모유든 분유든 가리지 않고 꿀꺽꿀꺽 잘 먹는 반면, 어떤 아기는 어려서부터 입이 짧고 맛을 가려요.

자라면서도 마찬가지예요. 어린이집, 유치원, 학교를 다니는 아이들도 같은 환경이나 상황에서 각자의 기질에 따라 다른 반응을 보여요. 어떤 아이는 새로운 환경에 눈을 반짝이며 호기심을 보이는 반면, 어떤 아이는 긴장하고 불편해하고 피하려 하며, 이러나 저러나 별 상관없는 아이도 있어요.

어떤 아이는 주변의 눈치를 많이 봐서 걱정이고, 어떤 아이는 너무 눈치를 안 봐서 탈이기도 하죠. 어떤 아이는 외부 활동에서 에너지를 얻기도 하고, 어떤 아이는 몹시 피곤해하기도 해요. 어떤 아이는 한 장난감에 푹 빠져 오랫동안 갖고 노는 반면, 어떤 아이는 온종일 새로운 자극을 원해요. 어떤 아이는 정적으로 앉아서 노는 걸 좋

    까다롭고 예민한 우리 아이, 왜 이렇게 힘들까요?

아하고, 어떤 아이는 한시도 가만히 있지 않고 움직여요.

이처럼 사람은 생애 초기부터 각기 다른 모습을 보여요. 백지 상태로 세상에 나오는 게 아니라 자기만의 고유한 '기본 세팅'을 갖고 태어나죠. 이렇게 개개인이 타고나는 정서적 경향성을 기질이라고 해요. 어떠한 자극에 대해 나도 모르게 자동적으로 나타나는 정서적 반응을 뜻하죠. 사람마다 기질이 다르기에, 같은 자극에도 아이들은 각기 다른 반응을 보이는 거예요. 기질은 성격의 큰 틀을 잡아주는 역할을 해요.

기질에 대해 꼭 기억해야 할 네 가지는 다음과 같아요.

- **개별성** 기질은 사람마다 달라요. 그래서 같은 자극에도 아이마다 각기 다른 반응을 보여요. 따라서 내 아이의 기질에 맞는 양육법을 아는 것이 중요해요.
- **선천성** 기질은 타고나며, 아주 어린 시기부터 나타나요. 아이들의 반응 대부분은 이러한 기질에서 비롯된답니다.
- **자동성** 기질은 자동적으로 일어나는 정서적 반응이에요. 아이가 선택하는 게 아니라, 그러한 정서를 느끼도록 프로그래밍되어 있기에, 억지로 바꾸려 하면 안 돼요.
- **지속성** 기질적 성향은 전 생애 동안 유지되며 인생 전반에 영향을 미쳐요. 그래서 자신의 기질을 이해하고 수용하고 다루는 법을 배우는 것이 중요해요.

이를 바탕으로 까다로운 기질의 아이를 이해할 수 있을 거에요.

① 개별성: 내 아이는 옆집 아이와 다르다

내 아이는 옆집 아이와 달라요. 한 배에서 태어나고 같은 가정에서 자란 형제자매에게도 기질 차이가 보이죠. 그러므로 아이의 기질에 따라 각기 다른 양육법이 필요해요.

특히 순한 아이와 까다로운 아이는 아주 많이 달라요. 까다로운 아이를 키우는 양육자가 순한 아이 양육을 참고하면 역효과가 날 수 있으니 주의해야 해요. 내 아이가 까다로운 기질이라면, 양육자가 아이의 기질에 맞는 육아법을 공부하고 그에 맞게 섬세하게 아이를 이끌어 주어야 해요.

② 선천성: 기질은 타고나는 거라 억지로 바꿀 수 없다

기질은 후천적으로 길러지는 것이 아니라 타고난다는 것이죠. 까다로운 기질의 아이를 키우다 보면, 양육자는 '내가 무언가 잘못한 걸까?'라는 죄책감을 느끼기 쉬워요. 하지만 까다롭고 예민한 아이들은 그러한 기질을 타고난 것이지 잘못된 양육으로 인해 까다로워진 것이 아니랍니다.

물론 기질에 맞지 않는 양육 환경에서 까다로움이 심해질 수도 있어요. 반면 기질에 맞는 섬세한 양육 환경이 뒷받침된다면, 아이는 점차 까다로움을 조절하는 능력을 키워 나갈 수 있어요.

 까다롭고 예민한 우리 아이, 왜 이렇게 힘들까요?

③ 자동성: 기질은 자동적인 반응이라 아이가 선택할 수 없다

기질은 자극에 대해 자동적으로 일어나는 정서 반응으로, 자동적 반응을 억지로 바꿀 수는 없어요. 아이가 까다로움을 선택한 것이 아니라, 그러한 정서를 느끼도록 프로그래밍되어 있다고 이해하는 것이 중요해요. 따라서 아이의 기질적 반응을 억누르거나 바꾸려 하면 오히려 역효과를 낳기 쉬워요. 반대로 기질적 반응을 수용하고 자각하도록 도울 때 아이는 기질에 압도되지 않고 성장할 수 있어요.

아이가 정서적으로 안정되면, 기질적 반응을 바탕으로 상황에 맞게 대처하는 조절력이 점차 발달해요.

④ 지속성: 기질적 특성은 평생 함께하는 인생의 밑바탕이다

근본적인 기질 특성은 전 생애 동안 비교적 안정적으로 유지돼요. 어릴 때만 나타나는 특수한 현상이 아니라, 한 사람의 발달·사회성·학습 등 인생 전반에 영향을 미치는 밑바탕이에요. 이러한 기질적 특성을 토대로 환경과 적절하게 상호작용하며 살아가는 법을 배울 수 있도록 도와주는 것이 중요해요.

기질을 다스리는 힘, 조절력

'기질은 타고난다'라는 것이 강조되다 보면 이런 질문이 나와요. '기질이 타고나는 거고 바꿀 수 없다면, 어차피 아이는 생긴 대로 산다는 말 아닌가요? 부모가 바꿀 수 없다면서요. 그럼 육아를 힘들게 열심히 할 이유가 대체 뭐예요?' 내 아이가 까다롭게 구는 것이 잘못된 양육 탓이 아니라는 말에 잠시 위로받다가도, 곧 다시 불안해지곤 해요.

앞서 설명했듯이 기질은 자동적인 정서 반응을 일으키며 성격의 밑바탕이 돼요. 그러나 여기서 중요한 것은, 우리는 살면서 기질을 다스리는 힘을 발달시킬 수 있다는 점이에요. 이것이 큰 차이를 만들어요. 기질에 압도되어 끌려다니며 살지, 기질의 주인이 되어 주체적으로 내 기질을 자원으로 활용할지가 달라지는 거죠.

똑같은 기질이어도 어떤 환경에서 어떤 교육을 받고, 어떤 경험을 하고, 어떤 관계를 맺느냐에 따라 다른 모습으로 자라게 돼요. 같은 감정을 느끼더라도 감정을 다루는 방식이 달라지는 거죠.

예컨대, 신학기를 맞은 아이가 겁이 나는 것은 자동적 정서, 즉 기질 반응이에요. 그런데 이때 그 감정을 어떻게 처리하고 대처하는지는 기질을 다스리는 힘을 통해 저마다 다르게 나타나요. 그동안의 경험, 배움, 환경, 의지력 등이 개입되죠. 어떤 아이는 겁에 질려 위축되고, 어떤 아이는 으앙 울어 버리고, 어떤 아이는 선생님께 도움을 청하고, 어떤 아이는 자기 감정을 이해하고 이를 해소하기 위해 노력할 거예요. 혹은 불안한 마음을 달래기 위해 일찌감치 준비해 둘 수도 있어요.

미리 학교에 가 본다든지, 믿을 만한 사람과 신학기 생활에 대해

　　까다롭고 예민한 우리 아이, 왜 이렇게 힘들까요?

이야기를 나눠 본다든지, 신학기에 대한 프로그램을 찾아보는 등, 여러 가지 준비를 통해 오히려 더 똑부러진 모습을 보일 수도 있을 거예요. 물론 아직 어린아이가 혼자 이런 준비를 하긴 어려워요. 그래서 아이는 어른에게 도움을 청하는 것이고, 아이의 기질과 감정을 잘 이해하는 부모라면 아이의 여정에 든든한 지원군으로 함께해 줄 수 있어요.

살면서 누구나 크고 작은 어려움에 직면할 수 있어요. 까다로운 기질을 타고났다면 그러한 어려움을 보다 자주 느낄 수 있고요. 이때 중요한 것은 어떻게 대처하느냐예요. 자신의 기질을 바탕으로 상황에 맞게 대처하는 힘, 그것이 바로 조절력이죠. 조절력의 절반은 타고나지만, 나머지 절반은 후천적으로 길러 줄 수 있어요.

중요한 건, 조절력 발달에는 오랜 시간이 걸린다는 점이에요. 조절력을 담당하는 전두엽의 발달이 기질 반응을 담당하는 변연계의 발달보다 훨씬 느리거든요. 그렇기에 서너돌 이전에는 본격적인 훈육이 어렵고, 다 큰 것처럼 보이는 십 대 아이들도 아직 자기중심성이 강할 수밖에 없어요. **기질은 태어날 때부터 이미 형성되어 있지만, 전두엽은 출생 이후 서서히 발달하기 시작하여 성인기가 돼서야 완성돼요. 다시 말해, 기질에 대한 조절력을 기르는 데는 충분한 기다림이 필요하다는 뜻이에요.**

성인인 부모는 조절력을 담당하는 뇌가 이미 발달한 상태이기에 어린아이의 미숙함을 이해하기 어려워요. 하지만 어린 시절엔 원래 그래요. 기질과 욕구만 강하고, 이를 다스릴 힘은 굉장히 약한 상 태니까요. 아예 조절력이 전무한 어린 아기들은 졸리면 울고, 배고 파도 울고, 덥거나 추워도 울고, 그때그때 느끼는 스트레스를 있는 그대로 표출하죠. 좀 더 큰 아이들도 여전히 미숙해요. 키도 크고 대화도 통하니 다 큰 것 같지만, 조절력을 담당하는 인간의 가장 고 등한 뇌인 전두엽은 여전히 발달 초기에 있어요.

유난히 불편함이 많고 감정이 강렬한, 까다로운 기질의 아이는 어떨까요? 온종일 감정의 뇌가 강하게 활성화되는데, 이를 이해하 고 다스릴 전두엽의 힘이 매우 약해요. 그렇기 때문에 자주 짜증을 내게 되고, 스스로 진정하고 안정을 찾는 데 어려움을 겪는 거죠. 그 래서 어른의 도움이 많이 필요해요. 특히 남아들은 여아들보다 전 두엽 발달이 늦기에 보통 조절력도 더 늦게 발달하는 편이에요.

감정의 뇌(편도체를 포함한 변연계)는 다른 포유류에게도 발달되 어 있는 부분이에요. 집에서 키우는 강아지를 생각해 보세요. 강아 지들도 분명 감정을 느끼죠. 슬프면 시무룩하고, 화나면 으르렁거 려요. 기분이 좋으면 꼬리를 흔들고요, 반가우면 달려와요. 반면 이 성의 뇌(전두엽)는 인간이 다른 포유류 동물들에 비해 고도로 발달 한 부분이에요.

주로 본능에 지배되어 사는 다른 동물들과는 다르게, 인간이 이 성적으로 사고하고 고도의 정신 활동을 할 수 있는 이유는 이러한 이성의 뇌가 발달했기 때문이에요. '인간을 인간답게 하는 곳'이라

　까다롭고 예민한 우리 아이, 왜 이렇게 힘들까요?

감정의 뇌(편도체를 포함한 변연계)	이성의 뇌(전두엽)
기질 반응(어떠한 자극에 대한 자동적이고 원초적인 정서 반응)	기질을 다스리는 힘(기질을 바탕으로 환경과의 상호작용을 통해 형성되는 능력)
즉각적 생존 반응	논리적 사고, 문제 해결
선천적	선천적 + 후천적
자동적	자동적 + 의지적
어느 정도 갖추고 태어남	출생 이후 서서히 발달

고 설명하기도 해요.

까다로운 기질의 아이에게는 자극에 대한 반응을 조절해 주는 전두엽의 역할이 더욱 중요해요. 전두엽은 외부 자극과 환경의 영향을 많이 받는 만큼, 조절 능력을 키울 수 있는 적절한 환경과 경험을 제공하는 게 필요해요. 그렇다면 조절력은 어떻게 자랄까요? 무조건 억누르고 참게 하면 될까요? 마구 혼내면 될까요? 아니면 특별한 훈련이 필요한 걸까요?

조절력 발달을 돕는 원리는 생각보다 간단해요. 애착과 훈육과 놀이의 삼박자, 즉 먹고 자는 일상적인 육아 활동만으로도 조절력을 충분히 키워 줄 수 있어요. 애착과 훈육과 놀이는 따로따로 동떨어진 행위들이 아니에요. 부모와 아이가 함께 보내는 일상의 시간에 모두 녹아 있답니다. 아이와 함께 질적으로 충만한 시간을 보내며 아이가 조절력을 키울 수 있도록 도와주세요.

= 자기 조절이 어려운 아이, ADHD일까? =

까다로운 아이를 키우고 있다면 한 번쯤, 혹시 아이가 ADHD는 아닌지 걱정이 될 거예요. ADHD가 있는 아이는 전두엽 발달 지연 등의 뇌의 구조적인 문제로 조절력 발달에 어려움을 겪어요. 조절의 어려움이라니, 까다로운 기질을 묘사하는 표현과 비슷해 보이죠. 까다로운 기질이라고 해서 모두 ADHD인 것은 아니에요. 까다로운 기질을 가진 아이들도 전두엽이 정상적으로 발달하면 점차 조절력이 자라고, 안정적인 예후를 보일 수 있어요. 오히려 욕구가 큰 만큼, 그 욕구를 조절할 수 있는 힘도 함께 크게 자랄 수 있죠.

생애 초기의 모든 아이들은 전두엽의 조절 능력이 아직 충분히 발달하지 않았어요. 다만 까다로운 아이들은 기질 자체가 강렬해서 그 미숙함이 더 눈에 띄는 반면, 순한 아이들은 미숙함이 잘 드러나지 않을 뿐이에요. 그래서 어린 연령대에서는 까다로운 기질과 ADHD 증상이 겉보기에는 비슷해 보일 수 있어요. 이런 이유로 전문 의료기관에서도 만 6세 이전에는 ADHD 진단을 신중하게 다루는 경우가 많아요.

그럼 ADHD는 모두 까다로운 기질일까요? 아니요! ADHD는 기질이 순하든 까다롭든 상관없이, 조절력의 핵심인 전두엽 발달이 지연되는 것이 특징이에요. 충동성이나 과잉 행동 없이 주의력만 부족한, 소위 '조용한 ADHD'는 까다로운 기질과 거리가 멀어요.

 까다롭고 예민한 우리 아이, 왜 이렇게 힘들까요?

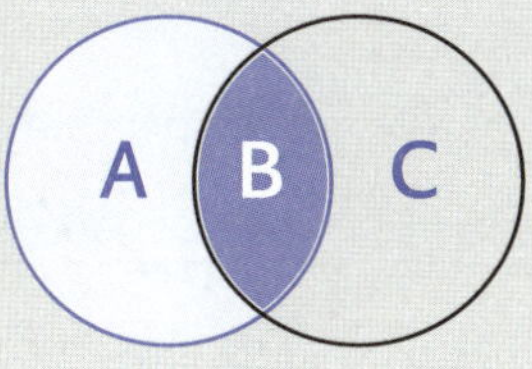

겉으로 티가 안 나서 예전에는 성인이 되어서야 ADHD 진단을 받는 경우도 많았죠. 예시를 통해 까다로운 기질과 ADHD에서 나타나는 특성을 좀 더 자세히 살펴볼게요.

A는 기질적으로 까다롭지만 뇌의 조절력이 수월하게 발달하는 경우예요. 이런 아이들은 어릴 때 매우 까다롭게 굴 수 있지만, 부모가 올바른 방향으로 이끌어 주면 시간이 걸리더라도 결국 잘 따라와요. 학령기에 좋은 모습을 보일 수 있어요.

반대로 C는 기질적으로 순하지만 전두엽 발달이 지연되는 경우예요. 어릴 때는 키우기 쉽다고 느낄 만큼 순하지만, 오히려 학령기에 어려움이 드러날 수 있어요. 일명 '조용한 ADHD'로, 연령이 올라가며 복잡해지는 또래 관계에 적절히 대처하지 못하거나 학업에 집중하지 못하는 모습을 보일 수 있어요.

B는 기질적으로도 까다롭고 ADHD까지 있는 경우예요. 부모와 아이 모두에게 큰 도전을 안겨 주는 경우죠. 이런 아이들은 어릴 때부터 매우 까다로운 모습을 보이고 잘 진정되지 않아요. 부모가 올

바른 양육에 대해 열심히 공부하고 적용해 보아도 좀처럼 변화가 없다고 느낄 수 있어요.

까다로운 기질에 ADHD 진단까지 받으면 양육자는 좌절할 수 있어요. ADHD는 조절력 발달에 큰 영향을 미치는 신경 발달 장애니까요. 하지만 아이의 행동은 전두엽의 생리적 발달만으로 결정되지 않아요. ADHD가 아닌, 즉 전두엽이 정상적으로 발달한 아이라고 해서 모두 조절력이 뛰어난 것은 아니듯이요. 조절력은 환경과 경험에 따라 달라질 수 있어요. 결국 중요한 것은 '아이의 전두엽에 무엇을 얼마나 담았는가'예요. 전두엽으로 무엇을 얼마나 배우고 훈련했느냐에 따라 아이의 행동이 달라진다는 거죠.

그러니 아이가 ADHD 진단을 받더라도, 기질을 고려한 양육을 위한 노력은 결코 헛되지 않아요. 아니, 오히려 더 중요한 역할을 하게 되죠. 양육자의 역할은 아이에게 '주어진 전두엽' 안에서 최선을 다하는 거예요. ADHD든 아니든, 기질에 맞는 양육법을 꾸준히 실천하는 것이 모든 아이들에게 적용되는 중요한 기본 원칙이에요.

ADHD는 추가적인 도움이 필요하다는 신호예요. 이러한 경우 약물 치료가 큰 도움이 될 수 있어요. 약물 치료는 단기적인 안정뿐 아니라 아이가 장기적으로 자신의 기질을 긍정적인 방향으로 활용하도록 하는 기반을 제공해 줘요. 약물 치료를 통해 전두엽이 활성화되면 그동안 양육자가 실천해 온 올바른 양육법이 빛을 발하게 될 거예요.

엄마 아빠, 혼내지 말고 가르쳐 주세요

"저도 잘하고 싶어요. 그런데 마음처럼 잘 안 될 때가 많아요.

그런 상황에서 이유도 모른 채 혼날 때면 어떻게 해야 할지

더 헷갈려요. 무섭고 화가 나서 아무것도 배울 수 없어요.

엄마 아빠, 혼내지 않고 차근차근 가르쳐 줄 수 있나요?

제가 이해할 수 있게 설명해 줄 수 있나요? 진짜 배우고 싶거든요.

잘 배워서 엄마 아빠도 기쁘게 해 드리고 싶고,

친구들과도 사이좋게 지내고 공부도 열심히 하고 싶어요.

제가 실수할 때 따뜻하게 알려 주고 대처법을 가르쳐 주고

기다려 주면, 저는 더 잘 배울 수 있어요.

단번에 바뀌지는 않겠지만, 저는 엄마 아빠의 도움으로

분명 옳은 방향으로 가고 있답니다."

2부
욕구를 알면
아이가 보인다

'하이니즈'라
불러 주세요

= 나쁜 아이가 아니라 '욕구가 큰 아이'예요 =

까다로운 기질과 애착 육아에 대해 깊이 연구한 윌리엄 시어스는 까다로운 기질을 '욕구'라는 키워드로 재해석했어요. **까다로운 기질의 아이들이 유난히 강렬하고 지속적인 욕구를 갖고 있다는 점에 주목하여, 이들을 하이니즈**high-needs**, 즉 '욕구가 큰 아이들'로 묘사했지요.**

시어스는 까다로운 기질의 아이들이 욕구를 통해 세상을 배우고 성장한다고 보았어요. 욕구가 강한 아이들은 초기에는 양육이 힘들 수 있지만, 욕구가 적절히 충족되면 긍정적이고 강점이 두드러지는 성격이 발달할 수 있다고 강조해요.

까다로운 기질의 아이들은 어려서부터 신체적·정서적·사회적 욕구가 매우 강렬해요. 예컨대 배고픔과 수면 부족에 민감하게 반응하고, 안정성을 추구하면서도 주변의 관심이나 놀이에 대한 갈망이 크죠. 한번 나타난 욕구는 쉽게 사라지지 않고 지속되며, 이러한 욕구를 충족하지 못하면 불안정해지는 특성이 있어요. 이런 강렬하고 지속적인 욕구에 부모는 육체적·정서적으로 힘들 수 있어요.

그런데 이러한 특성을 단순히 '까다롭다'라고 표현하고 표면적으로 드러나는 문제 행동만 지적한다면, 이는 아이의 본질을 놓치는 거예요. 욕구란, 행동의 근원적 이유와도 같아요. 아이가 어떠한 행동을 하는 것은 욕구를 충족시키기 위해서이며, 욕구가 충족되지 않을 때 문제 행동을 보일 수 있어요. 그러므로 떼쓰기, 반항, 위축, 부적응 등의 **겉으로 드러나는 문제나 행동에 초점을 맞추는 것이 아니라, 그 이면에 있는 욕구를 살펴보는 것이 중요해요.**

예컨대, 심리적 스트레스로 인해 폭식을 하는 아이가 있어요. 이때 양육자가 '폭식'에만 초점을 맞춘다면 어떨까요? 폭식을 나쁜 습관으로 보고, 꼭 필요한 식사 외에는 음식을 제공하지 않는 거예요. 그럼 표면적으로는 폭식 문제가 해결된 것처럼 보일 수도 있어요. 먹을 음식이 없다면 어쩔 수 없이 못 먹을 테니까요. 그러나 중요한 건 이것이 근본적 해결책이 아니라는 것이죠. 폭식 뒤에 숨은 심리적 스트레스는 그대로 존재할 테고, 이것은 모양새를 바꿔 결국 또 다른 문제로 나타날 거예요.

　　　　까다롭고 예민한 우리 아이, 왜 이렇게 힘들까요?

이처럼 양육자는 아이의 행동 뒤에 있는 본질을 보려 노력해야 해요. 갈피가 안 잡힐 때는 '욕구'라는 개념에 초점을 맞춰 보세요. 우리 아이는 어떤 욕구가 강한지를 파악하고, 아이가 힘들어할 때 그게 어떤 욕구의 결핍에서 기인한 것인지를 살펴보면 문제의 실타 래를 풀 수 있어요.

욕구가 지속적으로 무시되면 아이는 불안정한 성격을 형성하거 나, 과도한 스트레스로 인해 더욱 강렬하게 욕구를 표출할 수 있어 요. 반면 부모가 아이의 욕구를 이해하고 적절히 대응해 주면, 아이 는 신뢰감을 배우고 정서적으로 안정될 수 있어요. 이를 바탕으로 이후, 더 자율적이고 독립적인 성격으로 성장할 수 있답니다.

강한 욕구 자체는 결코 나쁜 것이 아니에요. 오히려 아이의 발달 과 성장을 이끄는 에너지로 작용할 수 있어요. 아이의 강한 욕구는 양육의 난이도를 높이지만, 욕구를 올바르게 다루는 법을 가르쳐 주면 아이의 성장과 성취를 이끄는 강력한 동력이 될 수 있어요.

까다로운 기질 + 불안정한 환경 = 욕구가 스트레스원으로 머물게 됨
까다로운 기질 + 안정적인 환경 = 욕구가 에너지원으로 활용됨

시어스는 욕구를 채우는 과정이 부모와 아이 간의 애착 관계 형 성의 핵심이라고 강조했어요. 어린아이가 배고픔을 느낄 때 먹을 것을 주고, 아이가 졸려 할 때 재워 주고, 아이가 심심해할 때 놀아

주고, 좌절하고 불안해할 때 위로해 주는 양육의 기본적인 행위들은 모두 아이의 욕구를 충족시켜 주며 애착을 쌓는 중요한 과정인 거죠. 특히 생애 초기에는 부모의 민감한 반응성이 아이의 정서 안정에 매우 중요하게 작용해요.

모든 것을 부모에게 의존하는 아기 시절을 지나, 시간이 흐를수록 아이의 욕구는 세분화되고 점차 복잡해져요. 이때 부모의 역할은 아이의 욕구를 무조건 다 채워 주는 것도 아니고, 무작정 억압하고 꺾는 것도 아니에요. **욕구가 바람직하게 쓰일 수 있도록 사회적 조절력과 분별력을 길러 주는 것이 핵심이죠.** 아이의 욕구가 적절히 표현되고 건강히 활용될 수 있도록 안내하는 조력자로서의 역할이 중요해져요.

= 욕구는 곧 삶의 에너지예요 =

욕구 이론에서는 사람이 태어날 때부터 고유한 욕구의 강도를 타고나며, 욕구는 우리의 모든 행동을 이끄는 강력한 동기가 된다고 설명해요. 인간은 일생 동안 이 욕구들을 충족시키기 위해 최선을 다하며 살아간다고 하지요.

어떤 아이는 타고난 욕구의 강도가 약하고, 어떤 아이는 매우 강해요. 이것은 우열을 가릴 만한 게 아니에요. 각자의 장단점이 있

     까다롭고 예민한 우리 아이, 왜 이렇게 힘들까?

고, 이를 어떻게 지혜롭게 활용하느냐가 관건이에요. **욕구의 강도가 낮은 아이들은 환경에 대한 호불호가 강하지 않아서 대부분의 환경에서 유연하고 적응력 있는 태도를 보일 수 있어요. 반면 욕구 강도가 높은 아이들은 환경에 대한 호불호가 강하지만, 기질에 맞는 환경에서는 누구보다 신나게 잠재력을 분출할 수 있어요.**

욕구 이론을 제시한 윌리엄 글래서William Glasser는 개개인이 가진 욕구의 강도를 자동차의 엔진에 비유했어요. 자동차가 엔진에서 동력을 생성하듯, 인간은 욕구를 통해 삶의 동력을 얻어요. 욕구가 강할수록 더 많은 에너지를 내며 적극적인 행동 경향을 보이죠.

욕구가 강한 우리 아이들은 그만큼 강력한 엔진을 타고난 거예요. 욕구는 아이의 삶을 움직이게 하는 에너지이고, 이 에너지를 어떻게 활용하느냐에 따라 아이의 삶이 달라진답니다.

강한 욕구를 가진 아이의 욕구를 무작정 억누르는 것은 마치 힘센 엔진을 고장 내는 것과 같아요. 그러면 자동차가 동력을 잃고 더 이상 움직이지 못하는 것처럼 무기력한 상태에 빠질 거예요. 오히려 아이가 가진 욕구를 이해하고, 긍정적인 방향으로 충족시킬 수 있도록 도와야 해요. 욕구를 잘 다루는 법을 배우면 아이는 그 강한 에너지를 자신의 목표와 성취를 위한 연료로 사용할 수 있어요.

우리 아이들의 강한 엔진이 단점이 아닌 강점이 될 수 있도록 하려면 어떻게 도와줘야 할까요? 글래서는 욕구의 '방향성'과 '실행력'이 중요하다고 강조했어요.

글래서는 '욕구의 방향성'을 자동차의 핸들에 비유했어요. 강력한 엔진의 힘으로 어떤 목표를 향해 가느냐에 따라 인생에 득이 될 수도 독이 될 수도 있다는 거죠.

비슷한 기질을 가졌어도 전혀 다른 방향으로 발현될 수 있어요. 형사와 범죄자를 대표적인 예시로 들 수 있어요. 두 경우 모두 모험심이 강하지만, 형사는 위험을 무릅쓰고 사람들을 보호하는 데 이 에너지를 쓰고, 범죄자는 자신의 이익만을 위해 돌진하죠. 두 경우 모두 집요함이 필요하지만, 형사는 사건을 해결하고 진실을 파헤치는 데 이 에너지를 쓰고, 범죄자는 자신의 범죄 계획이 들통나지 않도록 치밀하게 흔적을 감추는 데 에너지를 쓰죠. 두 경우 모두 날카로운 관찰력이 필요하지만, 형사는 단서를 추적하고 범인의 약점을 파악하는 데 이 에너지를 쓰고, 범죄자는 피해자의 심리를 꿰뚫어 보며 교묘히 속임수를 쓰는 데 에너지를 써요.

무슨 차이일까요? 그 차이를 가져오는 것은 욕구의 방향성이 어디로 설정됐느냐예요.

형사로 성장한 경우, 정의롭고 긍정적인 가치를 배울 수 있는 환경에서 자라며, 기질을 사회적으로 유용하게 활용하는 법을 배웠을 거예요. 감정 조절력과 논리적 사고력을 길러 강렬한 욕구를 긍정적으로 통제할 수 있었겠죠. 타인과 조화를 이루는 긍정적인 경험들을 통해 '내가 가진 능력으로 사람들에게 도움이 될 수 있어'라는 신념을 형성했을 거예요.

반면 범죄자로 성장한 경우, 불안정한 환경이나 부정적인 경험 속에서 오로지 자기 이익만 챙기는 쪽으로 기질이 발현됐을 가능성이 커요. 정의나 도덕적 책임, 사회적 기여에 대한 긍정적 경험을 쌓지 못하고, 조절력을 기르지 못해 욕구를 적절히 다루지 못하게 되었겠죠. '내가 가진 능력은 나만을 위해 써야 해'라는 왜곡된 신념을 형성했을 수 있어요. 이렇듯 같은 욕구를 갖고 있어도 그 방향성에 따라 극단적으로 다른 결과를 낳을 수 있어요.

글래서는 욕구의 방향성이 궁극적으로 개인이 추구하는 행복을 향한다고 설명해요. 그리고 그 행복을 외부에서 입력하는 것이 아니라 스스로 찾게끔 도와주는 것이 중요하다고 설명해요.

아이들은 많은 경험을 해 보고 책임도 져 봐야 해요. 노느라 밥을 안 먹어서 배고픈 경험도 해 보고, 자기 욕심만 부리다가 관심을 못 받게 되는 경험도 해 보는 것이 다 자양분이 돼요. 아이는 실수하는 경험을 통해 효과적으로 배울 수 있어요. 외부의 통제나 처벌이 아닌, 스스로 내린 선택과 결과를 통해 학습할 때 효과는 배가 돼요.

어려서부터 아이에게 올바른 가치관을 심어 주는 것이 무엇보다 중요해요. 아이의 기질이 긍정적인 방향으로 활용되려면 도덕적 가치와 사회적 기여에 대한 긍정적 경험을 어릴 때부터 충분히 쌓아야 해요. 아이로 하여금 좋은 행동을 하는 기쁨을 느끼게 해 주세요. 남을 돕는 일의 가치를 느끼게 해 주세요. 아이가 긍정적인 선택을 했을 때 이를 인정하고 칭찬하는 과정은 매우 중요하답니다. 인정과 칭찬은 올바른 행동을 지속적으로 하게 만드는 동기가 될 거예요.

올바른 가치관은 단순히 말로만 가르치는 것이 아니라, 일상의 경험과 반복적인 상호작용을 통해 자연스럽게 내면화될 수 있어요. 이는 아이가 스스로 자신의 기질을 긍정적인 방향으로 활용할 수 있는 강력한 기반이 될 거예요.

자동차의 바퀴 = 욕구의 실행력

자동차 비유에서 바퀴는 '욕구의 실행'을 의미해요. 아무리 엔진이 튼튼하고 방향성이 잘 잡혀 있어도 바퀴가 굴러가지 않으면 자동차가 나아갈 수 없듯이, 내가 원하는 욕구를 실행해 내는 것이 중요하다는 거죠. 우리가 원하는 목표나 욕구를 충족시키기 위해서는 직접 행동으로 옮기는 것이 반드시 필요해요.

아이들은 놀이를 통해 자연스럽게 실행력을 연습할 수 있어요. 놀이란 단순히 재미를 충족시키는 활동을 넘어, 아이가 자신의 욕구를 파악하고 이를 채우기 위해 직접 행동하는 매우 중요한 활동이에요. 블록을 쌓아 올리며 목표를 달성하고, 역할 놀이를 통해 사

 까다롭고 예민한 우리 아이, 왜 이렇게 힘들까요?

회적 상호작용을 배우고, 협력하여 더 큰 재미를 만들어 내고, 새로운 놀이를 만들어 내며 창의력을 발휘하는 등, 놀이 속에는 욕구 충족의 모든 과정이 담겨 있죠. 이때 부모는 최고의 관중이 되어 아이가 놀이에 몰입할 수 있도록 지원해 주는 것이 중요해요. 아이의 놀이에 관심을 가져 주고, 아이디어에 감탄해 주고, 문제 해결을 응원해 주고, 실행을 격려해 주세요. 이러한 놀이 과정을 거치며 아이는 실행을 통해 자신의 욕구를 스스로 충족시키는 법을 터득할 수 있어요.

아이는 놀이를 통해 '내가 원하는 걸 직접 해낼 수 있구나'라는 성취감을 느끼며 욕구 충족의 즐거움을 배우게 돼요. 이러한 경험은 성장 과정에서 점점 더 큰 실행력으로 이어져, 아이가 자기 삶의 방향성을 스스로 결정하고 주도적으로 행복을 향해 나아갈 수 있도록 도와준답니다. **놀이에서 시작된 작은 실행력은 결국 큰 꿈을 이루는 기반이 될 거예요.**

= 욕구 충족이 중요한 이유 =

에이브러햄 매슬로Abraham Maslow는 욕구에 위계가 있다고 설명했어요. 아래층에는 기본 욕구들이, 위층에는 상위 욕구들이 자리하고 있어요. **기본 욕구가 안정적으로 충족될수록 더 높은 차원의**

상위 욕구로 나아갈 수 있어요. 까다로운 기질의 아이들은 생존에 관련된 기본 욕구들이 먼저 적절히 채워지면, 이러한 상위 욕구들이 고개를 들고 잠재력을 발휘할 수 있어요. 반면 기본 욕구가 충족되지 않으면, 상위 욕구로 발전하지 못하고, 상위 욕구가 나타나더라도 쉽게 흔들려요. 기본 욕구가 지속적으로 좌절되면, 아이는 결핍에 시달린 채 그 단계에 머물고 기본 욕구에 집착하게 되죠.

다음은 매슬로가 제시한 상위 욕구들이에요.

- **인지 욕구**　　　지식과 이해에 대한 갈망
- **심미적 욕구**　　아름다움, 질서, 조화를 추구하는 욕구
- **자아실현 욕구**　자신의 잠재력을 최대한 발휘하려는 욕구
- **자기초월 욕구**　타인을 돕고 세상에 기여하려는 욕구

이러한 상위 욕구들은 '성장 욕구'라고도 불러요. 성장 욕구는 개인의 삶의 방향성을 결정하는 데 큰 역할을 해요.

욕구가 강한 우리 아이들은 아래층의 기본 욕구들만 강한 것이 아니에요. 섬세한 애착 육아를 통해 기본 욕구가 충족되고 정서가 안정되면, 성장의 욕구도 강하게 나타날 수 있어요. 까다로움 뒤에 커다란 성장 가능성이 숨어 있는 것이죠. 인지 욕구가 강하기에 강렬한 관심과 호기심으로 특정 분야에 몰두해 깊은 지식을 쌓을 수 있어요. 심미적 욕구가 강하기에 아름다움과 질서를 중시하며, 예

술적 감각이나 감수성, 창의성을 발휘해요. 자아실현 욕구가 강하기에 자신만의 잠재력을 발견하고 발휘하며 성취감을 느껴요. 나아가 자기초월 욕구가 강하기에 타인을 돕고 사회에 기여하는 삶을 지향할 수 있어요.

이처럼 까다로운 아이들은 성장 에너지를 품고 있어요. 시작은 느리게 보일 수 있지만, 정서적 안정감이 기반이 되어 점점 성장할 수 있어요. 기본 욕구가 잘 채워지지 않으면 결핍된 욕구 단계에 머물며 괴로워하지만, 섬세한 애착 육아를 통해 결핍된 욕구를 잘 채워 주면 성장 욕구가 고개를 들고 잠재력을 발휘할 수 있게 되지요. 까다로움 뒤에 커다란 성장 가능성이 숨어 있다는 거예요.

까다로운 기질은 레이트 블루머late bloomer와 연결점이 많아요. 레이트 블루머란, 다른 사람들보다 늦게 재능을 발휘하거나 성공을 이루는 사람을 뜻해요. 늦게 피어나지만, 결국은 빛나는 꽃을 피워 낸다는 말이에요. 레이트 블루머들은 초기에는 별다른 주목을 받지 못하거나, 오히려 부진한 평가를 받는다는 것이 특징이에요. 처음부터 큰 어려움 없이 순항하는 경우와는 다르죠. 그러나 이들은 수많은 좌절을 이겨 내면서 더 단단한 내면을 형성하곤 해요. 시행착오를 겪으며 인내심을 기르고, 자기 성찰과 꾸준한 노력을 해 온 끝에 비로소 꽃을 피우는 것이죠.

욕구가 크고 강렬한 까다로운 아이들은 성장 과정에서 분명 어려움이 많은 건 사실이에요. 그러나 오랜 시간에 걸쳐 스트레스 대처 기술을 배우며 점차 어려운 상황을 극복해 나갈 수 있는 힘이 길러져요. 욕구가 강렬한 만큼, 충족되었을 때 더욱더 동기 부여가 되고 강한 열정이 드러날 수 있어요. 성장 과정에서 배운 인내와 조절력은 강한 회복력으로 작용하고, 그러한 과정을 거쳐 조금 늦더라도 아름다운 꽃을 피울 수 있답니다.

다시 말해 까다로운 기질은 한계가 아니라, 더 크게 자랄 수 있는 가능성의 씨앗이에요. **우리 아이들은 천천히, 그러나 더 크게 자랄 수 있어요.**

= 욕구 많은 아이가 배워야 할 것 =

인간은 사회적 동물이에요. **우리 아이들이 진정으로 행복하려면, 결정적으로 '타인의 욕구와 조화를 이루는 능력'을 배워야 해요.** 자기 욕구를 채우는 과정에서 타인의 욕구를 고려하지 않으면 갈등이 발생하겠죠. 욕구를 건강하게 채우면서도, 사회적 관계 안에서 원만하게 조절하는 능력, 즉 '사회적 조절력'을 기르는 것이 행복한 성장을 위한 핵심이에요.

조절력을 기르기 위해서는 욕구의 적절한 충족과 좌절의 균형이 중요해요. 욕구가 지나치게 좌절되면 스트레스가 가중되어 정서적 문제가 발생할 수 있지만, 반대로 아이의 욕구를 무조건 충족시켜

 까다롭고 예민한 우리 아이, 왜 이렇게 힘들까요?

주기만 한다면 아이는 조절력을 배울 수 없어요. 결국 엔진이 과열되듯이 과잉된 욕구가 통제가 안 되고, 충동적인 행동이 늘어나게 되죠.

까다로운 아이를 키우는 양육자의 중요한 과제는 때에 따라 욕구를 어떻게 다루고 얼마나 충족 혹은 좌절시킬지 분별력을 갖추는 것이에요. 그러려면 아이와 꾸준히 소통하는 것이 중요해요.

욕구 많은 아이가 배워야 할 것들을 알아보도록 할게요.

내 감정과 욕구 파악하기

까다로운 기질의 아이들은 자신의 욕구와 감정을 파악하는 법을 배우는 것이 매우 중요해요. 자기 감정과 욕구의 정체를 파악해야 이를 효과적으로 조절할 수 있어요. 파악이 안 된 상태에서 이를 억지로 억누르면 불안과 분노로 탈바꿈할 뿐이거든요. 부모는 아이의 잘못된 행동은 분명히 통제하되, 동시에 그 행동의 밑바탕에 있는 감정과 욕구를 함께 이해하고 수용하는 접근이 필요하답니다.

아이가 자기 감정과 욕구를 인지하고 표현하는 법을 배우면, 감정에 휘둘리거나 예기치 않게 행동하는 빈도가 줄어들 수 있어요. 자기 이해를 바탕으로 자기 마음을 타인에게 좀 더 적절하게 전달할 수 있게 되지요. 더 건강한 방식으로 욕구를 충족할 수 있게 되고, 타인과의 관계에서도 건강하게 소통할 수 있는 기반이 만들어져요. 이러한 이유로 '마음 읽기'가 중요한 거랍니다.

내 욕구 조절하기

강렬한 욕구와 감정을 가진 아이들은 욕구를 적절히 제어하는 능력이 필요해요. 조절력을 배우느냐 마느냐에 따라 큰 차이가 생겨요. 내가 제어할 수 있는 욕구는 삶의 자원이 되고, 내가 제어할 수 없는 욕구는 해가 되지요. 욕구를 제어하는 훈련은 부모가 일상 속에서 기다림과 인내의 기회를 제공하면서 자연스럽게 시작될 수 있어요. 까다로운 아이에게 조절력을 가르칠 때는 작은 목표와 보상으로 서서히 훈련해 나가는 것이 효과적이에요. 달성할 수 있는 작은 목표들을 통한 성취감, 욕구를 즉각적으로 충족시키지 않고 참았다가 더 큰 보상을 받는 기분 좋은 경험들을 통해 아이는 자기 욕구를 조절하는 법을 익힐 수 있어요.

내 욕구 실행하기

조절 능력 못지않게, 자기 욕구를 실행하고 충족시키는 것도 매우 중요해요. 까다로운 아이를 키우다 보면 조절력을 가르치느라 지나치게 아이의 욕구를 억압할 수도 있어요. 이런 과정에서 아이 내면에 좌절감이 쌓이면 결국에는 욕구가 잘못된 방향으로 더 강렬하게 표출될 위험이 있지요. 욕구가 지속적으로 부정되면 아이는 자신의 욕구를 나쁘게 여겨 속병이 생길 수 있고, 혹은 좌절감을 외부로 강렬하게 폭발시키는 문제 행동을 보일 수도 있어요. 결국 조절 능력과 실행 능력은 서로 균형을 이루며 아이의 성장에 기여한답니다.

　아이가 자신의 욕구를 절제할 줄 알면서도 필요한 때 이를 실행할 수 있는 능력을 갖추게 된다면, 가장 긍정적인 방향으로 삶을 이끌 수 있을 거예요. 그래서 아이의 욕구를 존중하고 실행할 수 있는 기회를 만들어 주는 것이 중요하답니다.

내 욕구 책임지기

　자신의 욕구를 실행하는 데서 그치지 않고 선택과 행동의 결과에 대해 책임지는 법을 가르치는 것이 매우 중요해요. 욕구에 대한 책임을 배우지 못하면 아이는 제멋대로 행동하거나, 자신이 한 행동에 대한 부정적 결과를 타인에게 전가하거나, 문제 상황을 회피하려는 경향을 보일 수 있어요. 그러나 책임감을 가지게 되면 아이는 더욱 성숙해지고, 자신의 선택과 행동이 어떤 영향을 미치는지 깊이 생각하며 행동하게 돼요. 욕구에 대한 책임을 배우는 과정은 단순히 잘못에 대한 벌을 받는 게 아니라, 스스로의 선택을 돌아보고 그로 인해 생긴 결과를 받아들이는 경험이에요. 선택에 대한 책임을 지는 경험이 쌓여야 비로소 아이는 자신의 욕구를 건강하고 균형 잡힌 방식으로 관리하는 법을 배우게 된답니다.

타인의 욕구 이해하기

　아이의 욕구는 존중받아야 해요. 까다로운 기질의 아이는 강렬한 욕구를 타고난 만큼, 그 욕구 그릇을 채우며 살아야 행복하겠죠. 그러나 중요한 건 나만큼 타인의 욕구도 소중하다는 걸 배우는 것이에요. 부모가 일상에서 아이의 욕구를 존중하고 적절히 충족시켜 주면서, 동시에 꾸준히 타인의 입장을 설명해 주는 것이 중요해요. 이는 계속해서 가르쳐 주어야 한답니다.

타인의 입장을 이해하고, 상대의 감정에 공감하는 법을 꾸준히 알려 주세요. 가장 좋은 방법은 먼저 아이의 입장을 이해하고 아이의 감정에 공감하면서 이것을 자연스럽게 언어로 표현해 주는 거예요. 그리고 그때마다 부모의 입장과 감정도 알려 주는 것이죠. 일상의 모든 상황들이 타인의 입장과 감정을 헤아려 보는 기회가 될 수 있어요.

나와 타인의 욕구 조화시키기

나와 타인의 욕구가 모두 소중하다는 깨달음을 바탕으로, 점차 자신의 욕구와 타인의 욕구를 조화롭게 조율하는 기술을 배워야 해요. 까다로운 기질을 가진 아이들은 자신의 욕구에 집중하는 경향이 있어서 타인의 욕구와 조율하는 경험을 쌓는 게 중요해요.

가정에서 아이와의 대화를 통해 서로의 욕구를 이야기하고 타협점을 찾는 연습을 자주 해 주세요. 이때 아이에게 많이 칭찬해 주고 즐거운 분위기를 조성하여 함께하는 행복을 맛보게 해 주면 더 효과적이에요. 상대의 입장을 배려하고 협력했을 때 긍정적인 경험을 하게 되면, 아이는 사회적으로 조화를 이루는 기쁨을 느낄 수 있어요. 결국 아이는 내 욕구를 조금 양보하는 것이 꼭 나쁜 것만은 아니라는 점을 배우고, 조화로운 행동이 강화될 수 있지요.

이처럼 부모는 아이가 자신의 욕구를 이해하고, 이를 올바른 방법으로 표현하고 조절하고 충족하는 방법을 탐구하도록 도와주면 돼요. 물론, 갓 배우기 시작한 아이에게 높은 기대치를 설정하지 말고, 성인기까지 꾸준히 배우는 과정이라고 생각해 주세요. 나아가 강한 욕구를 긍정적으로 활용할 수 있는 환경을 제공한다면 아이의 기질적 잠재력이 최대한으로 발휘될 수 있어요.

우리 아이는 어떤 욕구가 강할까?
까다로운 아이의 다섯 가지 기본 욕구

욕구 이론을 만든 윌리엄 글래서는 인간의 기본 욕구를 다섯 가지로 제시했어요. 이 욕구들이 조화롭게 충족되고 조절될 때 우리는 안정적이고 만족스러운 삶을 살 수 있어요.

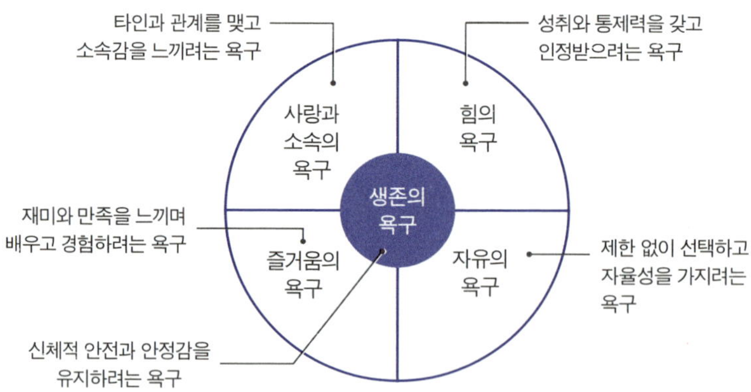

까다로운 아이의 다섯 가지 기본 욕구

여러 가지 욕구가 동시에 강할수록 기질이 까다로운 경향이 있어요. 욕구가 강한 사람은 무의식중에 그 욕구를 충족시키기 위해 예민하게 굴고, 반대로 욕구가 적은 사람은 그만큼 자기주장이 세지 않고 환경에 편안하게 순응할 수 있기 때문이에요. 또한 여러 가지 욕구를 동시에 강하게 가진 아이라면 더욱 까다로운 모습을 보여요. 욕구들끼리 서로 충돌하는 측면이 있기 때문이죠.

체크리스트를 활용해 아이의 욕구 패턴을 파악해 볼게요.

✓ 생존의 욕구 체크리스트(기본적인 안전 및 신체적 욕구)

- ☐ 배고픔, 수면 부족, 피로, 더위, 추위, 환경 변화 등에 민감하게 반응한다.
- ☐ 잠들기 어려워하거나, 쉽게 잠을 설치거나 깊게 자지 못한다.
- ☐ 낯선 환경에서 불안해하며 겁이 많다.
- ☐ 낯선 사람을 경계하거나, 새로운 음식이나 물건을 거부하는 경우가 많다.
- ☐ 식사, 수면 등 규칙적인 생활 패턴이 깨지면 감정 조절이 더 어려워진다.
- ☐ 신체적 불편함(의류 라벨 접촉, 양말의 이물감, 특정 질감 등)에 강하게 반응한다.
- ☐ 특정한 음식(질감, 맛, 냄새 등)에 대해 거부감이 크다.
- ☐ 불확실한 상황을 두려워하며, 예측 불가능한 상황을 피하려 한다.
- ☐ 작은 변화에도 예민하게 반응한다.
- ☐ 걱정이 많고 자주 피곤해하며 쉽게 지친다.
- ☐ 스트레스에서 회복하는 데 시간이 오래 걸린다.

☑ 사랑과 소속의 욕구 체크리스트(관계 형성과 애착 욕구)

☐ 양육자가 화를 내면 불안해하고, 표정 변화에 민감하다.

☐ 애착 대상(부모, 특정 친구, 선생님 등)에게 과도하게 의존하거나 집착한다.

☐ 혼자 노는 것을 싫어하고, 항상 누군가와 함께 있고 싶어 한다.

☐ 친구 관계에서 쉽게 상처받거나, 친구의 반응에 지나치게 신경 쓴다.

☐ "나랑 안 놀아 줘서 속상해", "엄마(아빠)는 나보다 동생을 더 좋아해" 같은 말을 자주 한다.

☐ 칭찬과 격려를 받지 못하면 쉽게 좌절하거나 기분이 가라앉는다.

☐ 부모가 다른 일을 하면 관심을 끌려고 애쓴다.

☑ 힘의 욕구 체크리스트(성취와 통제 욕구)

☐ 자신의 의견을 강하게 주장하며, 뜻대로 되지 않으면 크게 좌절한다.

☐ 부모의 지시에 따르는 것보다 스스로 선택하고 결정하고 싶어 한다.

☐ 다른 아이들에게 명령하거나, 주도하려는 모습을 자주 보인다.

☐ 무언가 성취했을 때 크게 기뻐하고, 주변의 인정을 중요시한다.

☐ 실패하거나 무시당하면 감정적으로 폭발하거나 심하게 위축된다.

☐ "내가 할 거야!", "내 마음대로 할래" 같은 말을 자주 한다.

☐ 불공평하다고 느끼면 강하게 반발하거나 반항적인 태도를 보인다.

☐ 형제나 친구와 경쟁할 때 질투하거나, 이기려고 집착한다.

☑️ 자유의 욕구 체크리스트(자율성과 독립 욕구)

- ☐ 스스로 결정하고 싶어 하며, 통제받는 것을 극도로 싫어한다.
- ☐ 하기 싫은 것을 강요하면 반항하거나, 아예 관심을 끊어 버린다.
- ☐ 자율성 없는 경직된 환경에서 크게 스트레스를 받는다.
- ☐ 일정한 틀에 묶이는 걸 싫어하고, 즉흥적인 활동을 더 즐긴다.
- ☐ 자신의 공간이나 물건을 중요하게 여기며, 함부로 간섭하면 화를 낸다.
- ☐ "내 거야! 아무도 만지지 마", "내 방에 들어오지 마" 같은 말을 자주 한다.
- ☐ 관심 있는 일에는 깊이 빠져들지만, 강요받으면 흥미를 잃는다.

☑️ 즐거움의 욕구 체크리스트(놀이와 호기심 욕구)

- ☐ 자유로운 놀이를 가장 중요하게 생각하며, 흥미 없는 일을 하는 것을 무척 어려워한다.
- ☐ 호불호가 강하여, 싫어하는 활동에서는 무척 괴로워하고 좋아하는 활동에서는 누구보다 열정적이다.
- ☐ 장난이 심하거나, 유머 감각이 뛰어나 친구들을 웃기는 걸 좋아한다.
- ☐ 책을 읽거나 공부하는 것도, 재미있는 방식으로 해야 집중할 수 있다.
- ☐ 놀이활동에 무척 적극적이고 열정적이다.
- ☐ 반복적인 활동을 싫어하며 새롭고 자극적인 활동을 찾아다닌다.
- ☐ 충분히 놀지 못하면 감정 조절이 어렵다.

특정 욕구 항목에서 체크가 많을수록 아이가 그 욕구를 강하게 갖고 있다는 뜻이고, 체크가 적을수록 아이가 덜 중요하게 생각하는 부분이라는 뜻이에요. 전반적으로 체크가 많다면, 아이는 남들보다 기본 욕구를 강하게 느끼는 기질이에요. 그만큼 욕구 충족을 위해 강한 반응을 보일 수 있고, 욕구가 충족되지 않으면 좌절감을 크게 느낄 수 있죠.

<h2 style="text-align:center">= 행동 이면의 욕구를 살펴요 =</h2>

아이가 게임 세상에 빠진 경우를 예로 들어 볼게요. 아이가 게임을 지나치게 많이 한다면 단순히 게임을 제한하고 혼내기보다는, 게임에 집착하는 원인이 되는 욕구를 살펴보아야 해요. 물론 일정한 규칙을 세우고 조절력을 기르도록 도와주는 것도 중요하지만, 아이의 집착이 지나치다면 그 이면에 어떤 욕구가 결핍되어 있는지 점검해 보는 것이 꼭 필요해요. 아이가 게임에서 얻고자 하는 것이 무엇인지 이해하고, 그 욕구를 건강한 방식으로 충족시킬 방법을 찾아 주는 것이 더 효과적이에요.

생존 욕구에 의한 경우(안정, 안전, 예측 가능성)

환경적 불안함으로 인해 게임 세상으로 도피하는 거라면, 아이

    까다롭고 예민한 우리 아이, 왜 이렇게 힘들까요?

에게 안정감을 주는 게 중요해요. 어떠한 환경이 아이를 불안하게 하는지 먼저 파악해 주세요. 가정 내의 문제인지, 혹은 부모가 모르는 가정 밖의 어려움이 있는지, 대화를 통해 파악하여 아이가 안정감을 느낄 수 있게 도와주어야 해요. 따뜻한 분위기로 가정 내에서 안정감을 느끼게 해 주고, 안정적인 일상 루틴으로 편안함을 느낄 수 있게 해 주며, 아이가 심리적 안정을 취하도록 수용적이고 포근한 대화의 시간을 마련해 주는 것이 좋아요.

사랑과 소속 욕구에 의한 경우(사랑, 유대감, 관계)

현실에서 소속감을 느끼지 못해서 게임에 빠지는 경우도 있겠죠. 친구 관계에서 어려움을 느끼거나, 가족 내에서 관심과 애정을 충분히 받지 못하는 등 관계의 문제에서 비롯된 결과일 수 있어요. 먼저 아이가 가족과 친구 사이에서 충분한 애정을 받고 있는지 점검해 보세요. '게임 친구'가 아닌, 현실에서 좋은 친구 관계를 형성할 수 있도록 또래 활동의 기회를 마련하고, 가족과 함께하는 시간을 늘려 아이가 현실에서 소속감을 느낄 수 있도록 도와주어야 해요.

힘 욕구에 의한 경우(도전, 성취감, 인정받고 싶은 마음)

현실에서 성취감을 느끼지 못하는 것이 이유일 수 있어요. 게임에서 높은 점수를 따고 강한 캐릭터를 키우며 현실에서의 결핍을 채우려 하는 것이죠. 현실에서는 칭찬받고 인정받기가 너무나 어렵지만, 게임에서는 계속해서 점수를 올리고 승리하며 보상을 받을 수 있으니까요. 이런 경우에는 아이가 자신의 능력을 발휘하고 인정받을 기회를 주어야 해요. 게임이 아닌 현실에서도 성취감을 느낄 수 있도록 작은 목표를 설정해 주고, 아이가 좋아하는 분야에서 성취감을 얻을 기회를 주세요. 작은 노력과 성과에도 칭찬과 격려를 아끼지 마세요.

자유 욕구에 의한 경우(자율성, 선택의 권리)

현실에서 지나친 통제를 받는 경우, 자신만의 공간과 자유를 얻기 위해 게임에 빠질 수 있어요. 공부, 숙제, 학원 등 일정이 너무 많거나 선택권이 부족한 경우, 현실에서는 하고 싶은 것을 못 하지만 게임에서는 자유롭게 행동할 수 있기 때문에 게임에 더 집착하게 돼요. 이러한 경우라면 아이가 현실에서 자율적으로 결정하고 실행할 수 있는 기회를 늘려 주어야 해요. 일방적인 규칙을 강요하기보다, 아이와 함께 협의하여 규칙을 정하는 게 좋아요. 예컨대, 게임하는 시간을 정할 때도 아이의 의견을 반영해 주는 것이 좋아요. 이것은 부모 입장에서 마치 실패처럼 느껴질 수 있지만, 장기적으로 아이의 욕구를 안정시켜 긍정적인 결과를 가져올 수 있어요.

즐거움 욕구에 의한 경우(재미, 호기심, 유머)

즐거움의 욕구가 결핍되어 자극적인 게임에 이끌리는 거라면,

      까다롭고 예민한 우리 아이, 왜 이렇게 힘들까요?

신나게 놀 수 있는 놀이 시간을 확보해 주어야 해요. 아이의 일상이 너무 빡빡하여 놀이 시간이 부족하다면 아이는 빠르게 쾌감을 느낄 수 있는 게임에 집착할 수밖에 없어요. 또한, 다른 흥미로운 활동을 찾지 못해 게임이 유일한 재미 요소인 경우도 있어요. 그렇다면 게임 외 다른 놀이 기회를 제공하고, 재미를 붙일 수 있게 함께 신나게 놀아 주고, 아이와 다양한 경험을 함께하는 것이 효과적이에요.

이렇듯 아이의 개별적 욕구에 초점을 맞추면 아이를 이해하기 쉬워져요. 이것은 '행동 이면의 욕구 살피기'의 예시예요. 어떠한 문제든, 근본적인 욕구를 파악하고 이에 맞게 대처하는 것이 핵심이에요. 이처럼 아이마다, 상황마다 행동의 원인이 되는 욕구가 다를 수 있으니 잘 살펴 주세요.

= 모든 욕구에는 양면성이 있어요 =

모든 욕구에는 취약점과 강점이 존재하며, 이를 잘 이해하고 균형을 맞추는 것이 중요해요. **아이가 '가장 싫어하는 것'을 시키기 위해서는 '가장 좋아하는 것'을 누릴 수 있는 시간을 먼저 충분히 보장해 주어야 해요. 아이의 '취약점'을 보완해 주려면, 먼저 '강점'을 알아보고 인정해 주세요.**

1. 생존 욕구(안정, 안전, 예측 가능성)

생존 욕구가 큰 아이들은 안전이 보장된 예측 가능한 환경과 신체적으로 편안한 상태에서 가장 안정감을 느껴요. 반대로 급격한 환경 변화나 위협적인 상황, 신체적 불편함처럼 안전이 위태로워지는 순간을 특히 힘들어하지요. 이런 아이들에게는 아이가 안전하다고 느낄 수 있는 환경을 마련해 주는 것이 중요해요.

취약점	불안과 걱정이 많을 수 있음. 변화에 대한 두려움으로 도전을 회피할 수 있음. 지나치게 안전을 추구하느라 모험과 성장이 어려울 수 있음.
강점	신체적 안전과 건강을 유지할 수 있음. 미래를 대비하고 철저한 준비성을 가질 수 있음.
균형 맞추기	생존 욕구가 강하면 안정적인 환경을 만들려고 노력하지만, 지나치게 안전만 추구하면 새로운 경험을 두려워할 수 있어요. 불확실성을 받아들이고 작은 도전을 경험하며 유연성을 기르는 것이 중요해요. • 안전한 환경에서 스스로 결정할 수 있는 작은 선택권을 부여해 자율성을 키우고, 작은 도전을 통해 문제 해결력 높이기 • 위기 상황을 대비하는 계획을 세우고 대처를 연습하여 문제 해결력과 준비성 강화하기 • 점진적인 도전 기회를 제공해 새로운 경험에 대한 자신감 키우기 • 안전한 환경에서 변화와 불확실성을 자연스럽게 경험하도록 돕기 • 계획을 세우고 실행하는 습관 기르기 • 변화가 있을 때 미리 설명하고 단계적으로 전환하여 적응 돕기

     까다롭고 예민한 우리 아이, 왜 이렇게 힘들까요?

2. 사랑과 소속 욕구(사랑, 유대감, 관계)

사랑과 소속 욕구가 큰 아이들은 따뜻한 애정을 주고받는 관계 속에서 소속감과 유대감을 느낄 때 가장 행복해해요. 반대로 외로움이나 관계의 단절처럼 정서적 연결이 끊어진 상황을 가장 힘들어하지요. 따라서 이런 아이들은 관계 속에서 안정감을 느낄 수 있도록 자주 정서적 교감을 나누고, 사랑받고 있다는 확신을 심어 주는 것이 중요한 양육 포인트예요.

취약점	인정받지 못하면 외로움과 불안이 커질 수 있음. 타인의 시선을 지나치게 의식하거나 타인의 인정에 의존할 위험이 있음. 관계에서 지나친 집착이 생길 수 있음.
강점	인간관계를 소중히 여기고 공감 능력이 뛰어남. 협력과 배려를 잘함.
균형 맞추기	사랑과 소속 욕구가 충족되면 안정적인 관계를 유지할 수 있지만, 지나치면 타인의 인정에 의존하게 돼요. 자율성과 독립적인 사고를 함께 키우는 것이 중요해요. • 가족 및 친구와 긍정적인 관계 경험을 쌓아 건강한 애착 형성하기 • 공감과 배려를 실천할 기회를 주어 대인관계에서 자신감 키우기 • 혼자서도 즐길 수 있는 활동으로 독립적인 자아정체감 형성하기 • 타인의 반응보다 자신의 감정과 가치를 중시하도록 격려하기 • 친밀한 사람과의 갈등도 자연스러운 관계의 일부임을 알려 주고, 갈등 해결 대화법을 함께 연습하기

3. 힘 욕구(권력, 성취, 인정)

힘에 대한 욕구가 강한 아이들은 목표를 이루고, 인정받으며, 자신의 영향력을 발휘할 때 가장 빛나요. 반대로 무시당하거나 실패로 인해 스스로 무능력하다고 느끼는 상황을 견디기 어려워하지요. 아이가 성취감을 느낄 수 있는 기회를 충분히 주고, 노력과 성장의 과정을 인정하며, 강점을 발전시켜 주는 것이 중요해요.

취약점	경쟁심이 지나치면 스트레스와 불안이 증가함. 타인의 인정에 지나치게 의존할 위험이 있음. 실패를 받아들이기 어려워하기 때문에 애초에 포기해 버리기 쉬움.
강점	목표를 설정하고 성취하려는 동기가 강함. 리더십과 영향력을 발휘할 가능성이 큼. 끊임없이 성장하고 발전하려는 태도를 가짐.
균형 맞추기	힘의 욕구가 강한 아이는 도전 정신과 성취감이 크지만, 실패를 견디는 힘도 길러야 해요. 완벽주의에서 벗어나 자신을 있는 그대로 인정하며, 결과뿐만 아니라 과정의 의미를 찾는 연습이 필요해요. • 작은 목표부터 차근차근 성취 경험을 쌓아 자기 효능감 강화하기 • 결과뿐만 아니라 목표를 이루는 과정에서의 노력과 성장 자체를 칭찬하여 도전 정신 기르기 • 실패를 긍정적으로 해석하는 연습을 통해 회복탄력성 키우기 • 자신만의 기준과 내면의 동기에 집중함으로써 인정 욕구를 즐길 수 있도록 돕기 • 리더십을 발휘할 기회를 주어 자신감과 책임감을 동시에 키우기 • 협력적 목표(팀 프로젝트, 공동 작업)를 경험하게 하여 '함께 이루는 성취'의 즐거움을 느끼기

4. 자유 욕구(독립, 자율성, 선택)

자유에 대한 욕구가 강한 아이들은 통제받지 않고 스스로 선택하는 상황을 가장 좋아해요. 하지만 억압적이거나 선택의 여지가 없는 환경에서는 쉽게 반발하거나 위축되기 쉽지요. 이런 아이들을 양육할 때는 아이 스스로 선택할 수 있는 기회를 주되, 그 선택에 따른 책임감도 함께 가르쳐 주세요.

취약점	규칙과 틀을 따르는 것을 어려워할 수 있음. 책임을 회피하거나 쉽게 싫증을 낼 가능성이 있음. 타인의 통제나 간섭에 강한 반발심을 가질 수 있음.
강점	독창적이고 창의적인 사고를 할 가능성이 큼. 자신의 삶을 주도적으로 개척하려는 성향이 있음.
균형 맞추기	자유 욕구가 강한 아이는 독립적인 사고를 할 수 있지만, 사회적 책임도 함께 배워야 해요. 규칙을 이해하고 자율성과 책임의 균형을 맞추는 것이 중요해요. • 선택권을 줄 때 결과에 대한 책임도 함께 경험하게 하여 책임감 키우기 • 가정이나 학교에서 지켜야 하는 규칙을 함께 세워 보며 규칙의 필요성 이해시키기 • 자율 활동과 일정한 생활 규칙을 함께 유지하여 자기 조절력 기르기 • 선택 전에 충분히 고민하여 충동적 선택을 줄이고 판단력 기르기 • 부모가 일방적으로 통제하기보다, 사전에 선택 가능한 범위를 정해 두고 그 안에서 고르게 하여 '구조 안의 자유'를 경험하게 하기 • 가족 모두의 필요를 고려하는 대화를 통해 타협과 협력 경험하게 하기

5. 즐거움 욕구(재미, 호기심, 유머)

즐거움의 욕구가 강한 아이들은 재미있는 경험과 창의적인 활동, 그리고 배움과 발견의 순간을 가장 좋아해요. 반대로 지루하거나 단조로운 일상, 강요된 학습처럼 즐거움이 사라진 환경을 특히 힘들어하지요. 따라서 이런 아이들에겐 놀이와 탐구의 시간을 충분히 보장해 주고, 강압적인 방식보다 흥미를 자극해 자연스럽게 배울 수 있도록 도와주는 것이 필요해요.

취약점	지루함을 참기 어려워하여 산만해질 가능성이 있음. 책임감 없는 태도를 보일 수 있음. 지속적인 자극이 없으면 쉽게 흥미를 잃을 수 있음.
강점	긍정적인 에너지를 발산하며 창의성이 뛰어남. 새로운 경험을 즐기며 관심 분야에 열정적임.
균형 맞추기	즐거움 욕구가 크면 삶을 유쾌하게 만들 수 있지만, 꾸준함도 필요해요. 지루함을 극복하고 인내하는 연습을 하면 장점이 더욱 빛날 수 있어요. • 다양한 취미와 활동을 시도해 보고 지속 가능한 관심사 찾아내기 • 웃음과 유머로 스트레스를 풀되 상황에 맞는 적절한 표현을 익히기 • 즉각적인 보상뿐 아니라 장기적인 보상의 가치를 이해시키기 • 즉흥적인 선택을 하기 전에 '잠깐 멈추고 생각하기' 시간을 만들어 충동적 행동을 조절하는 경험을 쌓기 • 지루한 일도 '미션화'하거나 작은 목표로 나누어 완료 경험 만들기 • 지키기 쉬운 일상 규칙을 세워 감정과 무관하게 '약속을 지키는 경험'을 반복하며 성실성과 신뢰감을 키우기 • 놀이와 학습을 적절히 섞어 재미와 목표 달성 모두를 경험하도록 돕기

     까다롭고 예민한 우리 아이, 왜 이렇게 힘들까요?

욕구 많은 아이를
크게 키우는 양육 태도

= 애착 육아는 '오냐오냐'와 달라요 =

'수용 vs.. 통제, 무엇이 맞을까?'

'아이를 따뜻하게 수용해 줘야 할까, 아니면 엄하게 통제해야 할까?'

흔하게 볼 수 있는 양육 고민이에요. 특히 까다로운 아이를 키우다 보면 하루에도 몇 번씩 이러한 고민을 하게 되죠. 하지만 '수용적인 육아'와 '통제적인 육아' 중 하나를 선택하는 건 바람직하지 않아요. 수용과 통제는 둘 다 중요한 요소예요. 한쪽으로 치우치면 문제가 생겨요. 통제만 강조하면 아이는 부모와 멀어지고, 정서적 안정감을 잃고, 자신의 감정을 억압하거나 반항심을 키울 수 있어요. 반면 수용만 강조하면 규칙이 없고 비일관적이며 지나치게 자유로운 환경이 되어, 아이가 책임감과 조절력을 기르지 못하고, 충동적 행동을 보이기 쉬워요. 그럼 어떻게 하라는 걸까요?

'수용'과 '통제'는 서로 대치되는 개념이 아니에요. 이 둘은 서로 보완적이며, 균형을 이루는 것이랍니다. 수용과 통제라는 두 마리 토끼를 다 잡는다? 수용하면서 통제한다? 이것이 어떻게 가능할까요? 다음 두 가지 핵심만 놓치지 않으면 돼요.

- **수용의 핵심** 아이가 부모의 인정과 사랑을 느끼는 것.
- **통제의 핵심** 아이가 혼란스럽지 않게 한계를 명확히 설정하는 것.

'수용'은 아이의 감정, 의견, 그리고 존재 자체를 존중하고 이해하는 태도를 말해요. 이는 정서적 안정감을 제공하여 아이가 스스로를 긍정적으로 받아들일 수 있도록 하죠. '통제'는 아이가 사회적 규범 안에서 행동하도록 안내하고 지도하는 것을 뜻해요. 이는 아이가 규칙을 따르고, 책임감과 자기 조절 능력을 키워 사회적으로 적응할 수 있도록 도와줘요.

수용과 통제의 균형을 다양한 문장으로 표현해 볼게요.

- 사랑을 철회하지 않으면서 명확한 가르침을 주는 거예요.
- 따뜻하게 훈육하는 거예요.

　　　　　까다롭고 예민한 우리 아이, 왜 이렇게 힘들까요?

- 아이 감정을 살피면서 규칙과 경계를 설정하는 거예요.

- 아이를 이해하고 존중하며 지침을 주는 거예요.

- 충분한 애정을 주며 부모로서 권위도 유지하는 거예요.

- 아이에게 분명히 기대치를 표현하되 정서적 지지를 함께 제공하는 거예요.

- 대화를 통해 의견을 나누며 문제를 해결하는 거예요.

이처럼 **수용과 통제의 균형을 맞춘 민주적인 양육은 아이에게 정서적 안정감과 책임감을 동시에 키워 준답니다.**

그런데 까다로운 기질의 아이를 키우다 보면 이런 이상적인 태도를 갖추기가 쉽지 않아요. 지나치게 통제적이거나 지나치게 수용적이거나, 부모의 성향에 따라 한쪽으로 치우치기가 쉬워요. 혹은 기분에 따라 아이의 요구를 다 받아줬다가 갑자기 격하게 화를 내는 등, 비일관적인 태도를 취하는 경우도 있어요. 이것은 자연스러운 시행착오이니 너무 자책하지 않아도 돼요. 다만 이러한 양육 지식을 통해 내가 너무 한쪽에 치우쳐 있는지 혹은 비일관적인 태도를 취하고 있는지 점검할 수 있고, 그러면서 차차 올바른 방향을 향해 조금씩 나아갈 수 있는 거예요.

부모의 성향도 중요해요. 원래 거절을 잘 못하는 부모가 갑자기 아이를 통제하겠다며 대치하기 시작하면 금방 지쳐 나가떨어질 거예요. 원래 애정 표현을 잘 못하는 부모가 갑자기 아이를 수용하겠다며 다정한 부모를 따라 하는 것도 오래 못 갈 거예요. 내 본능에 반하는 방향으로 너무 무리하게 애쓰지는 마세요. 어차피 50:50으로 완벽하게 균형을 맞출 수는 없어요. 그럴 필요도 없고요. 지금 100:0에 치우쳐 있다면 90:10 정도로만, 지금 90:10에 치우쳐 있다면 80:20 정도로만 조금씩 무게를 옮겨 주세요. 지속 가능성이 중요하니까요.

그러니까 우리, 따뜻하게 가르쳐요! 따뜻함에 압도돼 가르침을 놓치지도, 가르침에 치중해 따뜻함을 놓치지도 말자고요.

= 수용과 통제의 균형 잡기 =

미국의 발달심리학자 다이애나 바움린드Diana Baumrind는 부모의 양육 방식을 ① 통제만 높은 경우, ② 수용만 높은 경우, ③ 수용과 통제 모두 낮은 경우, ④ 수용과 통제 모두 높은 경우, 크게 이 네 가지로 분류하여 아이의 행동과 발달에 미치는 영향을 설명했어요.

1. 통제만 높은 경우

통제만 높은 부모는 규율을 강조하는 통제는 지나친 반면, 따뜻함이 부족하여 아이의 감정을 무시하기 쉬워요. 그래서 심리적으로 위축되거나 반항적인 아이로 키울 수 있어요.

부모의 특징

- 엄격한 규칙을 세우고 이를 어기면 강하게 처벌함.

- 대화보다 권위에 의존하며, 아이의 의견은 크게 고려하지 않음.

- 애정 표현과 따뜻함이 부족함.

- "시키는 대로 해"와 같은 일방적 대화를 많이 함

- 규칙을 지키지 않을 경우 처벌하는 방식으로 양육함.

아이에게 미치는 영향

아이가 권위자(부모, 교사 등) 앞에서는 규칙을 잘 지키며, 사회적 규범을 따를 수 있음. 단기적 순응에는 효과적일 수 있지만, 장기적으로는 자율성과 정서적 안정에 부정적 영향을 미칠 수 있음.

- **자율성과 창의력 부족** 부모의 지시에만 의존하며, 스스로 판단하고 행동하는 능력이 부족할 수 있음.

- **불안과 낮은 자존감** 지나친 통제는 아이에게 스트레스를 유발하며, 스스로를 부정적으로 보게 만듦.

- **반항적 행동** 권위자가 없는 상황에서는 규율을 무시하거나 반항적 행동을 보일 가능성이 높음.

2. 수용만 높은 경우

수용만 높은 부모는 따뜻함은 주지만, 지나친 허용과 권위 부족으로 책임감을 가르치지 못해 아이의 자기 조절 능력이 부족해질 수 있어요.

부모의 특징

- 일관적인 지도와 가르침이 부족함.
- 아이의 요구를 거절하지 못하며, 갈등을 피하려는 경향이 있음.
- 아이의 결정을 과하게 존중해 규칙과 한계의 기준이 모호해짐.
- "안 돼"라는 말을 좀처럼 꺼내지 못함.
- 규율은 거의 정하지 않고 아이가 원하는 대로 행동하도록 놔둠.

아이에게 미치는 영향

아이가 부모와의 관계는 친밀할 가능성이 높으나 자기 조절력을 배우지 못하면 사회적 적응력이 발달하기 어려움.

- **규율 부족** 규칙과 한계가 없기 때문에 자기 통제력이 부족하고, 규범을 따르지 않을 가능성이 있음.
- **책임감 결여** 행동의 결과에 대한 책임을 지지 않는 모습을 보일 수 있음.
- **충동적 행동** 즉각적인 만족을 추구하며, 장기적인 목표를 달성하는 데 어려움을 겪을 수 있음.

3. 수용과 통제 모두 낮은 경우

수용도 통제도 거의 없는, 굉장히 무관심하고 방임적인 양육 태도예요. 우울증을 앓는 부모에게서 나타나는 모습이기도 해요. 부모로부터 애정도 가르침도 받지 못한 아이는 아이는 정서적·사회적으로 큰 어려움을 겪을 수 있어요.

부모의 특징

- 아이에게 무관심하거나, 양육에 필요한 기본적인 관심조차 제공하지 않음.
- 주로 부모 자신의 문제(스트레스, 경제적 문제 등)에 몰두하여 아이를 방치함.
- 규칙이나 기대치 설정이 없고 아이와의 정서적 교류도 적음.
- 아이의 일상에 관심이 거의 없음.

아이에게 미치는 영향

부모의 개입이 적기 때문에 일부 아이들은 스스로 문제를 해결하며 독립성을 키울 가능성이 있지만 대부분은 악영향을 받음.

- **낮은 자존감** 사랑받지 못하고 방치된 느낌으로 인해, 자신을 무가치한 존재로 여길 수 있음. 안정적인 애착과 관계를 맺지 못함.
- **문제 행동** 사회적 기술이 부족하고, 외부의 관심을 얻기 위해 과도

한 문제 행동(비행, 공격성 등)을 보일 가능성이 높음.

- **학업 부진** 부모의 관심 부족으로 학습 동기와 성과가 감소함.

4. 수용과 통제 모두 높은 경우

바람직한 양육 태도는 통제와 수용이 조화를 이루는 경우예요. 이러한 유형의 부모는 아이에게 안정감을 주면서도 자기 조절 능력을 동시에 키워 주는 이상적인 방식의 양육을 제공해요.

부모의 특징

- 명확한 규칙과 기대치를 설정하지만, 아이의 감정을 이해하고 수용하며, 대화를 통해 문제를 해결하려 함.
- 규율을 따르도록 하면서도 아이의 자율성을 무작정 억압하지 않고 아이가 납득할 수 있도록 설명해 줌.
- 규칙과 한계를 명확히 설명해 주고, 이에 대해 아이가 의견을 표현하도록 허용하며 융통성을 발휘함.
- 긍정적 피드백과 지지를 통해 아이의 자존감을 높임.

아이에게 미치는 영향

- 자율적이고 자신감 있는 아이로 성장함.
- 감정 조절 능력이 뛰어나며, 학업 성취도가 높고 대인 관계가 좋은 아이로 성장함.

아이를 키우다 보면 사소한 실수나 갈등을 맞닥뜨리는 상황이 매일처럼 찾아와요. 그때 부모가 어떤 태도로 반응하느냐에 따라 아이의 마음과 성장은 전혀 다른 방향으로 흘러간답니다. 지나치게 감싸기만 해도, 과도하게 다그치기만 해도 균형을 잃게 되죠. 결국 중요한 것은 '수용과 통제의 균형'이에요.

아이와 함께하는 일상 속 작은 순간들을 돌아보며 지금의 양육 방식을 살짝 점검해 보면 어떨까요? 우리 아이가 더 건강하게 자라도록 부모로서 수용과 통제의 균형을 따뜻하게 맞춰 가는 방법을 함께 살펴보아요.

아이가 물을 쏟았을 때

■ 수용만 높은 경우

"괜찮아, 물 쏟는 건 별 것 아니야. 엄마 아빠가 닦아 줄게. 신경 쓰지 마."

- 아이의 실수를 지나치게 관대하게 받아들임.
- 아이는 자신의 행동에 대한 책임감을 배우지 못할 수 있음.

■ 통제만 높은 경우

"조심 좀 하지! 넌 아무 생각이 없니? 당장 닦아!"

- 실수를 강하게 비난하며 아이를 위축시킴.
- 아이는 실수에 대한 두려움과 죄책감을 가질 가능성이 있음.

■ 수용과 통제의 균형

"물을 쏟았구나. 누구나 실수할 수 있어. 걸레를 가져와서 닦아 보렴."

- 아이의 실수를 이해하고 공감하며, 문제를 해결하는 방법을 가르침.
- 아이는 실수를 두려워하지 않으면서도 책임감을 배움.

아이가 친구와 싸웠을 때

■ 수용만 높은 경우

"속상했지? 앞으로는 저 친구랑 놀지 말자."

- 갈등 상황에서 아이의 감정만 중요시하며 가르침을 회피함.
- 아이는 문제 해결 능력을 배우지 못할 가능성이 있음.

■ 통제만 높은 경우

"너는 왜 자꾸 문제를 만들어? 그냥 네가 양보해!"
- 갈등 상황에서 아이의 감정을 무시하고 일방적으로 해결책을 강요함.
- 아이는 자신의 감정을 표현하지 못하고 부모의 지시를 억지로 따르게 됨.

■ 수용과 통제의 균형

"친구랑 싸웠구나. 어떻게 된 일인지 얘기해 볼래? 함께 대처법을 찾아보자."

- 아이의 감정에 공감하면서도 갈등 해결 방법을 제안함.
- 아이는 협력과 대화로 문제를 해결하는 법을 배움.

아이가 밤늦게까지 놀고 싶어 할 때

■ 수용만 높은 경우

"더 놀고 싶구나. 괜찮아, 내일 좀 늦게 일어나도 되지 뭐."

- 아이의 요구를 전적으로 받아들여 규칙을 적용하지 않음.
- 아이는 자기 조절 능력이 부족해질 가능성이 있음.

■ 통제만 높은 경우

"안 돼! 지금 당장 자러 가. 말 안 들으면 혼날 줄 알아."

- 아이의 감정을 무시하고 강압적으로 통제함.
- 아이는 반항심을 가지거나 부모를 두려워할 가능성이 있음.

■ 수용과 통제의 균형

"더 놀고 싶구나. 하지만 내일 아침에 피곤하고 힘들 거야. 오늘은 일찍 자고, 대신 주말에 늦게까지 놀자!"

- 아이의 감정에 공감하면서도 규칙을 일관되게 적용함.
- 아이는 자기 조절 능력을 배울 수 있음.

아이가 벽에 낙서를 했을 때

■ 수용만 높은 경우

"벽에 낙서를 했구나. 괜찮아, 엄마 아빠가 나중에 지울게."

- 아이의 잘못된 행동을 용납하며, 문제 해결에 대한 책임을 부모가 떠맡음.
- 아이는 잘못된 행동을 반복할 가능성이 있음.

■ 통제만 높은 경우

"벽에 낙서를 하다니! 넌 아무 생각이 없니? 당장 지워!"

- 규칙을 강조하며 강압적으로 행동을 비난함.
- 아이는 행동이 잘못된 이유를 이해하지 못하고, 부모를 두려워할 가능성이 있음.

■ 수용과 통제의 균형

"벽에 낙서하면 안 되는 거야. 벽이 지저분해지고 지우기도 어렵거든. 우리 같이 지우고, 다음에는 종이에 그리자."

- 화내지 않으면서 적절히 가르침.
- 아이는 문제 해결에 참여하며 능동적으로 배움.

아이가 거짓말을 했을 때

■ 수용만 높은 경우

"왜 거짓말을 했는지 이해돼. 괜찮아, 이번엔 넘어가자."

- 거짓말을 문제 삼지 않고 아이의 감정을 지나치게 수용함.
- 아이는 거짓말이 큰 문제가 되지 않는다고 인식할 가능성이 있음.

■ 통제만 높은 경우

"어디서 거짓말을 해! 벌로 오늘 간식은 없을 거야."

- 아이의 행동을 강하게 질책하고 벌을 통해 문제를 해결하려 함.
- 아이는 거짓말을 더 철저히 숨기려 할 수 있음.

■ 수용과 통제의 균형

"엄마 아빠는 너를 믿었는데, 네가 거짓말을 해서 당황스러워. 앞으로 솔직하게 얘기해야 너를 믿고 네 의견을 들어줄 수 있어."

- 아이의 행동을 비난하기보다는 정직의 중요성을 설명함.
- 아이는 신뢰를 배우고, 거짓말 대신 솔직하게 표현하는 법을 배움.

아이가 어른들 대화 중에 끼어들 때

■ 수용만 높은 경우

"그래, 무슨 말인지 들어 볼게. 엄마가 얘기 중이긴 했지만, 너 먼저 말해."

- 아이의 잘못된 행동을 문제 삼지 않고 아이에게 즉각적인 관심을 줌.
- 아이는 적절한 대화 예절을 배우지 못할 가능성이 큼.

■ 통제만 높은 경우

"어딜 끼어들어? 어른들끼리 이야기 중이잖아! 조용히 해!"

- 아이의 행동을 일방적으로 강하게 질책하며, 기다려야 할 이유를 설명하지 않음.
- 아이는 상황을 이해하기 어렵고 반항적으로 행동할 가능성도 있음.

■ 수용과 통제의 균형

"남이 말할 때 끼어들면 안 돼. 퍼즐 놀이 하면서 기다리고 있으면 곧 네 얘기를 들어 줄게."

- 아이를 비난하지 않고, 기다려야 하는 이유를 설명하고 방법을 알려 줌. 이후 아이의 말을 경청하며 관심을 보여 줌.
- 아이는 자신의 감정이 존중받는다고 느끼며, 기다리려는 의지가 생기고 대화 예절을 배우게 됨.

아이가 학원 가기를 거부할 때

■ 수용만 높은 경우

"학원 가기 싫구나. 그래, 오늘은 쉬어도 돼."

- 아이의 감정을 존중하지만, 학습에 대한 책임감을 가르치지 못함.
- 아이는 원치 않는 상황을 회피하는 습관을 가질 가능성이 있음.

■ 통제만 높은 경우

"시끄러워. 계속 이럴 거면 학원비 낭비잖아! 너 계속 놀기만 할 거야?"

- 아이의 이야기를 들어 보지 않고 강압적으로 학원에 보내려 함.
- 아이는 마음속에 거부감과 반항심이 싹틈.

■ 수용과 통제의 균형

"왜 학원에 가기 싫은지 같이 얘기해 볼까? 공부는 꼭 해야 하지만, 이유가 타당하면 학습 방식을 조정해 볼 수도 있어."

- 아이를 이해하면서도 학습의 필요성을 함께 고민함.
- 아이는 자신의 학습 환경에 대해 스스로 점검하고 조절하는 방법을 배울 수 있음.

= 아이 연령에 따라 양육자의 역할이 달라요 =

아래의 표와 같이 아이의 연령에 따라 양육자의 역할이 다르고, 그에 따라 수용과 통제의 올바른 균형이 달라질 수 있어요. 양육자의 역할이 아이들 연령별로 구분되어 있지만, 개인마다 차이가 있을 수 있어요. 특히 기질적으로 예민하고 까다로운 아이들은 기초 단계가 길어질 수 있고, ADHD가 있는 아이라면 조절력 발달이 늦어서 제 나이보다 서너 살 어린 연령의 수준으로 봐야 해요. 이를 고려하여 나의 양육 태도를 점검해 보세요.

엘렌 갤린스키의 6단계 부모 역할 서술

연령	부모 역할	부모 역할의 변화	주요 과업
임신 기간	이미지 형성 단계	부모가 될 자신을 상상하며 기대와 두려움 탐색	부모 역할에 대한 준비와 계획 수립
영아기	보육자, 양육자: 양육 단계	자녀와의 신체적·정서적 연결을 통해 신뢰 관계 형성	애착 형성, 자녀의 기본 욕구 민감히 돌보기
유아기	훈육자: 권위 형성 단계	규칙과 경계를 세워 자녀의 사회적 행동 지도	행동 지침 제공, 규칙 설정, 부모로서의 권위 확립
초등기	격려자: 해석 단계	자녀의 질문에 답하며 세상을 이해하는 데 도움을 주는 해설자 역할	정보 제공, 세상에 대한 논리적 설명, 자녀의 학습 지원
청소년기	상담자: 상호 의존 단계	자녀의 독립성을 존중하며 협력적 관계 유지	자녀의 정체성 형성 지원, 갈등 상황에서 균형과 존중 유지
성년기 이후	동반자: 떠나보내는 단계	자녀의 독립을 인정하고 새로운 부모-자녀 관계 형성	자녀의 독립 지원, 부모 자신의 삶 재구성

아이가 만 3세가 되기 전까지는 수용이 많이 필요한 시기예요. 영유아기는 아이의 모든 것을 돌봐 주고 보호해 주는, 부모의 희생이 가장 많이 필요한 때죠. 이때는 아이를 엄격한 훈육으로 통제하기보다는, 안전한 환경을 조성하며 옳고 그름을 부드럽게 알려 주는 것이 좋아요. 이후 부모는 훈육자로서의 역할이 강해져요. 유치원기는 아이에게 옳고 그름과 한계를 가르쳐 줄 적기이며, 초등학교 시기에는 이러한 가르침을 기반으로 아이가 스스로 올바른 가치를 내면화하고 책임감을 기르도록 격려하는 게 중요해요. '수용과 통제의 균형'을 통해서요.

사춘기 이후에는 아이를 독립된 인격으로 존중해야 하며, 이때가 부모의 의사소통 능력이 가장 빛을 발하는 때예요. 이때 부모가 통제적인 태도로 아이를 억누르려 하면 큰 문제가 생길 수 있어요.

= 너무 허용적인 부모라면 =

나의 양육 태도가 너무 허용적인 걸 알았다면? 괜찮아요! 아이를 보호하려는 노력이었잖아요. 아마 당신은 다정하고 따뜻한 부모일 거예요. 그동안 쌓인 애정을 기반으로, 아이와 좋은 관계를 유지하면서 규칙과 경계도 잘 설정하는 강인한 부모가 될 수 있을 거예요. 허용적인 태도에서 벗어나기 위해 의식적인 노력이 필요하겠지만,

문제를 인식했으니 충분히 해낼 수 있어요. 사랑하는 아이에게 필요한 것이라면 그것이 수용이든 통제든, 당신은 결국 해낼 거예요.

실제로 초기 양육 단계에서는 공감과 수용을 바탕으로 한 유연한 접근이 필요해요. 아직 조절을 배우기 어려운 시기에는 편안한 환경을 만들어 주는 것이 중요하죠. 까다로운 아이를 키울 때는 보통 아이보다 허용치가 높을 수밖에 없어요. 아이의 욕구가 많고 강하기 때문에, 허용치를 높이지 않으면 지나치게 많은 제지를 하게 되니까요.

그렇다 하더라도 아이의 발달에 맞추어 점진적으로 통제를 늘리고, 규칙과 경계를 마련하기 위한 노력은 필요해요. 통제는 아이가 사회적 규범을 배우고 적응력을 키우는 데 중요한 역할을 하거든요. 아이가 배울 준비가 되었는데도 규칙과 경계가 주어지지 않으면, 오히려 방황하거나 불안해할 수 있어요.

'울타리의 역설'이라는 실험이 있어요. 울타리가 있는 놀이터와 울타리가 없는 놀이터에서 아이들이 어떻게 행동하는지를 비교한 실험인데요. 일반적으로 생각하면 울타리가 없는 놀이터에서 아이들이 더 자유롭게 뛰어놀 것 같지만 실제로는 반대의 결과가 나왔어요. 울타리 없는 놀이터에서는 아이들이 놀이터의 경계를 알 수 없어서 어디까지 가도 되는지 몰라 불안해했고, 그로 인해 한가운데에서만 모여 노는 모습이 관찰되었어요. 반면 울타리가 있는 놀이터에서는 경계 안에서 자유롭게 뛰어노는 모습을 보였죠.

 까다롭고 예민한 우리 아이, 왜 이렇게 힘들까요?

이 실험에서 볼 수 있듯이, **일상에서도 어느 정도의 한계와 틀이 있어야 아이들이 더욱 안정감을 느끼며 자유롭게 활동할 수 있어요. 애정과 함께 주어지는 경계는 아이를 옥죄는 것이 아니라, 아이에게 자유와 안정감을 동시에 제공한다는 점을 기억해 주세요.** 아이는 그동안 충만하게 받은 사랑을 바탕으로 쌓인 안정감 위에서, 규율과 조절력도 잘 배울 수 있을 거예요.

다음을 기억하고 연습해 보세요.

부모인 나의 한계 알기

허용적인 태도를 취하는 부모들은 보통, 원래 남에게 싫은 소리를 못 하고 갈등을 힘들어하는 사람일 수 있어요. 그러나 장기전인 육아에서 아이에게 모든 걸 맞추다 보면 신체적·정서적으로 소진되어 번아웃이 올 수밖에 없어요.

적당한 선에서 거절하기

'이 요구를 들어줄 여유가 지금 내게 있는가?'를 점검해 보세요. 나의 한계를 무시하면 나중엔 너무 지쳐 결국 아이를 원망하게 돼요. 적당한 선에서 거절하는 연습이 꼭 필요해요.

명확한 지침 주기

애매한 태도는 아이를 혼란스럽게 해요. 되는 건 된다고, 안 되는 건 안 된다고 분명히 말해 주어야 하지요. 그러려면 부모도 스스로 마음을 정하고 결단하는 연습이 필요해요. 말이 길어지고 갈팡질팡하면, 아이에게 도움 되기보다 부모의 하소연이 될 뿐이에요.

돌려 말하지 않기

거절할 때는 간결하고 직접적으로 표현하세요. 허용적인 부모들은 단호하게 말하는 게 부담스러워 빙빙 돌려 말하기 쉽지만, 그러면 아이는 부모의 의도를 파악하지 못해 더 불안해져요. "안 돼", "지금은 안 돼"처럼 짧고 분명하게 말해야 해요.

이중 메시지 주지 않기

이중 메시지는 아이를 굉장히 불안하고 혼란스럽게 만들고, 부모에 대한 신뢰를 잃게 할 수 있어요. 말로는 괜찮다고 하면서 표정에는 짜증이 가득하거나, 화난 말투로 "화나지 않았어"라고 말하는 경우 등이 이에 해당해요. 이런 상황에서 아이는 부모의 감정을 예측하기 어렵고 심리적으로 위축될 수 있어요.

이랬다저랬다 하지 않기

단호함의 핵심은 일관성이에요. '엄마 아빠가 안 된다고 하면 안 되는 거구나'를 아이가 깨달을 수 있게끔, 중요한 가르침은 묵직하게 끌고 가야 해요. 물론 상황에 따라 융통성도 필요하지만, 아이가

　　　　까다롭고 예민한 우리 아이, 왜 이렇게 힘들까요?

보챈다고 바로 항복해 버리면 아이의 떼쓰기는 점점 심해져요.

수동공격성에 주의하기

수동공격성이란 간접적으로 불만을 표출하는 방식을 말해요. 지나치게 허용적인 부모는 아이에게 명확한 지침을 주는 대신 수동공격성으로 스트레스를 표출할 수 있어요. 비꼬거나 차갑게 대하거나, 실수인 척 일부러 벌 주는 것이죠. 이는 부모가 적정한 한계선을 긋는 데 실패해 놓고 아이에게 화풀이를 하는 것이므로 절대적으로 주의해야 해요.

한계선 안에서 실컷 허용하기

아이가 감당할 수 있는 한계선을 정해 주고 그 안에서는 실컷 허용하며 아이와 기쁨을 나누세요.

= 너무 통제적인 부모라면 =

내 양육 태도가 너무 통제적이라는 걸 알았더라도 괜찮아요. 아이가 잘되길 바라는 마음으로 최선을 다한 거잖아요. 규칙과 질서를 강조한 것도 아이를 바르게 키우려는 목표 때문이었으니, 그 자체가 나쁜 건 아니에요. 다만 이제는 통제 못지않게 허용도 중요하다는 걸 알았으니, 의식적으로 노력하며 부족한 부분을 보완해 나가면 돼요. 당신은 문제 해결력이 있는 사람이에요.

아이의 마음을 받아 주면 버릇없어질까 걱정될 수 있어요. 하지만 아이의 감정을 받아 준다는 건 존재를 존중한다는 뜻이지, 모든 요구를 다 들어준다는 게 아니에요. 오히려 부모가 아이의 감정을 이해하는 과정이 아이의 조절력을 키우는 첫걸음이 된답니다. 또한 부모가 따뜻한 태도를 보일 때, 아이는 마음을 열고 대화하며 부모의 지도를 더 잘 받아들이게 돼요.

다음을 점검하고 보완해 보세요.

아이와 나의 관계 점검하기

'나는 아이에게 지나치게 엄격하지 않은가?', '아이는 부모에게 따뜻함을 느끼고 있는가?', '아이와 충분히 감정적으로 연결되어 있는가?'를 스스로에게 물어보세요.

아이의 감정을 이해해 보기

통제적 양육은 아이의 행동만을 문제 삼기 쉬워요. 감정에도 귀 기울이며 아이를 더 깊이 이해해 보세요.

대화로 규칙 정하기

"이건 이렇게 해야 해!"라는 일방적 지시 대신, 아이와 대화를 통해 규칙을 정하고 의견을 조율해 보세요. 자유롭게 의견을 말할 수 있게 격려해 주고, 진심으로 아이의 입장에서 아이의 말을 경청해 주세요.

선택의 기회 제공하기

부모의 통제에서 벗어나 스스로 선택할 기회를 주면, 아이는 자신감을 얻고 책임감도 배울 수 있어요. 작은 선택이라도 직접 해 보는 경험이 큰 힘이 된답니다. 궁극적으로 아이의 삶을 이끄는 주체는 부모가 아닌 아이의 자율성이어야 하니까요.

아이의 성취와 노력을 칭찬하기

통제적인 부모는 잘못된 행동을 교정하는 데 초점을 두는 경우가 많아, 아이의 긍정적인 면을 놓칠 수 있어요. 아이의 작은 성취와 노력에도 칭찬하고 격려하며, 긍정적인 피드백을 제공해 보세요.

이처럼 아이에게 안전한 경계를 제공하면서 조금 더 많은 선택권과 자유를 줘 보세요. '규칙 안에서 네가 더 행복하고 자유롭게 성장할 수 있도록 도와줄게'라는 메시지를 전달하는 거예요. 그러면 아이는 부모에 대한 신뢰와 안정적인 관계를 바탕으로 자율성을 배울 수 있어요. 아이는 부모가 엄격했던 순간들도 결국 자신을 위한 것이었다는 사실을 점차 이해하게 될 거예요.

기질에 맞춘 양육 전략

무엇보다 중요한
정서적 안정감

= 어떤 환경이 좋은 환경일까? =

욕구가 많은 아이들이 긍정적으로 성장할 수 있는 '좋은 환경'이란 어떤 환경일까요? 아이의 기질이 까다롭고 예민할수록 주변의 영향을 크게 받기 때문에, 환경의 역할은 더욱 중요해져요. 여러 연구에서도 공통적으로 강조하는 환경적 요소들은 다음과 같아요.

정서적 안정과 지지

아이의 정서적 필요를 이해하고, 아이가 느끼는 감정과 경험을 받아들이며 지지하는 양육 환경이 중요해요. 부모가 아이의 감정을 이해하고 수용해 주며 정서적으로 안정감을 주는 것이 핵심이에

요. 아이가 어려움을 겪을 때 부모가 공감하는 태도를 보이면, 아이
는 불안감과 스트레스를 완화하며 자신의 격한 감정을 소화하고 다
루는 법을 배울 수 있어요.

일관성과 예측 가능성

까다로운 아이들은 갑작스런 변화를 무척 싫어하고 예측 가능한
일상에서 안정감을 느껴요. 그러므로 부모가 일관된 환경을 제공
해 준다면, 아이는 주변 환경을 좀 더 잘 이해하고 수월하게 적응해
나갈 수 있어요. 또한 부모가 일관된 태도와 반응을 보이면, 아이는
자신의 행동과 감정이 어떤 반응을 가져올지 예측할 수 있어 안정
감을 느낄 수 있어요.

긍정적인 피드백과 인정

까다로운 기질의 아이들에게는 긍정적인 피드백과 성취에 대한
인정을 아낌없이 해 주는 것이 중요해요. 작은 성취와 노력에도 칭
찬하고 긍정적 피드백을 줄 때, 까다로운 아이는 '나도 할 수 있구나'
라는 자신감을 쌓을 수 있어요. 이때 성취한 결과보다 아이가 노력
한 부분을 인정해 주는 것이 중요해요.

자율성 존중과 선택의 기회 제공

자율성과 선택권은 아이에게 스스로 자신의 삶에 영향을 미칠

　　　　　　　까다롭고 예민한 우리 아이, 왜 이렇게 힘들까요?

수 있다는 안정감을 줘요. 선택과 결정을 경험하고 올바르게 판단하도록 돕는 과정은 아이의 자기 주도성과 독립성을 키우는 데 중요해요. 특히 까다롭고 예민한 아이들은 이런 기회를 통해 불안 속에서도 주도적으로 행동할 수 있는 힘을 길러요. 그러므로 부모가 일상에서 이런 기회를 충분히 제공해 주는 것이 좋아요.

양질의 상호작용

까다롭고 예민한 아이들은 부모와의 질 높은 상호작용이 중요해요. 부모가 아이와 충분히 시간을 보내며 아이의 신호를 이해하려 노력하고 섬세하게 반응하면, 아이의 정서적 안정과 관계 형성에 큰 도움이 돼요. 또 신뢰할 수 있는 교사나 또래와 좋은 관계를 맺을 환경이 주어지면, 아이는 사회에서도 점차 유능감을 키울 수 있어요.

유연한 양육 태도

까다로운 기질의 아이들은 환경에 다양한 방식으로 반응하기 때문에, 양육자가 유연하고 개방적인 태도로 아이를 대하는 것이 중요해요. 아이의 개별적인 필요와 성향을 존중하며 상황에 따라 적절히 양육 방식을 조절하는 것이 핵심이에요. 특히, 까다롭고 예민한 아이들은 필요에 맞춘 유연한 양육 환경에서 자신의 리듬과 성향에 맞춰 편안하게 성장할 수 있다는 점을 기억해 주세요.

스트레스 관리

까다로운 아이들은 일상적인 환경에서도 스트레스를 많이 느끼고, 이에 따라 부정적 영향을 받을 수 있어요. 그래서 스트레스가 덜한 환경을 조성해 주고, 스트레스를 완화할 수 있는 시간을 확보해 주고, 아이가 편안함을 느낄 수 있도록 돕는 것이 중요해요.

이것들을 종합하여 하나의 키워드로 묶는다면, 바로 '정서적 안정감'이에요. 정서 안정이 이토록 중요하게 강조되는 이유는 무엇일까요? 정서 안정은 까다로운 기질의 아이들이 성장하는 데 있어 중요한 출발점이에요. 정서 안정은 모든 발달의 기반이 돼요. 아이들은 정서가 안정된 상태에서 인지적·정서적·사회적 발달이 원활하게 이루어져 건강하게 성장하고 발전할 수 있어요.

우리 몸은 감정의 뇌인 변연계를 우선적으로 챙기게 되어 있어요. 생존과 깊게 관련된 곳이기 때문이죠. 그러므로 감정의 뇌가 불안정하면 이성의 뇌가 발달하고 기능할 여력이 부족해지고, 그만큼 성장 발달에 지장이 생길 수 있어요. 시시때때로 변연계가 활성화되는 까다로운 아이들에게는 정서 안정이 더욱더 중요해요. 까다로운 아이의 정서가 늘 불안정한 상태로 지속된다면, 아이는 항상 위태로운 기분을 느끼고 그것을 견뎌 내느라 에너지 소모가 심해져요. 이러한 정서적 누수를 줄여 줘야 자신이 가진 에너지와 잠재력을 온전히 활용하며 행복하고 건강한 삶을 일궈 나갈 수 있어요.

   까다롭고 예민한 우리 아이, 왜 이렇게 힘들까요?

조절력 발달과 정서 안정은 서로 대립되는 개념이 아니에요. 오히려 같은 목표를 향하고 있죠. 이 둘은 서로 연합하여 상승 작용을 일으켜요. 정서가 안정적이어야 조절력이 잘 발달할 수 있고, 조절력이 발달될수록 정서는 더 안정될 수 있어요.

= 아이의 내적 상태는 정서적 환경에 따라 달라져요 =

우리 아이 마음속 풍경은 어떤 모습일까요? 아이가 정서적으로 안정된 환경에서 자라면 어떤 힘을 얻게 될까요? 반대로 불안정한 환경에서는 어떤 어려움과 혼란을 겪게 될까요?

정서적으로 안정된 환경에서 아이의 내적 상태

정서적으로 안정된 아이는 편안하고 안전한 환경에서 자신의 감정을 자유롭게 탐색하고 표현하며 성장할 수 있어요. 정서적 안정은 아이에게 자신감을 심어 주고, 세상을 긍정적으로 바라볼 힘을 길러 줘요. 이로써 다음과 같은 긍정적인 경험을 하게 되죠.

- **감정을 조절할 에너지 충분** 안정된 환경에서 아이는 자신의 감정을 이해하고 표현하는 법을 배우며, 격한 감정도 차분히 다룰 수 있는 능력을 키워요.

- **자신감을 쌓을 에너지 충분** 긍정적인 피드백과 지지 속에서 '나는 가치 있는 존재야'라는 믿음을 갖고 자신감을 쌓게 돼요.

- **사회적 관계를 위한 에너지 충분** 신뢰를 바탕으로 하는 관계 속에서 공감 능력과 사회성이 발달하며, 타인과의 상호작용에서도 안정감을 느껴요.

- **학습에 집중할 에너지 충분** 정서적 안정 상태에서는 스트레스가 감소하고 집중력이 향상되어 학습과 다양한 활동에 몰입할 수 있어요.

- **문제 해결에 쏟을 에너지 충분** 정서적 안정이 뒷받침되면, 문제를 분석하고 해결하는 데 필요한 인지적 여유가 생겨요.

- **타인에게 공감할 에너지 충분** 자신의 감정을 차분히 다룰 수 있기 때문에 타인의 감정에도 공감하며 긍정적인 대인 관계를 형성할 수 있어요. 즉, 정서적으로 안정된 상태에서는 내적 자원을 효율적으로 사용할 수 있어요.

정서적으로 불안정한 환경에서 아이의 내적 상태

정서적으로 불안정한 아이는 마음을 다스리느라 온 시간과 에너지를 소모하게 돼요. 그래서 고등 발달 영역에 내적 자원을 충분히 쏟기 어려워요. 이는 다음과 같은 어려움으로 이어질 수 있어요.

- **감정을 조절할 에너지 부족** 불안정한 상황에서는 작은 자극에도 과도하게 반응하며, 감정 조절이 어려워져요.

     까다롭고 예민한 우리 아이, 왜 이렇게 힘들까요?

- **자신감을 쌓을 에너지 부족** 사랑받고 보호받는 느낌이 부족하면 자존감이 낮아지고, 스스로를 부정적으로 평가하기 쉬워요.
- **사회적 관계를 위한 에너지 부족** 정서가 불안하면 타인과의 관계에서 예민하게 반응하거나 신뢰를 형성하기 어려울 수 있어요.
- **학습에 집중할 에너지 부족** 정서 불안은 학습과 인지적 몰입을 방해하며, 학습 성과에도 부정적인 영향을 미쳐요.
- **문제 해결에 쏟을 에너지 부족** 정서가 불안할 때는 복잡한 문제를 해결할 에너지가 줄어들어 적절한 대처를 하지 못할 수 있어요.
- **타인에게 공감할 에너지 부족** 정서가 불안정하면 자신의 감정에 매몰되기 쉬워 타인의 감정을 이해하고 공감하는 능력이 제한돼요.

양육자는 아이에게 정서적 안정감을 제공함으로써 아이가 자신의 내적 자원을 최대한 효율적으로 활용해 성장할 수 있도록 돕는 것이 중요해요. 정서적 안정감은 까다로운 기질의 아이들이 건강하고 자신감 있게 다음 단계로 나아가도록 돕는, 무엇보다도 중요한 발달의 기반이라 할 수 있어요.

누구나 정서가 안정되어야 비로소 자신의 잠재력을 발휘할 수 있어요. 정서적 결핍이 큰 사람은 무슨 일을 해도 내적 에너지 효율이 떨어질 수밖에 없지요. 인생을 안정된 정서로 시작할 수 있게 해 주는 것은 부모로서 자식에게 줄 수 있는 최고의 선물이에요. 특히 까다롭고 예민한 아이라면 더욱이 인생을 바꿀 만한 일이랍니다.

<h2 align="center">= 까다로운 아이에게 필요한 것들 =</h2>

까다로운 아이들은 외부 환경 및 자극에 민감하고 욕구에 대한 반응성도 크기 때문에, 자주 스트레스를 받고 불안해지기 쉬워요. 그러므로 아이의 정서가 안정될 수 있도록 단단한 토대를 마련해 주는 것이 중요해요. 이번 장에서는 생활 속에서 아이가 정서적 안정을 찾을 수 있는 방법에 대해 자세히 살펴볼게요.

더 깊은 '안정감'이 필요해요

까다로운 아이들은 작은 일에도 쉽게 스트레스를 받기 때문에 정서적 안정이 무엇보다 중요해요. 부모는 아이의 이야기에 귀 기울이고, 스트레스 반응을 세심히 살피며, 주변 환경이 아이가 감당할 만한 수준인지 늘 점검해야 해요. 부모가 신뢰할 수 있는 태도를 보이고, 예측 가능한 일상 환경을 만들어 줄 때, 아이는 안심할 수 있고 정서적으로도 한층 안정돼요.

더 단단한 '애착'이 필요해요

까다로운 아이들은 정서가 쉽게 불안정해지는 특성이 있기에 더 깊고 안정적인 애착 관계가 필요해요. 부모가 따뜻하고 일관되게 아이를 대할 때, 아이는 심리적 안식처를 확보하고 점차 외부 환경에 적응할 힘을 길러요. 안정된 애착은 아이가 실패를 극복하고 다

   까다롭고 예민한 우리 아이, 왜 이렇게 힘들까요?

시 도전할 용기를 얻는 밑바탕이 되며, 스스로를 긍정적으로 바라보는 힘까지 길러 준답니다.

더 강렬한 '긍정성'이 필요해요

까다로운 아이들은 주변 사람들로부터 지적받을 일이 많아 스스로를 부정적으로 인식할 위험이 있어요. 부정적인 피드백이 많아질수록 자존감이 낮아지고 의욕이 줄어들죠. 그렇기 때문에 부모가 신경 써서 긍정적인 에너지도 많이 채워 주어야 해요. 까다로운 아이들은 감정 표현이나 자기 조절이 서툰 만큼, 작은 노력도 칭찬해 주고 시도하는 모습 자체를 인정해 주는 게 필요해요. 그러면 아이는 점차 자신을 신뢰하고 도전할 용기를 낼 수 있어요.

더 많은 '놀이'가 필요해요

까다로운 기질의 아이들은 놀이를 통해 자신을 표현하고 스트레스를 해소하는 경험이 매우 중요해요. 특히 신체 활동이나 창의적인 놀이를 통해 긴장감을 풀고 에너지를 발산할 수 있죠. 놀이 속에서 아이 스스로 선택하고 결정하는 경험들을 통해 자기 주도성도 기를 수 있어요. 놀이에서 목표를 설정하고 그것을 성취하는 과정을 통해 자연스럽게 계획하고 실천하는 경험을 하게 되는데, 이렇게 길러진 실행력은 인생의 큰 자양분이 돼요. 또 놀이 중에 소소하게 실망을 경험하거나, 규칙을 지키며 인내하는 과정을 거치면서 자기 조절력을 배울 기회도 많이 생겨요. 놀이는 모든 아이에게 중요하지만, 특히 까다로운 기질의 아이들에게는 더욱 중요해요.

더 확실한 '자율성'이 필요해요

까다로운 기질의 아이들은 스스로 선택하고 결정하고자 하는 욕구가 매우 강해요. 이러한 욕구를 존중하고 활용하면서 자신의 선택에 대해 책임감을 갖게 이끌어 주면, 자기 주도성과 문제 해결력이 향상돼요. 자율성은 단순히 선택과 행동의 자유를 주는 것이 아니라, 아이가 자신의 선택과 행동에 책임을 지는 경험을 통해 스스로 성장할 기회를 제공하는 것을 의미해요. 이는 미래에 독립성과 성취감을 높이는 데 크게 기여할 수 있어요.

더 섬세한 '가르침'이 필요해요

까다로운 아이들은 정서적 반응성이 크기에, 격한 감정이 확 올라오면 감정에 휩쓸려 이성적으로 생각하기가 어려워요. 그래서 부모의 도움이 더 많이, 더 자주 필요하답니다. 대충 문제 상황에서 지적하고 혼내는 걸로는 제대로 배우지 못해요. 더 밀도 있고 구체적이며 섬세한 가르침이 필요해요. 아이가 소화할 수 있게 하나하나 꾸준히 가르쳐 주세요. 생각보다 많이 가르쳐 주어야 한답니다. 아이가 옳고 그름을 이해하도록 돕고, 규칙을 명확하게 설명해 주고, 구체적인 지침을 주는 것이 중요해요.

더 점진적인 '경험'이 필요해요

까다로운 기질의 아이들에게는 변화에 대한 적응력을 기르는 것이 중요한 과제예요. 하지만 한 번에 큰 변화를 강요하면 오히려 불안과 저항이 커질 수 있어요. 대신 천천히, 단계적으로 새로운 경험에 노출되는 과정이 필요해요. 작은 도전부터 시작해 점진적으로 경험을 쌓으며 변화에 익숙해지도록 도와주세요. 아이가 감당할 수 있는 수준에서 성공 경험을 반복하며, 스스로 새로운 환경에 적응할 수 있도록 지지해 주는 것이 중요해요.

더 부드러운 '권위'가 필요해요

까다로운 아이들에게 부모의 권위는 아주 중요해요. 그러나 강압적인 권위가 아닌 부드러운 권위가 필요하답니다. 까다로운 아이는 갈등 상황에서 더 날카로워지고 마음을 닫아요. 아이를 꾸준히 오래도록 바르게 이끌어 주려면, 부드러운 권위로 접근하여 아이가 부모의 가르침을 신뢰하고 따르도록 하는 것이 중요해요. 부드러운 권위는 아이가 부모를 신뢰할 수 있게 하고, 건강한 훈육의 든든한 기반이 돼요.

더 많은 '격려'가 필요해요

까다로운 기질의 아이들은 새로운 경험이나 도전 앞에서 불안과 긴장감을 더 크게 느끼고, 실패로 인한 좌절감에 취약해요. 이때 부모의 격려와 지지는 아이가 도전할 수 있도록 힘을 주는 가장 중요한 요소예요. 부모가 '너라면 할 수 있어'라는 믿음을 꾸준히 표현하면, 아이도 점차 용기를 얻고 자기 효능감을 기를 수 있어요.

= 최적의 컨디션으로 적응을 도와요 =

까다롭고 예민한 아이들이 정서적으로 안정되도록 돕기 위해서는 주변 환경과 신체를 편안하게 해 주고, 최적의 컨디션을 유지할 수 있도록 하는 것이 중요해요. 다음을 참고하여 아이가 내적으로도, 외적으로도 편안함을 느낄 수 있도록 도와주세요.

아이에게 맞는 생활 환경 세팅하기

까다롭고 예민한 기질을 가진 아이들은 자신의 특성에 맞는 환경에서 훨씬 안정적이고 편안하게 지낼 수 있어요. 예를 들어, 자극을 싫어하는 아이에게는 소음이 적고 차분한 공간을 제공하고, 활동성이 높은 아이에게는 자유롭게 움직이고 놀 수 있는 넓은 공간을 마련해 주는 것이 좋아요. 아이의 기질을 세심히 관찰하고 아이가 편안하게 느끼는 환경을 조성해 보세요. 특히 아이가 많은 시간을 보내게 되는 기관이나 학원을 선택할 때, 아이가 최대한 편안함을 느낄 수 있는 환경을 고를 수 있도록 주의해 주세요.

구조화된 환경 제공하기

까다로운 아이들은 예측 가능하고 구조화된 환경에서 더 안정감을 느껴요. 따라서 일정한 스케줄과 규칙을 만들어 주는 것이 좋아요. 정해진 시간에 식사, 놀이, 학습, 취침을 하면 아이가 하루를 더 편안하게 보낼 수 있어요. 새로운 환경에 적응해야 할 때는 미리 설명해 주고, 아이가 예상할 수 있는 상황을 만들어 주세요.

자유 시간 보장해 주기

하루 일과에 여유 있는 자유 시간을 포함해 아이가 자신의 방식으로 쉴 수 있는 기회를 주는 것이 중요해요. 이 시간은 규칙에 얽매이지 않고, 아이 스스로 선택과 결정을 내릴 수 있는 소중한 시간이 되어야 해요. 어떤 아이는 혼자 있는 시간을, 또 다른 아이는 가족이나 친구와의 시간을 선호할 수 있어요. 또 어떤 아이는 차분하고 정적인 활동을, 또 다른 아이는 신나는 활동을 선호할 수 있죠. 아이의 기질과 필요에 맞는 충전 방식을 존중하며 선택권을 주세요.

불편함을 언어로 표현할 수 있게 도와주기

예민한 아이들은 불편함을 느껴도 이를 제대로 표현하지 못해 짜증을 내는 경우가 많아요. 이런 일이 반복되면 오해나 갈등이 생길 수 있어요. 아이가 느끼는 감각과 감정을 구체적으로 짚어 주며, 자신의 불편함을 언어로 표현할 수 있도록 도와주세요.

- 비판이나 판단 없이 아이의 말을 경청하는 태도를 보여 주어 신뢰감을 형성해요.
- "어떤 점이 가장 힘들게 느껴지니?"와 같은 감정을 구체화하는 질문으로 아이가 자신의 감정을 인지하고 표현할 수 있게 도와주세요.
- "너무 더워서 짜증이 났구나", "지금 너 배고파서 힘든 것 같아. 아침을 안 먹었잖아", "옷 라벨이 까끌거려서 불편했구나" 같은 질문으로 아이가 어떤 감각을 느끼는지 스스로 인지하도록 도와주세요.

신체적 안정감을 느끼도록 도와주기

예민한 아이는 신체 감각 또한 민감한 경우가 많아요. 작은 촉감 변화나 온도 차이도 크게 느낄 수 있기 때문에, 아이가 불편함을 최소로 느낄 수 있는 환경을 세심하게 조성해 최상의 컨디션을 유지하도록 도와주세요.

배고픔과 수면 조절

규칙적인 식사 시간과 충분한 수면은 아이의 컨디션을 좌우하는 중요한 요소예요. 특히 피곤하거나 배가 고프면 더 예민해질 수 있으니 안정적이고 일정한 리듬을 유지하게 해 주세요.

소음 자극 관리

예민한 아이들은 대개 소음에 민감하니 과도한 소음에 노출되는

   까다롭고 예민한 우리 아이, 왜 이렇게 힘들까요?

것을 피해야 해요. 바깥 활동에서는 귀마개나 노이즈 캔슬링 헤드폰 등을 활용해 소음 노출을 최소화해 주세요.

온도 및 습도 조절

예민한 아이들은 온도와 습도에도 크게 영향을 받으므로 적정 온습도를 유지해 주세요. 너무 덥거나 추운 날 야외 활동을 할 때는 아이의 컨디션을 잘 살펴 주세요.

일조량 조절

예민하고 까다로운 아이들은 심지어 일조량의 차이에도 민감하게 반응할 수 있어요. 일조량이 부족한 계절이나 흐린 날 등에 햇빛을 충분히 받지 못하면 기분이 가라앉거나 감정 조절이 어려워질 수 있어요. 이는 세로토닌과 같은 기분 조절에 중요한 신경전달물질의 분비와 관련이 있어요. 산책이나 야외 놀이를 통해 햇볕을 직접 쐬는 것이 가장 좋으며, 아이가 집에서도 자연광을 가까이에서 접할 수 있도록 놀이 공간을 창문 근처에 마련하면 좋아요.

편안한 촉각 환경 조성

예민한 아이들은 촉각에 특히 민감한 경우가 많아요. 몸에 직접 닿는 옷의 낯선 질감만으로도 끊임없이 자극을 받을 수 있지요. 아이가 불편해하지 않도록 편안한 소재의 옷을 입히는 것이 컨디션

관리의 기본이에요. 또한 부드러운 침구와 따뜻한 바닥재를 사용해 잠자리의 촉각 환경을 안정적으로 조성해 주면, 아이의 긴장이 완화되고 심리적 안정에도 도움이 된답니다.

적절한 움직임 및 활동 환경 조성

아이가 신체적 긴장을 풀 수 있도록 적절한 신체 활동이 필요해요. 적극적으로 신체 놀이를 하는 것이 가장 좋고, 그게 어렵다면 가벼운 스트레칭이나 산책이라도 꼭 챙겨 주어야 몸의 이완을 도울 수 있어요.

          까다롭고 예민한 우리 아이, 왜 이렇게 힘들까요?

엄마 아빠, 저를 도와줘서 고마워요

"자꾸만 마음이 복잡하고, 어떻게 해야 할지 모르겠어요.

내가 왜 혼나는지 모를 때도 있고, 왜 나만 이렇게 힘든 건지…

때로는 이런 제 자신이 미워질 때도 있어요.

엄마 아빠, 저를 도와주셔서 정말 고마워요!

저를 위해 매일 공부하고, 제 마음이 어떨지 먼저 생각해 주고,

끝까지 포기하지 않고 가르쳐 주셔서 감사해요.

엄마 아빠라는 든든한 닻이 없었더라면

저는 무섭고 힘들었을 거예요.

엄마 아빠 덕분에 힘을 낼 수 있어요.

사랑해 주셔서, 제 편이 되어 주셔서,

저를 이끌어 주셔서 정말 고마워요.

저도 힘내서 잘 배워 볼게요!"

흔들리지 않는
단단한 성장 기반 만들기

= 양육의 만능열쇠, 단단한 애착 맺기 =

애착의 중요성이야, 아이 키우는 사람이라면 누구나 지겹게 들어 봤을 거예요. 특히 까다로운 아이를 키울 때에는 '만능열쇠'라고 할 정도로 더욱 중요해요. 사실 까다로운 기질의 아이일수록 안정적인 애착을 맺기가 더 어려워요. 부모가 양육 과정에서 스트레스를 많이 경험하고, 아이의 요구를 이해하고 적절히 대응하는 데 어려움을 겪을 수 있기 때문이에요. 그럼에도 까다로운 기질의 아이일수록 안정적인 애착 형성에 더욱 초점을 맞춰 주어야 해요.

애착은 단순히 '부모와 좋은 관계를 맺는 것'을 넘어, 아이의 건강한 성장의 기반이 된답니다.

까다롭고 예민한 우리 아이, 왜 이렇게 힘들까요?

아이 마음속에 안전기지가 생겨요

부모와의 안정적인 애착 관계는 아이가 정서적 안정을 찾는 데 크게 기여해요. 부모와 안정적인 애착을 형성한 아이의 마음속에는 안전기지가 생기거든요. 아이가 세상에 발을 내딛고, 다양한 경험을 시도하고, 실패를 겪으면서도 다시 일어설 수 있는 정서적 힘이 바로 애착에서 나와요.

애착, 즉 마음속 안전기지가 단단한 아이는 어려움을 겪으면 언제든 돌아가서 내면의 에너지를 충전할 수 있는 따뜻한 안식처가 있는 거예요. 안전기지에서 불안을 해소하는 경험이 쌓이면서 점차 내면의 용기와 회복력을 갖추게 돼요. 이처럼 '기댈 곳'이 있는 아이는 좌절을 이겨 낼 수 있고, 세상을 탐색하고 도전하는 데 필요한 자신감을 얻을 수 있어요. 결국 애착은 아이가 자라면서 수많은 도전과 변화에 직면하더라도 안정적으로 성장할 수 있는 기반이 되어 주지요.

긍정적인 자아상이 자라요

안정적인 애착 관계는 아이의 자존감의 근원이 돼요. '나는 있는 그대로 소중하고 사랑받을 만한 존재야'라는 믿음이 자연스럽게 자아상의 토대를 형성하게 돼요. 이는 아이에게 근본적인 자신감을 심어 주고, 자기 가치감을 키워 주고, 더 큰 목표를 향해 노력할 수 있는 동기를 부여해 줘요.

기질을 강점으로 활용할 수 있게 돼요

안정적인 애착 관계는 아이의 까다로운 기질로 인한 내적·외적 어려움을 완화하고, 이를 강점으로 전환하는 데 도움을 줘요. 아이의 기질 뒤에 숨은 강점을 발견하고 이를 인정해 주는 것은 매우 중요한데, 이는 부모가 가장 잘 해 줄 수 있답니다. 부모가 아이의 기질을 이해하고 지지해 주면, 아이는 자신의 특성을 긍정적으로 받아들이고 발전시키려는 동기를 갖게 돼요.

부모가 아이의 삶에 동행할 수 있어요

어린 시절, 아기는 졸리거나 배고플 때 생존 본능이 작동해서 울고 보채요. 그러면서 아기는 졸릴 때 자는 것과 배고플 때 먹는 것이 아주 기분 좋은 일이라는 것을 깨달아요. 시간이 지나며 자기를 기분 좋게 도와주는 것이 부모라는 걸 알게 되고, 아기는 부모라는 존재를 자기만의 '좋은 세계'에 집어넣어요.

'좋은 세계'란, 자신에게 가장 중요한 사람과 기분 좋은 경험 등이 저장된 내적 세계를 의미해요. 좋은 부모는 아이의 좋은 세계에 남아 있기 위해 애쓴대요. 아이의 좋은 세계 안에 부모가 강하게 각인돼 있으면, 아이는 언제든 부모를 믿고 마음을 나눌 수 있어요.

반면 어려운 시기에 부모에게 억압받고 처벌받은 기억이 쌓이면, 아이는 자신의 좋은 세계에서 부모를 밀어내고 싶어지죠. 그래서 질풍노도의 시기일수록, 아이의 좋은 세계가 와르르 무너지지

   까다롭고 예민한 우리 아이, 왜 이렇게 힘들까요?

않게끔 더 많은 사랑을 보여 주고, 훈육할 때는 그 이유를 아이 눈높이에서 설명해 주는 것이 중요해요.

아이는 자라면서 크고 작은 문제들을 겪게 돼요. 특히 까다로운 아이라면 고민의 순간이 더 잦고, 상황을 더 버거워할 수 있죠. 이때 부모와의 애착이 잘 형성되어 있다면, 아이는 나이가 들어서도 언제든 부모에게 도움을 구할 수 있답니다.

어린 시절부터 쌓인 애정과 신뢰와 존중을 바탕으로, 아이는 사춘기에도 부모와 소통하는 관계가 될 수 있어요. 부모로서 개입해야 할 순간에 개입할 수 있고, 지도해야 할 순간에 지도할 수 있다는 것은 큰 축복이에요. 이렇듯 아이는 부모를 안전기지 삼아 계속해서 문제 해결력과 회복탄력성을 기르며 건강히 성장할 수 있어요.

= 함께 놀며 애착을 쌓아요 =

애착을 단단히 쌓는 가장 효과적인 방법 중 하나는 바로 '함께 노는 것'이에요. 부모가 적극적으로 아이와 함께 놀아 주면, 아이는 '나는 엄마 아빠에게 중요한 존재구나'라는 메시지를 받게 돼요. 반면 아이가 부모와 놀고 싶어 할 때 부모가 계속 거절하고 귀찮아하면, '엄마 아빠는 나에게 관심이 없구나'라고 생각하게 돼요.

어른 입장에서는 이해하기 어렵지만, 아이에게 놀이란 곧 대화

이자, 삶에서 절대적으로 중요한 것이란 점을 기억해 주세요. 놀이는 유대감을 쌓는 가장 효과적인 방법이랍니다.

아이와 함께 놀 때는 다음의 세 가지를 기억해 주세요.

함께 노는 시간만큼은 온전히 아이에게 집중하기

놀이하는 동안 스마트폰을 보거나 다른 일을 하면서 대충 참여하면, 아이는 부모의 관심이 온전히 자신에게 향하고 있지 않다는 것을 알아차려요. '양보다 질'이라는 표현은 뻔하게 느껴지지만, 부모가 지루해하며 오랜 시간 옆에 있어 주는 것보다 차라리 짧더라도 아이에게 온전히 집중해 주는 것이 훨씬 효과적이에요.

아이의 관심사 따라가기

어른이 놀이를 이끌지 말고 아이가 원하는 놀이를 먼저 선택하게 해 주세요. 꼭 장난감을 갖고 놀아야 놀이가 아니에요. 아이가 좋아하는 게임이나 영상에 관심을 가지고 이런저런 질문을 던지거나, 대화를 하는 것도 아이의 관심사를 따라가는 훌륭한 방법이에요.

놀이를 통해 드러나는 아이 내면 살피기

아이들은 현실에서 직접 표현하기 어려운 감정을 놀이를 통해 풀어 낼 때가 많아요. 아이가 인형을 가지고 놀면서 "이 인형이 화가 났어!"라고 말한다면, 그 감정이 아이의 속마음일 가능성이 높아요. 이때 "이 인형은 왜 화가 났을까?", "이 인형이 기분이 좋아지려면 어떻게 하면 좋을까?"라는 질문을 던져 보세요.

이렇게 놀이는 아이의 숨겨진 감정과 고민을 자연스럽게 알 수 있는 좋은 방법이랍니다.

= '진짜 놀이'를 통해 발달을 도와주세요 =

애착, 훈육, 학습은 많은 부모들이 관심을 갖는 인기 키워드지만, '놀이'는 그 중요성이 종종 간과되곤 해요. 놀이는 아이들의 안정과 성장을 위한 필수 요소예요. 그러나 안타깝게도 요즘 아이들은 빡빡한 일정과 각종 미디어에 치여 충분히 놀지 못하고 있죠. 그 결과 '진짜 놀이'를 통해 마땅히 이뤄져야 할 발달조차 제대로 이루어지지 않고 있어요.

놀이는 단순히 마음대로 시간을 보내는 활동이 아니라, 아이들의 삶 그 자체예요. 놀이를 통해 아이는 자신과 세상을 탐색하고, 사회성과 자율성을 키우며 성장과 행복을 경험해요. 특히 까다로운 기질의 아이들은 놀이를 통해 욕구를 건강하게 해소하고 조절하는 연습을 할 수 있어요.

아이들은 놀이를 통해 발달해요

놀이는 아이들에게 있어 가장 자연스러운 방식의 학습이에요. 특히, 까다로운 아이들은 놀이라는 친숙한 매개체를 통해 세상을 탐구하고 자신의 능력을 키울 수 있어요. 블록 쌓기나 역할 놀이와 같은 활동은 문제 해결력, 창의력, 그리고 협동심을 발달시키죠. 또한 놀이 속에서 반복되는 작은 성공 경험은 아이의 자신감을 북돋아 주고, 자기 효능감을 키워 줘요. 예컨대, 까다로운 아이가 블록을 쌓아 올리는 과정에서 어려움을 겪더라도 이를 끝까지 완성해 내고 성취감을 느낀다면, 이는 조절력을 배우는 데 큰 도움이 돼요.

놀이를 통해 사회성을 연습해요

아이는 놀이를 통해 사회성을 훈련할 수 있어요. 놀이 속 대화와 협력을 통해, 아이는 타인의 의도를 이해하고 자신의 생각을 표현하는 의사소통 능력을 키우지요. 또한 역할 놀이나 단체 놀이를 하며 타인의 감정을 이해하고, 놀이 과정에서 생기는 갈등을 조율하며 사회적인 문제 해결력까지 자연스럽게 익힐 수 있어요.

이렇듯 놀이를 통해 아이는 협력, 타협, 양보, 갈등 해결 등 다양한 사회적 기술을 자연스럽게 익히게 된답니다.

놀이를 통해 자기 주도성과 문제 해결력을 길러요

놀이를 하며 아이들은 스스로 선택하고, 결정하고, 실행하는 과

   까다롭고 예민한 우리 아이, 왜 이렇게 힘들까요?

정을 경험해요. 즉, 놀이를 하면서 자연스럽게 자기 주도성을 키우고 문제 해결력을 훈련하는 것이죠. 블록 놀이를 하며 '이걸 어떻게 하면 더 튼튼하게 만들 수 있을까?'라고 고민하는 단순한 행위조차 아이를 성장시켜요.

아이는 즐겁게 놀면서 스스로 계획하고 시도하는 실행력을 연습하고, 실패와 성공의 경험을 통해 자기 효능감도 키워요. 선택의 경험을 통해 책임감과 사고력도 배우며, 자신의 욕구를 직접 실행시켜 보는 경험을 하죠. 또 놀이 과정에서 자연스럽게 발생하는 다양한 상황들은 아이에게 문제를 스스로 해결해 볼 기회가 돼요. 이때, 상황을 파악하는 과정에서 논리적 사고도 발달하고, 다양한 해결책을 모색하고 아이디어를 내는 과정에서 창의적 사고력도 발달하죠. 반복적인 시도를 통해 문제를 해결하는 과정에서 인내심과 끈기도 기를 수 있어요.

부모와 함께 놀며 애착을 견고히 해요

부모와 함께하는 놀이를 통해 아이는 부모의 관심과 사랑을 느끼고 부모와의 유대감을 강화하죠. 어려서부터 부모와 아이가 함께하던 즐거운 놀이 시간은, 시간이 흐르며 자연스럽게 다른 종류의 소통의 시간으로 확장돼요. 부모와 많이 놀았던 아이는 자라면서도 부모와 대화하고 의논하는 것이 자연스럽죠. 반면 어릴 때 부모와 놀아 본 경험이 적은 아이는 사춘기에 부모와의 소통이 단절되기 쉬워요.

놀이를 통해 속마음을 표현해요

까다로운 기질의 아이들은 언어로 자신의 감정을 명확히 표현하기 어려워할 수 있어요. 이때 놀이가 훌륭한 대화의 창구가 된답니다. 특히 역할 놀이나 그림 놀이, 상상 놀이를 통해 아이의 속마음을 엿보고 어려움을 알아차릴 기회를 얻게 돼요. 예컨대, 아이가 그림에서 다른 사람에 비해 자신만 작게 그린다면 자존감이 위축됐다는 신호일 수 있어요. 아이가 역할 놀이에서 갈등 상황을 반복해서 만든다면 자신이 경험한 것을 간접적으로 표현하는 것일 수 있어요.

이처럼 놀이는 아이의 전인적인 발달을 돕는 중요한 과정이에요. 스트레스를 해소해 줄 뿐만 아니라, 애착 형성, 사회성, 문제 해결 능력, 창의력 등 모든 발달 영역에서 큰 영향을 미쳐요. 놀이의 효과들을 잊지 마시고, 아이의 놀이 시간을 꼭 확보해 주세요.

아이와 함께 노는 것은 단순히 시간을 때우는 게 아니라, 아이의 성장과 발달에 중요한 순간을 함께하고 지원하는 것이에요. 아이의 관심사를 따라가며 유대감을 키우고, 아이가 즐겁게 배우고 성장할 수 있도록 도와주세요.

■ 영아기

따라하고 반응해 주기 이 시기의 아이들은 단순하고 반복적인 놀이를 좋아해요. 아이의 놀이를 따라하며 반응을 보여 주는 것이 가장 좋은 놀이 방법이에요. 아이가 손뼉을 치면 부모도 손뼉을 치며 웃어 주고, 아이가 던진 공을 주워 다시 던져 주며 상호작용해요. 아이는 부모와의 상호작용을 통해 신뢰와 애착을 형성하고, 자신의 행동이 환경에 영향을 미칠 수 있다는 것을 배워요.

아이의 놀이를 언어로 읽어 주기 아이가 하는 행동을 관찰하고 이를 말로 표현해 주세요. "공을 굴리고 있구나! 공이 데굴데굴 잘 굴러가네" 등의 표현으로 아이의 놀이를 읽어 주면, 언어 발달과 행동 인지에도 큰 도움이 돼요.

감각 놀이로 정서적 안정 및 탐구력 발달 돕기 물놀이, 모래 놀이, 촉감 놀이 같은 감각 놀이는 아이들의 정서적 안정감을 높이고 감각을 활용한 탐구력을 키워 줘요. 손끝으로 느끼고, 눈으로 관찰하고, 스스로 경험하며 세상을 이해하는 힘을 얻어요.

■ 유아기

상상력을 자극하는 역할 놀이 함께하기 이 시기의 아이들은 모방과 상상력을 통해 세상을 배우기 시작해요. 부모는 역할 놀이를 함께하며 아이의 상상력을 북돋아 줄 수 있어요. 모든 상황이 놀이가 될 수 있답니다. 아이와 함께 마트 놀이를 하며 계산원과 손님 역할을 번갈아 하거나, 병원 놀이를 하며 의사와 환자 역할을 번갈아 해 보세요. 아이는 놀이를 통해 사회적 규칙을 배우고, 타인의 입장을 이해하는 공감 능력을 키울 수 있어요.

관심사를 활용해 놀이 확장시켜 주기 아이가 좋아하는 장난감이나 캐릭터를 활용해 놀이를 확장해 줄 수 있어요. 예컨대, 장난감 자동차를 좋아하는 아이가 도로 놀이를 충분히 즐기고 더 이상 나아가지 못한다면, 도로 주변에 소방서를 만들어 역할 놀이로 확장할 수도 있고, 주차장을 만들어 주차 놀이를 더해 줄 수도 있어요. 또한 자동차와 관련된 책을 사 주거나 함께 자동차 박물관에 가는 등, 관심사를 기반으로 아이의 세상을 넓혀 줄 수 있어요.

놀이 모델링 해 주기 아이들은 부모의 행동을 모방하면서 자신만의 방식으로 창의력을 발전시켜요. 놀이 모델링은 부모가 아이에게 놀이 방법을 보여 주고, 아이가 이를 따라 할 수 있도록 돕는 과정이에요. 아이에게 놀이의 주도성을 주되, 필요시 새로운 놀이 방법과 아이디어를 제시하여 즐거움을 느끼도록 도울 수 있어요.

■ 초등기

창의 놀이로 창의력과 문제 해결력 강화 해 주기 무에서 유를 창조하는 과정에서 아이들은 상상력과 사고력을 발휘하며 '다르게 생각하는 법'을 배워요. "종이 한 장으로 무엇을 만들어 볼 수 있을까?" 같은 작은 질문에서 시작된 놀이가 문제를 창의적으로 해결하는 능력으로 이어질 수 있어요.

도전과 성취감을 느낄 수 있는 프로젝트 놀이 함께하기 이 시기의 아이들은 규칙과 목표가 있는 놀이를 좋아해요. 부모는 프로젝트형 놀이를 통해 아이가 계획하고 실행해 보도록 도와줄 수 있어요. 레고로 특정 구조물 만들기, 함께 쿠키 굽기, 퍼즐 맞추기, 과학 실험하기 등, 아이가 도전하고 성취감을 느낄 수 있는 놀이를 함께해 보세요. 아이는 자기 주도성과 문제 해결력을 키우고, 성취의 기쁨도 경험하게 돼요.

함께 보드게임 즐기기 보드게임은 아이의 인지적·사회적·정서적 발달을 동시에 키울 수 있는 훌륭한 도구예요. 이 시기의 아이들은 규칙 이해력과 전략적 사고력이 발달하므로, 보드게임을 통해 재미와 학습을 동시에 경험할 수 있어요. 아이도 부모도 스마트폰을 내려놓고 함께 보드게임을 즐기는 시간을 가져 보세요. 부모도 동등한 플레이어로 참여하여 자연스럽게 성공과 실패의 경험을 함께해 주세요.

    까다롭고 예민한 우리 아이, 왜 이렇게 힘들까요?

■ **사춘기**

관심사에 공감하고 함께 배우기 이 시기의 아이들은 자신의 관심사를 중심으로 활동을 즐기며, 부모와의 관계보다는 또래 친구와의 관계에 더 많은 비중을 둬요. 부모는 아이의 관심사를 존중하고 공감하는 대화와 활동을 통해 유대감을 이어 갈 수 있어요. 아이가 좋아하는 친구, 음악, 스포츠, 게임 등에 대해 관심을 갖고 묻거나 함께 이야기하며 친밀감을 나누는 것이 중요해요. 이러한 부모의 노력을 통해 아이는 부모로부터 존중받고 있다는 느낌을 받으며 깊은 신뢰 관계를 유지하게 돼요.

관계를 존중하며 활동 동반자로 다가가기 아이가 부모와의 시간을 부담스럽게 느끼지 않도록 편안한 태도로 접근하세요. 아이가 필요로 할 때 대화를 이어 갈 수 있는 환경을 조성하는 것이 중요해요.

 연령별 놀이법은 참고사항일 뿐이에요. 꼭 연령에 따라 놀이가 정해져 있지는 않아요. 핵심은 아이의 관심사를 따라가 주는 것이랍니다. 특히 신체 놀이는 연령에 상관없이 아이가 에너지를 발산하며 건강을 유지하는 데 유익해요. 어린 연령에서는 술래잡기나 공놀이를, 이후에는 자전거 타기나 배드민턴 등의 스포츠 활동을 함께할 수 있겠죠. 몸을 이용한 고전적인 놀이도 좋아요. 풍선 배구 놀이, 베개 싸움, 팔씨름, 손바닥 밀기, 다리로 비행기 태워 주기, 등에 그림 그리기 놀이, 쎄쎄쎄 등의 활동이 유치해 보일지 몰라도, 아이들은 언제나 좋아한답니다.

연령별 놀이법의 핵심은
아이의 관심사를 따라가 주는 것!

까다로운 기질의 아이들은 다른 아이들에 비해 감정 표현이 더 강렬하고, 쉽게 흥분하여 예측하기 어려운 행동을 자주 보일 수 있어요. 악의가 없어도 미숙한 조절력으로 인해 문제 행동이 튀어나오는 경우가 많죠. 이는 어쩔 수 없이 부모나 선생님의 부정적 피드백을 불러일으키기 쉬워요.

이렇게 부정적인 피드백을 받기 쉬운 기질적 특성상, 까다로운 아이에게는 긍정적인 에너지를 충분히 채워 주는 것이 매우 중요해요. 외부의 부정적 피드백이 반복되면, 아이는 자신을 점점 더 부정적으로 보게 되기 때문이에요. '나는 문제가 있는 아이야', '나는 항상 혼만 나', '내가 뭘 해도 엄마 아빠는 만족하지 않아' 같은 생각이 아이의 마음속에 자리 잡게 되죠. 이는 아이의 자존감을 크게 훼손할 수 있어요. 자존감이 낮아지면 아이는 스스로를 무가치하게 여기게 되고, 이는 자신감 부족과 의욕 상실로 이어져요. 노력하려는 의욕을 점점 더 잃게 되어 악순환이 일어나죠.

반면, 긍정적인 피드백을 받은 아이는 더 노력하려는 의욕이 생기고, 이로 인해 선순환이 일어나요. 예를 들어, 아이가 화를 참으려다 결국 짜증을 냈을 때 "그래도 화를 참으려고 노력했구나"라고 말해 주면, 아이는 자신의 긍정적인 행동을 인식하고 이를 반복하려는 동기를 갖게 돼요. 반대로 "넌 왜 그렇게 짜증이 많니?"라고 지적하면 아이의 부정적인 감정만 더 커질 뿐이에요.

까다로운 아이들은 스스로도 자기 자신을 비판적으로 바라보곤 해요. 비판적 사고를 하는 경향이 있기에, 그만큼 본인에게도 옳고 그름의 잣대를 엄격히 들이대고 잘못된 점을 지적할 때가 많죠. 거기에 외부의 부정적 피드백이 반복되면서 만성적으로 자존감에 치명적 손상을 입을 수 있어요. 그래서 부모가 아이의 긍정적인 면을 대신 발견하고 인정해 주는 것이 중요해요. 작은 노력과 시도에도 칭찬과 긍정적인 피드백을 아끼지 말아 주세요. 의식적으로 긍정성을 채워 주세요. 아이가 스스로를 긍정적으로 바라보려면 부모의 따뜻한 격려와 지지가 필수적이에요.

예컨대, 아이가 방을 정리하려 시도했지만 제대로 하지 못했을 때는 아이가 노력한 점에 대해 긍정적 피드백을 줄 수 있어요. 비록 마무리 정리는 부모가 해야 하더라도, 아이에게 "애썼네! 네가 도와 줘서 일이 더 쉬워졌어"라고 말해 줄 수 있는 거죠. 이는 아이로 하여금 자신의 행동이 가치 있다고 느끼게 만들고, 다음에 더 잘하려는 동기를 부여해 줘요. 아이들은 아직 미숙하고 어려요. 해 보려는 시도와 노력이 중요한 것이지, 그 결과가 완벽할 필요는 없죠. 이런 과정에서 아이는 점차 자신이 부모에게 인정받고 있다는 사실을 깨닫게 되고, 스스로에 대한 신뢰를 키워 갈 수 있어요.

이처럼 긍정적인 피드백은 아이가 자기 자신에 대한 긍정적인 이미지를 형성하는 데 결정적인 역할을 해요. '나는 뭘 해도 안 되는 아이야'라는 부정적 자존감을 가진 아이와, '나는 노력하면 잘할 수 있는 아이야'라는 긍정적 자존감을 가진 아이가 어떻게 자랄지 상상해 보세요. 부모가 매일 의식적으로 한마디씩 전해 주는 긍정적 피드백이 아이의 인생을 바꿀 수도 있답니다.

= 부정적 정서를 함께 다뤄 주세요 =

까다로운 아이들은 여느 아이들보다 부정적인 정서를 강하게 느끼는 경향이 있어요. 하지만 그렇다고 해서 반드시 긍정적인 정서가 약한 것은 아니랍니다. 오히려 까다로운 기질의 아이들은 정서성이 짙은 만큼 긍정적 정서도 더 풍부하게 경험하고 표현할 수 있어요.

슬플 때 누구보다 크게 우울해하거나 분노할 수 있는 아이들이지만, 반대로 행복할 때는 누구보다 환한 웃음으로 긍정 정서를 풍부하게 표현하죠. 싫어하는 활동에는 질색하지만, 좋아하는 것에는 한없이 즐거워하고 열정을 보이곤 해요.

까다로운 아이가 긍정 정서를 더 자주, 더 민감하게 느낄 수 있도록 도와주세요. 부모의 따뜻한 격려와 섬세한 지지가 아이를 더 밝고 강하게 성장시킬 수 있어요.

 까다롭고 예민한 우리 아이, 왜 이렇게 힘들까요?

부정적인 감정도 자연스럽게 수용하도록 돕기

부정적인 정서를 억누르거나 없애야만 긍정적인 정서가 강화되는 것은 아니에요. 오히려 부정적인 감정도 자연스럽게 수용하고 소화해 내는 과정이 필요해요. 부모가 대화를 통해 이러한 과정을 도와주면, 아이는 자신의 감정을 있는 그대로 받아들이는 건강한 회복력을 키워 나갈 수 있어요.

예) "그러게, 힘들었겠네. 엄마라도 속상했겠다.", "그래서 슬펐구나. 슬픔은 자연스러운 감정이야. 표현해도 돼."

작은 성공 경험 짚어 주기

아이가 노력하고 성취한 작은 순간들을 눈여겨보고 따뜻하게 짚어 주며 긍정성을 강화해 주세요. 사소해 보여도, 아이에게는 "나는 해낼 수 있는 사람이야"라는 내적 확신을 만드는 중요한 경험이 된답니다. 이렇게 작은 칭찬이 차곡차곡 쌓이면 아이는 스스로를 믿는 힘을 키우고 더 큰 도전에도 자신 있게 나아갈 수 있게 돼요.

예) "우아, 힘들어 보였는데 결국 그 높은 계단을 다 올라왔구나. 대단해!", "어머, 예전보다 양치질을 훨씬 꼼꼼히 잘하네!"

긍정적인 경험 강화하기

아이가 경험한 긍정적인 순간을 구체적으로 언급하고 함께 떠올리며, 그때 느낀 즐거움과 성취감을 자연스럽게 다시 느낄 수 있도록 도와주세요. 이렇게 긍정적인 감정을 꾸준히 느끼게 해 주면 아이는 자신을 향한 믿음과 안정감을 더 단단하게 쌓고, 새로운 상황에서도 긍정적인 태도로 반응할 힘을 갖출 수 있어요.

예) "오늘 친구랑 재미있게 놀았구나? 네가 많이 웃는 모습을 보니 엄마 아빠도 정말 기뻤어.", "이번 여행에서 추억을 많이 만들었지? 특히 불꽃놀이가 정말 멋졌지!"

부정적인 해석 바꿔 주기

까다로운 기질의 아이는 사소한 일도 자신에게 불리하게 해석하기 쉬워요. "나를 싫어해서 그런 거야", "일부러 그런 거야" 같은 식으로 금세 부정적인 결론을 내리고 마음이 크게 흔들리곤 하죠. 이럴 때는 현실적이고 균형 잡힌 해석을 대신 보여주며, 아이가 상황을 다른 시각에서 바라볼 수 있도록 돕는 것이 좋아요.

예) "친구가 네 말을 무시한 게 아니라, 음악 소리가 커서 못 들은 거야.", "친구가 일부러 널 밀친 게 아니라, 뛰다가 실수로 그런 것 같아.", "선생님이 너를 미워하는 게 아니라, 반 전체를 이끌려면

   까다롭고 예민한 우리 아이, 왜 이렇게 힘들까요?

단호하게 말씀하실 수밖에 없어.", "선생님이 화난 게 아니라, 시간이 촉박해서 급하게 말씀하신 거야."

실패 경험도 수용하도록 도와주기

실패를 두려워하지 않도록, 실패를 단순한 좌절 경험이 아니라 새로운 배움과 성장을 위한 의미 있는 과정으로 받아들일 수 있도록 도와주세요. 실패를 경험한 아이에게 "이건 끝이 아니라 다음을 위한 힌트야"라는 생각을 심어 주면, 아이는 실패를 피하려 하기보다 도전하는 용기를 갖게 된답니다.

예) "실패는 끝이 아니야. 배우는 과정이란다.", "좀 아쉽게 됐네. 도전하고 노력한 것만으로도 많은 걸 배웠을 거야.", "상을 못 타서 아쉽겠지만, 참가한 것 자체가 중요한 경험이야."

실패에서 배울 수 있도록 이끌기

실패를 단순한 잘못이나 부족함으로 보지 않고, 그 안에서 무엇을 배울 수 있는지 함께 찾아보도록 이끌어 주세요. 왜 이런 결과가 나왔는지, 다음에는 어떻게 다르게 시도해 볼 수 있을지 짚어 주면 실패를 성장의 발판으로 삼는 힘이 생길 거예요.

예) "이번에 엄마 아빠는 뭘 느꼈냐면…", "이번 기회에 어떤 부분

이 어려웠는지 살펴보고, 다음번엔 거기부터 연습하면 더 잘할
수 있을 거야.”

구체적으로 칭찬하기

아이의 작은 행동 속에서도 긍정적인 모습을 찾아 꾸준히 칭찬
해 주세요. “너의 이런 점이 정말 멋져”와 같이 구체적으로 말해 주
면, 아이는 스스로를 긍정적으로 바라볼 수 있어요. 이런 긍정 메시
지가 반복될수록 아이의 자신감이 차곡차곡 쌓여 갈 거예요.

예) “먼저 ‘미안해’라고 말한 용기가 멋져.”, “친구가 말할 때 끼어
들지 않고 기다리더라? 노력했구나!”, “그림에서 이 부분이 특히
예쁘다.”

관점을 바꿔 긍정성을 찾을 수 있게 도와주기

아이가 유독 부정적인 결과에만 사로잡힐 수도 있어요. 이럴 때
부모가 다른 관점의 창을 열어 주는 것이 큰 도움이 돼요. 부정적 경
험을 새로운 각도에서 바라보며 그 안에서 좋은 점을 찾아보도록
이끌어 주세요. 이처럼 경험을 새롭게 해석하는 과정을 통해 유연
하고 균형 잡힌 시각을 갖게 되고 회복력을 키워 나갈 수 있어요.

예) “오늘 시합에서 져서 속상하구나. 그래도 팀원들이랑 더 끈끈

해진 것 같더라.", "오늘 힘들었던 만큼 네 마음이 자랐을 거야.",
"비가 와서 일정이 취소되어 아쉬웠지만, 덕분에 집에서 재밌는
영화를 볼 수 있었어."

기질적 강점 읽어 주기

까다로운 아이들은 감정이 풍부하고 세상을 깊이 있게 경험하는
경향이 있어요. 때때로 예민함과 강한 반응이 단점처럼 보일 수도
있지만, 이를 긍정적인 관점에서 재해석해 줄 수 있어요.

예민함 ⇨ 세심함 "너는 정말 작은 변화도 잘 알아차리는구나! 덕
분에 엄마 아빠도 미처 보지 못한 걸 알게 됐어."

승부욕 ⇨ 성취욕 "너는 잘 해내고 싶은 마음이 정말 크구나! 노력
하면 분명 좋은 결과가 있을 거야."

불안 ⇨ 조심성 "조심성이 있다는 건 네가 더 안전하게 행동할
수 있다는 뜻이야."

= '자율성'을 주어 자기 주도성을 길러 주세요 =

까다로운 기질의 아이들은 자신의 욕구와 감정에 매우 민감해
요. 호불호가 강해, 선호하는 환경에서 누구보다 큰 기쁨을 느끼고

선호하지 않는 환경에서는 누구보다 큰 괴로움을 느끼죠. 그렇기에 이런 아이들은 선택권을 갖고 싶어 하고, 자율성을 강하게 추구해요. 자기가 처한 상황에 대한 선택과 결정에 관여하지 못하면 좌절감과 스트레스를 크게 느껴요.

얼핏 봐서는 단순히 '내 맘대로 하고 싶다'라는 고집으로 보일 수 있어요. 하지만 까다로운 기질의 아이들에게 자율성은 두 가지 차원에서 그 이상의 중요한 의미를 가져요.

첫 번째 중요한 의미는 '상황에 대한 통제감'이에요. 까다로운 아이들은 자신에게 선택권이 없을 때 굉장한 불안감을 느껴요. 통제할 수 없는 상황에서 '괴로움을 벗어날 수 없다'라는 강한 두려움과 좌절감에 휩싸이는 것이죠. 까다로운 아이들에겐 상황을 주체적으로 통제할 수 있다는 안정감이 너무나 중요해요. 그래서 자율성이 억압될 때 더 강렬하게 반발하거나, 반대로 의욕을 상실해 무기력해질 수 있어요.

'그렇다고 모든 걸 아이 마음대로 하게 내버려 두나요?'라는 의문이 생길 수 있어요. 물론 그렇지 않아요. 그러나 적어도 아이가 의견을 표할 수 있는 분위기를 조성해 주는 것이 매우 중요해요. 모든 것을 맞춰 줄 수는 없지만, 아이가 어려움을 토로하고 개선 방법을 의논할 수 있는 기회는 줘야 한다는 거예요. 궁지에 몰린 아이에게 최소한의 숨 쉴 구멍을 뚫어 줘야 한다는 말이죠. 부모의 도움을 받아 합리적인 선택을 하고, 그 선택의 결과를 스스로 경험할 수 있게

    까다롭고 예민한 우리 아이, 왜 이렇게 힘들까요?

도와주는 것이 중요해요.

두 번째 중요한 의미는 '자기 주도성 발달'이에요. 올바른 자기 주도성은 까다로운 기질의 아이들이 지닌 특유의 강렬한 에너지를 긍정적인 방향으로 이끌어 줄 핵심적인 열쇠죠. 부모가 모든 것을 대신 결정해 준다면, 아이는 스스로 생각하고 판단하여 성공과 실패를 경험할 기회를 가질 수 없어요. 자신이 한 선택에 대해 책임지는 과정을 통해 자기 주도성이 자라고, 자존감과 책임감을 동시에 키울 수 있답니다.

아이들은 자율성에 대한 욕구와 의존적인 마음을 동시에 보일 수 있어요. 특히 까다로운 기질의 아이들은 새로운 환경에 적응하거나 불확실한 상황을 견디는 데 어려움을 겪기 때문에, 부모의 도움을 원하면서도 거부하는 복잡한 신호를 보낼 수 있답니다. 그러므로 아이가 혼란스럽지 않도록 적절한 지침을 제공하는 동시에 자율성을 주며 적절한 지원을 제공하는 것이 효과적이에요.

"이건 네가 스스로 결정할 문제야. 하지만 네가 고민된다면 언제든 이야기해 줘"라는 식으로 말하며, 아이의 독립성을 존중하되 필요할 때 도움을 받을 수 있도록 해서 안정감을 주세요. 이처럼 자율성과 지원이 균형을 이루어야 아이는 안정적으로 건강하게 성장할 수 있어요.

자율성을 경험하는 것은 아이가 스스로 성장하고 자기 주도적인 태도를 배울 수 있는 중요한 과정이에요. 하지만 자율성은 무조건적인 자유가 아니라, 부모의 적절한 지침과 지원하에서 발휘될 때 가장 효과적이란 걸 기억하세요. 아이가 스스로 선택하고, 그 선택을 통해 배울 수 있는 환경을 만들어 주세요. 이런 경험이 쌓이면 아이는 점점 더 자신감 있고 책임감 있는 사람으로 자라날 거예요.

<h2 align="center">= 책임감 있는 자율성을 키워 주세요 =</h2>

자율성을 주는 과정에서 가장 중요한 것은 아이가 자신의 선택에 대해 책임감을 느끼고 결과를 받아들일 수 있도록 돕는 거예요. '선택에는 책임이 따른다'는 것을 알게 하는 것이죠.

선택하고 책임지는 경험을 통해 아이는 자신의 삶을 주도적으로 살아가는 힘을 기를 수 있어요. 스스로 선택하고 그 결과를 경험하면서 아이는 자기 주도성과 책임감을 함께 키워 나가고, 자신과 타인의 욕구를 조화롭게 고려할 수 있는 태도를 배우죠. 이러한 과정에서 적절한 가이드 역할을 하며, 아이가 올바른 방향으로 성장할 수 있도록 돕는 조력자가 되어 주세요.

선택의 기회 주기

아이에게 선택의 기회를 주면, 아이는 자신의 욕구와 필요를 파악하고 이에 따라 결정을 내리는 법을 배울 수 있어요. 자신의 의견

과 선택이 반영된다는 안정감을 느끼며, 스스로 선택한 일에 동기
부여가 되어 적극적으로 참여하려는 태도를 가질 수 있죠.

예) "블록 놀이랑 그림 그리기 중에 오늘 어떤 게 하고 싶어?"(놀
이 선택), "오늘 빨간색 티셔츠를 입을래, 파란색 티셔츠를 입을
래?"(옷 고르기), "사과 먹을래, 바나나 먹을래?"(간식 선택)

선택지 제공하기

어린아이들에게는 아직 모든 것을 스스로 선택할 능력이 없고,
선택 옵션이 많을수록 혼란스러울 수 있어요. 부모가 선택의 폭을
좁혀 주면 아이는 과부하를 느끼지 않고 선택을 경험할 수 있어요.

예) "놀이터에서 놀다가 올래, 아니면 바로 집에 가서 책을 읽을
래?", "저녁에 숙제를 먼저 할래, 아니면 30분 놀고 나서 할래?"

선택과 책임에 대한 계획 함께 세우기

선택에는 책임이 따른다는 것을 아이에게 명확히 알려 주고, 발
달 수준에 맞는 책임을 질 수 있게 도와주세요. 선택에 따르는 책임
을 일깨워 주며 함께 계획을 세우는 게 좋아요.

예) "친구와 싸우면 바로 집에 돌아오기로 한 약속 기억하지? 우

리 오늘 함께 노력해서 즐거운 시간 보내자!", "학원을 쉴 거면 그만큼 집에서 혼자서 공부해야 해. 함께 계획을 세워 보자. 계획을 지키지 못하면 학원에 다닐 수밖에 없어."

명확한 지침 속에서 자유로운 선택권 제공하기

자율성을 주기 위해서는 아이가 무엇을 선택할 수 있고, 무엇이 제한되는지를 명확히 설정해야 해요. 즉, 큰 틀을 정해 주고 그 안에서 선택할 수 있도록 하는 것이지요. 그러면 아이는 선택권을 가지면서도 규칙 안에서 행동해야 한다는 것을 이해하게 돼요.

예) "책 읽는 시간은 꼭 필요해. 하지만 네가 좋아하는 책을 고를 수 있어.", "책 읽기랑 색칠 공부 중에서 네가 하고 싶은 걸 먼저 해 볼래? 다 끝난 후에는 저녁 먹을 시간이야."

결과에 책임지게 하기

선택의 결과에 대한 책임을 배우는 것은 아이가 성숙해지는 데 중요한 요소예요. 부모는 아이가 자신의 선택이 어떤 영향을 미치는지 직접 느낄 수 있도록 도와야 해요. 아이가 자신이 내린 선택으로 인해 좋지 않은 결과를 맞이했을 때, 지나치게 비난하거나 크게 혼내기보다는 그 상황을 스스로 해결해 보도록 이끌어 주세요. 그렇게 하면서 아이는 책임감을 배우게 돼요.

예) "장난감을 갖고 나갔는데 잘 챙기지 않아서 잃어 버렸구나. 새로 사려면 네 용돈으로 사야 할 것 같아.", "오늘 늦게 자는 걸 선택했으니까 내일 아침에 피곤할 거야. 그래도 지각하지 않게 힘내서 제시간에 일어나 보렴."

작은 성공의 경험 제공하기

아이가 자율성을 발휘하며 성공을 경험할 수 있도록 처음에는 쉽고 간단한 일부터 시작해 보세요. 작은 성공이 쌓이면 자신감이 커져 더 큰 도전에도 나설 수 있어요.

예) "먼저 간단한 그림을 골라 색칠해 볼까? 네가 그걸 끝내면 큰 그림도 충분히 할 수 있을 거야."

긍정적 피드백과 칭찬하기

아이가 자율성을 기반으로 올바른 행동을 했을 때 이를 칭찬하고 강화해 주세요. 아이는 자신의 선택이 부모에게 인정받는다는 느낌을 받고 더 발전적으로 자율성을 발휘하게 돼요.

예) "네가 혼자 책 읽을 시간을 정하고 잘 지켰네! 정말 대단하다.", "오늘 네가 간식을 챙긴 덕분에 맛있게 먹었어. 스스로 준비하다니 대단해!"

결과를 수용할 수 있도록 도와주기

아이가 자신의 선택으로 인한 좋지 않은 결과도 그대로 받아들이고, 그 과정에서 깨달음을 얻을 수 있도록 도와주세요. "그럴 때도 있지. 이번엔 이렇게 됐네"처럼 가볍게 말해 주면 아이가 결과를 두려워하기보다, 다음번에 좋은 결과를 가져오려면 어떻게 해야 할지 생각할 여유를 가질 수 있답니다.

예) "오늘 겉옷을 안 입고 나왔더니 너무 추웠지? 다음에는 날씨에 맞게 따뜻하게 입자.", "장난감을 정리하지 않아서 갖고 놀고 싶은 장난감을 찾느라 시간이 오래 걸렸지? 다음에는 놀고 나서 바로 정리해 보자."

실패를 배움의 기회로 만들기

아이들은 선택의 결과가 항상 성공적일 수 없다는 사실을 배워야 해요. 실패는 중요한 학습의 기회로, 아이가 스스로를 반성하고 다음에는 더 나은 결정을 내릴 수 있도록 도와줘요. 부모는 실패를 비난하기보다 실패를 통해 얻은 교훈에 대해 대화를 나누려는 자세를 가져야 해요.

예) "숙제를 늦게 시작했더니 밤늦게까지 해야 했구나. 다음에는 미리 계획해 보면 어떨까?", "오늘 놀이터 대신 친구 집에 가는 걸 선택했는데, 놀이터가 더 좋았을 것 같다고 느꼈구나. 다음에는 더 신중히 생각해 보자.”

가정 내에서 역할을 맡게 하기

책임감 있는 자율성을 키우는 가장 좋은 방법은, 아이가 일상 속에서 작지만 의미 있는 역할을 맡아 실행하는 경험을 해 보는 거예요. 집 안에서 자신이 ‘할 일’을 가지면 자신의 행동이 실제로 도움이 될 수 있다는 만족감이 생기지요. 이런 경험이 쌓이면 스스로 선택하고 행동하는 힘이 더 커진답니다.

예) “매일 아침 강아지에게 물 주는 일은 네가 맡아 보는 게 어떨까?”, “매주 용돈을 줄 테니, 이 돈으로 네가 필요한 것을 사도 돼. 남은 돈은 저금하거나 모을 수 있어.”

이처럼 스스로 선택한 일의 결과를 경험하면서 아이는 많은 것을 느끼고 깨달을 수 있어요. 실패와 성공 모두를 경험하며 아이는 점점 더 성숙해 가죠. 부모의 역할은 아이가 무조건 성공하도록 돕는 것이 아니라, 선택의 과정에서 배우고 성장할 수 있도록 지원하는 것이에요. 아이가 선택과 책임을 통해 자기 삶의 주인으로 성장하는 모습을 지켜봐 주세요.

= 점진적 '경험'을 하게 해 주세요 =

까다로운 아이들이 기질적 취약점을 극복하기 위해서는 점진적 경험이 필요해요. 기질적으로 어려움을 느끼는 문제는 단번에 극복할 수 없어요. 조금씩 조금씩, 점진적인 극복 경험을 쌓을 수 있게 도와주세요. 작은 계단들을 수백 개, 수천 개 천천히 조심조심 올라간다고 생각하시면 돼요. 대표적인 행동 치료 기법에는 홍수법과 체계적 둔감법이 있어요.

- **홍수법** 홍수에 휩쓸리듯 극심한 자극에 한꺼번에 노출시키는 기법
- **체계적 둔감법** 불안을 유발하지 않는 자극부터 시작해 점차 강도를 높여 노출함으로써, 점진적으로 익숙해지도록 하는 기법

예컨대 물을 무서워하는 사람에게 행동 치료를 적용한다면, 홍수법은 그 사람을 한번에 물에 풍덩 던져 넣는 것이에요. 반면 체계적 둔감법은 발끝만 담그는 것부터 시작하여 서서히 노출량을 늘려 가되, 대상자가 불안해하면 멈추고 기다려 주는 방식이에요.

또 다른 예로, 새가 두려운 사람을 위한 홍수법은 그 사람을 새와 한 방에 넣고 두려움에 직면하게 하는 치료 방식이에요. 반면 체계적 둔감법은 새를 상상하는 것부터 시작해 새 사진과 영상을 보는 것, 새를 멀리서 지켜보는 것 등의 순서로 순차적으로 접근해요.

설명만 봐도 아시겠지만, 홍수법은 어린아이에게 적용하기엔 위험성이 따라요. 극복은커녕 오히려 더 큰 트라우마를 유발할 수 있죠. 그래서 아이들에게 행동 치료를 적용할 때는 정서를 고려한 체계적 둔감법을 많이 쓰곤 해요. 극복 과제를 단번에 달성하는 것을 목표로 두지 않고 계단식으로 순차적으로 접근하는 원리예요.

부모는 아이가 스스로 문제를 해결할 수 있도록 도와주되, 너무 앞서 해결해 주지 않도록 신경 써야 해요. 대신 작은 단계의 도전 과제를 세우고 아이가 스스로 해결해 보도록 돕는 것이 좋아요. 어려운 과제라면 세부 단계로 나누어 부담을 줄이고, 아이가 성공할 수 있도록 적절한 환경을 조성해 주세요. 아이가 조금씩 도전하고 경험을 쌓으며 자신감을 키워 갈 수 있도록 해 주는 것이 중요해요.

= 신체 활동이 마음도 건강하게 해요 =

까다롭고 예민한 아이에게 신체 활동은 아주 큰 효과를 발휘한답니다. 신체 활동은 아이의 뇌와 신경계를 안정시키고 감정 조절 능력을 키우는 데 직접적인 도움을 줘요. 일상에서 신체 놀이를 많이 하는 것만으로도 아이의 몸과 마음을 함께 조절하는 가장 자연스러운 훈련이 된답니다.

신체 활동은 '감정의 화학물질'을 조절해 줘요

신체 활동을 하면, 뇌에서는 세로토닌, 도파민, 엔도르핀 같은 신경전달물질이 분비돼요. 이 물질들은 아이의 기분을 밝게 하고, 불안을 낮추며, 감정 조절을 돕고, 의욕을 끌어올리는 역할을 해요.

- 세로토닌 → 안정감, 평온함, 수면 개선
- 도파민 → 동기 부여, 집중력, 실행력 향상
- 엔도르핀 → 즐거움, 스트레스 완화

까다로운 기질의 아이는 평소에도 주변의 자극에 민감하게 반응하며 쉽게 스트레스를 받는 편이에요. 이런 아이들에게 신체 활동은 바로바로 효과가 나타나는 자연 치유제와 같아요.

신체 활동은 신체 흥분을 다루는 '조절력 훈련'이 돼요

감정이 격앙되면 교감신경이 지나치게 활성화되면서 심장이 빨리 뛰고, 호흡이 가빠지고, 근육이 긴장되는 증상이 나타나요. 이것은 까다로운 기질의 아이에게 특히 자주 일어나는 일이죠. 이렇게 신체 반응이 폭증하면 감정도 강렬해지고, 그 결과 자기 조절이 어려워져 더 큰 감정 폭발로 이어지기 쉬워요.

그런데 신체 활동은 이러한 신체 흥분을 다루는 조절력 훈련이 된답니다. 운동을 할 때도 교감신경이 자극되어 심장이 빨리 뛰고

   까다롭고 예민한 우리 아이, 왜 이렇게 힘들까요?

호흡이 가빠지며 근육이 긴장하는 등 감정이 격앙될 때와 동일한 흥분 상태가 나타나죠. 그런데 운동에서 느끼는 흥분은 안전하고 예측 가능한 환경 속에서 일어나는 '통제 가능한 흥분'이에요. 이 경험을 반복하면서 아이는 점차 낯설고 버거웠던 신체적 흥분에 익숙해지고, '흥분해도 괜찮구나. 이건 위험이 아니구나', '다시 진정할 수 있구나'라는 감각을 익혀 나가죠. 운동을 통해 흥분 상태와 진정 상태를 반복해서 경험하면, 아이의 신경계는 그 과정을 점점 더 능숙하게 다룰 수 있어요.

신체 활동은 '스트레스 해소 통로'를 만들어 줘요

까다로운 기질의 아이들은 작은 자극에도 쉽게 스트레스를 받고 그 긴장을 몸에 고스란히 담고 있어요. 신체 활동은 이 스트레스를 흘려보낼 수 있는 자연스러운 배출 통로가 되어 주죠. 뛰어놀기, 자전거 타기, 수영, 트램펄린, 줄넘기, 공놀이 등과 같은 움직임은 모두 아이 몸에 쌓인 긴장을 밖으로 자연스럽게 흘려보내 주고, 아이가 가벼워진 마음으로 다시 일상으로 돌아올 수 있게 도와줘요.

체력이 좋아지면 마음도 단단해져요

체력이 좋아지면 일상에서 흔들릴 일이 줄어들어요. 쉽게 지치지 않고 몸이 안정적으로 버티기 때문에 감정의 기복도 훨씬 완만해지죠. 까다로운 기질의 아이는 자극이 조금만 많아져도 금세 피로와 짜증이 몰려와, 감정 폭발로 이어지곤 하는데, 체력이 좋아지면 이런 '감정의 임계점'이 높아져 마음에 여유가 생긴답니다.

신체 활동은 자연스러운 '감각 통합'을 도와줘요

아이의 신체 활동은 곧 감각 통합 발달의 핵심 기회이기도 해요. 감각 통합이란 온몸으로 들어오는 여러 감각 자극을 뇌가 동시에 받아들이고 정리하는 능력을 말해요. 감각 통합이 잘 이루어져야 뇌가 다양한 자극들 중에서 필요한 감각 정보만 골라 쓰며 상황에 맞게 몸과 마음을 조절할 수 있어요.

신체 놀이는 이 감각 통합 과정이 자연스럽게 이루어지도록 도와요. 아이가 온몸의 감각을 동시에 사용하게 만드는 활동이기 때문이에요. 상황을 살피고, 뛰고, 기고, 구르고, 매달리고, 균형을 잡는 과정에서 시각, 촉각, 청각, 전정감각(균형에 대한 느낌), 고유수용감각(몸의 위치에 대한 느낌) 등의 여러 감각이 한꺼번에 뇌로 들어오고, 뇌는 이 감각들을 상황에 맞게 조율하는 연습을 하게 돼요. 꾸준한 신체 활동을 통해 감각 시스템이 안정되면, 아이는 자극에 덜 휘둘리고 집중력과 조절력까지 함께 좋아진답니다.

   까다롭고 예민한 우리 아이, 왜 이렇게 힘들까요?

엄마 아빠,
제 편이 되어 주세요

"엄마 아빠는 제 편이죠? 제가 미워서 혼내는 게 아니잖아요.

그쵸, 저를 많이 사랑해서, 제가 올바르게 자라도록

도와주시는 거죠? 그런데 가끔은 그게 잘 느껴지지 않아요.

마치 제가 엄마 아빠를 괴롭히는 골칫덩어리로 느껴지기도 해요.

저는 엄마 아빠의 도움을 받아 문제에 맞서고 싶은데,

어느새 우리끼리 맞서고 있는 모습을 보곤 해요.

우리끼리 싸우지 말고, 힘을 합쳐 문제 상황을 헤쳐 나가요!

우린 서로의 적이 아닌 한편이니까요."

A: 현재_________________________________C: 목표

B: 중간 발판

아이가 현재 편안하게 할 수 있는 수준(A)과 부모가 기대하는 목표(C) 사이에 작은 단계들(B)을 만들어 주세요. 예를 들어 아이가 새로운 환경을 두려워한다면, 한 번에 적응하길 기대하는 것이 아니라, 조금씩 노출되는 경험을 제공하는 것이 중요해요. 친숙한 사람이 함께 있어 주거나, 새로운 환경에 머무는 시간을 짧은 시간부터 시작해 점점 늘려 가는 등의 중간 단계를 거쳐 안정적으로 적응할 기회를 주는 거예요. 이처럼 변화에 적응하고 조절력을 키우는 과정은 작은 성공 경험들이 쌓이면서 이루어져요.

■ 새로운 음식을 먹기 어려워하는 아이

현재 가능한 것(A) 본인이 좋아하는 음식만 먹기

목표(C) 새로운 음식을 스스로 맛있게 먹기

중간 발판(B)

- B1: 새로운 음식을 눈으로 보기(식탁에 놓기)
- B2: 손으로 만져 보기
- B3: 음식 냄새 맡아 보기
- B4: 입술에 대 보기
- B5: 아주 작은 한입 먹어 보기
- B6: 조금 더 많은 양을 먹어 보기

■ 부모와 떨어지지 못하는 아이

현재 가능한 것(A) 부모와 늘 함께 있기

목표(C) 새로운 환경에서 혼자 잘 지내기

중간 발판(B)

- B1: 부모가 짧게 화장실 다녀오기 등의 짧은 이별 연습하기
- B2: 부모가 눈에 보이지만 멀리 있는 공간에서 10분간 떨어져 있기
- B3: 부모 없이 익숙한 공간(친척 집, 친구 집)에서 30분 머물기
- B4: 부모 없이 1~2시간 동안 활동 참여하기
- B5: 새로운 환경에서 혼자 몇 시간 보내기

■ 어른에게 인사하는 것이 어려운 아이

현재 가능한 것(A) 엄마가 대신 인사할 때 옆에서 기다리기

목표(C) 허리 숙여 제대로 인사하기

중간 발판(B)

- B1: 집에서 인사 연습하기
- B2: 엄마가 대신 인사할 때 눈만 맞추기
- B3: 엄마가 대신 인사할 때 고개만 살짝 숙이기
- B4: 엄마가 대신 인사할 때 허리 숙여 인사하기
- B5: 작은 소리로 '안녕하세요'라고 말해 보기

까다로운 기질의 아이들에게는 아주 조금씩 나아갈 수 있는 환경이 필요해요. 작은 성공 경험을 반복하면서 아이는 점진적으로 성장할 수 있어요. 목표를 위한 중간 단계를 만들어서 아이의 부담을 덜어 주고, 아이를 충분히 기다려 주며, 작은 성취도 인정하고 격려해 주세요.

4부

기질에 맞춘
훈육 전략

훈육 전에
점검해야 할 것들

= 가르쳐 주고 있나요, 화만 내고 있나요? =

훈육이란 뭘까요? 훈육의 참뜻, 훈육의 진짜 목표가 무엇인지 생각해 보지 않으면, 자칫 아이에게 성질을 부리거나 감정적으로 혼내는 것을 훈육이라 착각할 수 있어요.

훈육이란, 쉽게 말해 '옳고 그름을 가르쳐 주는 것'이에요. **훈육의 궁극적 목표는 아이가 무조건적으로 부모 말에 복종하게 하는 것이 아니라, 아이 스스로 감정을 조절하고 사리를 분별하여 올바른 선택을 할 수 있게끔 이끌어 주는 것이지요.** 그러기 위해서는 당장의 문제 해결에 급급해하지 말고 멀리 봐야 해요.

당장은 아이를 권위로 눌러 복종시키는 게 더 쉽고 효과적으로 보일 수 있어요. 체벌하거나, 위협하거나, 겁을 줘서 말이죠. 그러나 이러한 방식을 쓰면 올바른 훈육의 목표와 반대되는 결과를 낳게 돼요. 체벌이나 위협은 아이의 과열된 감정을 두려움이라는 더 큰 감정으로 압도시키는 것이기에, 이는 조절력을 길러 주긴커녕 오히려 감정의 뇌를 더 흥분시키고 이성의 뇌를 마비시켜요. 이런 식으로 상황을 넘기면 당장은 아이가 고분고분해지고 다루기 쉬워졌다고 느낄 수 있어요. 하지만 그러한 훈육에서 아이가 배운 게 있을까요? 그저 무서워서 따른 것뿐이죠. 토끼가 호랑이를 보면 도망가듯, 그 정도 수준에서 어쩔 수 없이 굴복한 것뿐이에요. 감정 조절을 배우지도, 문제에 대한 해결책을 찾지도 못하죠.

그렇게 자란 아이는 스스로 생각하는 힘이 약하고 자신감이 부족한 경우가 많아요. 이후 학교나 사회생활에서 스스로 가치 판단을 하는 데 어려움을 겪고, 감정 조절도 서툴러서 내적·외적 문제가 발생하기 쉬워요. 힘 있는 또래에게 휘둘리거나 문제 상황을 힘으로 해결하려는 잘못된 논리가 싹틀 수도 있고, 억눌린 감정들이 계속해서 쌓이다가 언제 터질지 모르는 시한폭탄이 되기도 해요. 아이는 소통이 안 되는 부모에게 원망스러운 감정이 점점 쌓이고, 부모는 아이를 통제하기가 더 어려워지죠.

물론 급박한 상황에서는 즉각적으로 아이의 행동을 제압해야 하는 경우도 있어요. 예컨대 아이가 친구를 때리고 있다면, 강압적인 방식으로라도 즉시 멈추게 해야 하고, 아이가 떼를 쓰느라 약속 시

    까다롭고 예민한 우리 아이, 왜 이렇게 힘들까요?

간에 늦을 것 같은 상황이라면 긴 설명 없이 아이를 바로 안아 옮겨야 할 수도 있죠. 이렇듯 타인에게 피해를 주거나 시간적으로 촉박한 예외적인 상황에서는 정석적인 훈육을 할 수가 없어요.

그러나 그 외에는 차근차근 가르치는 정석적인 훈육을 통해 본질적인 도움을 주세요. 올바른 가치를 내면화하는 훈육만이 진정한 자기 조절력을 길러 줘요. 그래야만 부모의 손길이 닿지 않는 곳에서도 아이가 자기 자신을 조절하고 지킬 수 있게 된답니다.

> 올바른 훈육(장기적 목표) = 스스로 가치 판단 하는 법을 배움, 감정 조절 훈련
>
> 잘못된 훈육(근시안적 방편) = 스스로 가치 판단 못 함, 감정 조절 못 배움

물론 말처럼 쉽지는 않지요. 특히 까다로운 기질의 아이를 정석적으로 꾸준히 훈육하려면, 양육자의 뼈를 깎는 노력이 필요해요. 그러나 억울한 희생이라고만 생각하지는 마세요. 이러한 노력을 통해 훈육의 탄탄한 기틀을 마련해 두면 육아가 훨씬 수월해지거든요. **아이만을 위한 일방적 희생이 아니라, 양육자 본인을 위해서도 최고의 투자가 될 거예요. 아이가 스스로 사리분별을 잘할 수 있게 되면 양육자도 제일가는 수혜자가 될 테니까요.** 인내는 쓰지만 열매는 달콤할 거라는 점을 꼭 기억하시길 바라요.

까다로운 아이들은 부모가 이것저것 가르칠 상황이 많은 만큼 부모와의 애착 관계가 특히 더 중요해요. 훈육이 효과를 발휘하려면 부모와 아이 간에 탄탄한 애정과 신뢰가 있어야 하기 때문이죠.

만약 애착을 토대로 한 애정과 신뢰가 없는 상태에서 훈육만 하려고 하면 어떨까요? 일단 굉장히 비효율적일 거예요. 왜냐하면 아이는 부모와의 관계에서 정서적 안정감과 지지를 느껴야 훈육의 메시지를 긍정적으로 받아들일 수 있기 때문이에요. **애정과 신뢰가 바탕이 되지 않은 상태에서는 부모의 지도를 통제나 지시로만 느끼게 되어 오히려 반발심만 생길 수 있어요.** 부모가 아무리 좋은 가르침을 주려 해도 아이는 이를 강요로 받아들이고 거부감이 생기기 마련이에요.

설령 훈육할 당시에는 아이가 부모의 말을 듣고 따르는 것처럼 보일지라도, 시간이 지나며 점점 더 관계가 악화될 거예요. 특히 아이가 성장하며 사춘기와 같이 독립성과 자아가 강해지는 시기가 오면, 그동안 쌓였던 부정적 감정이 강하게 표출되어 아이도 부모도 많이 힘들어질 수 있어요.

아이가 부모를 통제적 존재로 느끼고 반감을 쌓게 되면, 연령이 높아질수록 부모의 조언을 받아들이지 않게 되죠. 사실 어른의 경우에도 마찬가지예요. 내가 좋아하고 신뢰하는 사람이 하는 조언은 마음을 열고 받아들이지만, 평소에 관계가 나쁜 사람이 한소리 하면 아무리 중요한 내용이어도 귀를 막고 싶어져요.

반면 탄탄한 애착이 형성된 관계에서 훈육을 한다면요? 훨씬 수월하고 메시지가 효과적으로 전달돼요. 무의식중에 부모의 말을 통제가 아닌 '나를 위한 가르침'으로 느끼게 되거든요. 내용은 훈육이지만 '싸움 모드'가 아닌 '대화 모드'로도 충분히 해결 가능한 경우가 많아져요. 나아가 아이 입장에서 부모의 지도가 단순히 외적인 규제가 아니라 자기 성장의 밑거름이 될 수 있어요.

물론 훈육은 훈육이니 아이 입장에서는 받아들이기 싫을 수도 있죠. 자기 마음대로 하지 못하니까요. 그러나 아이의 행동이 곧바로 바뀌지 않더라도, 시간이 지나면서 아이는 부모의 가르침을 스스로 이해하고 수용하게 될 거예요. 내가 믿고 사랑하고 존경하는 부모님이 사랑과 지지를 바탕으로 나를 도와주고자 하는 걸 알기에 가르침이 아이 마음에 저장될 수 있는 거죠.

즉, 부모는 아이가 자신을 이해하고 도와주리라고 믿고 조언을 구하고 싶은 사람이 되어야 해요. 그렇다면 부모의 조언은 아이의 내면에 남아 차차 스스로를 조절하고 개선하는 데 중요한 역할을 하게 돼요. 그러니 훈육 이전에 애착부터 탄탄히 쌓고, 친밀하게 소통하는 데 힘써 주세요.

만약 부모와 아이의 관계가 엉망인 상태라면 훈육을 잠시 내려놓고 애착부터 재정비하는 것이 좋아요. 관계가 좋을수록 아이는 부모의 지도를 긍정적으로 받아들이고, 성장하고 변화할 준비를 갖출 수 있어요. 아이가 관계에서 안정감을 느끼고 부모를 신뢰하는 것이 훈육의 첫걸음이라는 것, 꼭 기억해 주세요.

= 부드러운 권위가 신뢰를 불러요 =

부모의 권위란 무엇일까요? 혼란스러운 아이에게 명확한 지침을 줄 수 있는 단단한 닻 같은 존재가 되어 주는 것이에요. 부드러운 권위란 무엇일까요? 부모라는 닻에 아이를 억지로 묶어 두는 게 아니라 아이가 스스로 그 닻을 신뢰하고 기댈 수 있도록 하는 것이죠.

우리는 흔히 화를 내고 호통치고, 소위 말해 '아이를 잡는 것'을 권위라고 착각하기 쉬워요. 하지만 사실 권위는 그런 것과 관련이 없어요. 오히려 화내지 않고 부드럽게 타이르며 소통하는 부모가 더 높은 권위를 가질 수 있어요.

부드러운 권위는 아이를 존중하면서도 명확한 경계와 지침을 설정하는 거예요. 부드러운 권위를 지닌 부모는 다음과 같은 특징이 있어요.

- 단호하면서도 감정적으로 격하지 않게 대응한다.
- 아이의 의견을 경청하며 대화로 해결하되, 필요한 경우 규칙을 유

     까다롭고 예민한 우리 아이, 왜 이렇게 힘들까요?

지하며 훈육을 이끌어 간다.

- 장기적으로 중요한 지침을 알려 주고 아이가 쉽게 이해할 수 있게 설명한다.
- 잘못된 행동을 무작정 비난하기보다 아이의 입장에서 함께 해결책을 찾아 간다.
- 아이에게 선택할 자유를 주고, 선택에 따르는 책임을 가르친다.

앞서 말했듯, 수용과 통제가 조화를 이룰 때 비로소 부드러운 권위를 가질 수 있어요.

본격 훈육기 이전, 부드러운 권위의 틀 잡기

본격적인 훈육기 이전, 즉 영아기는 자율성 발달의 민감기이므로 많은 걸 허용해 줘야 해요. 서랍도 뒤져 보고, 장난감도 던져 보고, '내가 원하는 걸 스스로 해 보는' 게 중요한 시기지요. 이때 자유롭게 많이 탐색하고 경험하는 것이 중요하지만, 한계 설정이 없으면 아이가 불안해질 수 있어요. 큰 틀 안에서 자유가 허용될 때 아이는 가장 큰 안정감을 느낀답니다.

① 친절한 NO를 심어 두기

영아기에는 90퍼센트의 YES 속에 10퍼센트의 NO를 함께 심어 주는 것이 좋아요. 아직 조절력이 충분히 발달하지 않은 시기이므로, 아이 스스로 감당할 수 있을 만큼의 규칙을 설정해 주세요. '안 되는 것도 있구나', '지켜야 할 규칙이 있구나' 하는 감각을 자연스럽게 익히도록 적절한 NO의 경험을 제공하는 것이 중요해요.

이러한 경험을 통해 아이는 세상에는 한계가 있다는 사실을 받아들이고, 이후 더 많은 제한이 생겼을 때도 자연스럽게 적응할 수 있어요. 아직 언어적 설명을 제대로 이해하지 못하는 연령이라면, '안 된다'를 표현할 때 말로 길게 설명하는 것보다 손으로 X자를 그리는 것이 더 효과적이에요.

② 권위 있게 허용하기

아이의 요구를 들어줄 때도 양육자의 태도가 중요해요. 갈팡질팡하다가 결국 아이에게 끌려가듯 허용하면, 부모의 권위가 흔들리고 아이는 더 떼를 쓰게 될 수 있어요. 차라리 처음부터 당당하고 명확하게 허용하는 것이 훨씬 효과적이에요.

예를 들어 간식을 줄 때도, 처음엔 안 된다고 했다가 아이가 보채니까 쭈뼛쭈뼛 허용하면 아이가 주도권을 갖게 돼요. "좋아! 하나만 먹자. 딱 하나만이야"라고 시원하게 허용하고 명확한 지침을 줘야 해요. 부모가 감당할 수 있는 정도의 한계선을 그어 놓고, 단호한 태도로 아이의 행동을 제한하거나 허용하면, 끌려다니지 않는 부모가 될 수 있어요.

③ 유능한 부모 되기

여기서 말하는 유능함이란 뭐든지 아이 대신 척척 해결해 주는 것을 말하는 게 아니에요. 양육자에게 가장 필요한 유능함은 아이보다 마음이 큰 사람이 되는 것이지요.

예를 들어, 아이가 분노에 휩싸여 방방 뛸 때도 평정심을 유지하며 기다려 줄 수 있는 부모, 아이가 불안해할 때 흔들리지 않는 든든한 버팀목이 되어 주는 부모, 아이가 소리를 질러도 흥분하지 않고 차분하고 단호하게 대처할 수 있는 부모, 이처럼 감정을 조절할 수 있는 부모의 모습이야말로 아이에게 보여 줄 수 있는 최고의 유능함이에요. 이런 유능함이 쌓일수록 아이의 마음속에는 '엄마 아빠는 믿고 따를 수 있는 사람이구나'라는 신뢰와 안정감이 자라나요.

= 아이도 힘들다는 것을 알아주세요 =

까다로운 아이를 가르치다 보면 부모의 속마음은 답답할 때가 많아요. 하루이틀도 아니고 왜 이렇게 달라지지 않나 싶고, '왜 저러지?', '왜 감정 조절이 안 되지?', '왜 차분히 말하지 못하지?', '왜 남의 마음을 이해 못 하지?' 같은 생각이 들 수밖에 없지요.

하지만 감정이나 욕구를 조절하고, 원하는 바를 말로 표현하는 것은 아이에게 결코 쉽지 않은 일이에요. 얼마나 어려운 일인지, 부모인 우리가 같은 상황에 놓였다고 가정해 보면 금세 실감할 수 있어요. 우리가 아이에게 화가 나는 순간을 떠올려 보세요. 아이에게 화가 나도 감정을 다스리고 차분히 대응해야 한다는 걸 머리로는 잘 알지만, 실제로는 뜻대로 되지 않을 때가 많아요.

사실 어른도 일상생활에서 감정이나 욕구를 조절하지 못하는 경우가 허다하잖아요. 다이어트를 결심해도 음식 앞에서 무너지고, 헬스장에 등록해 놓고도 안 가는 날이 더 많고, 스마트폰 사용을 줄이겠다고 다짐해 놓고도 어느새 폰을 손에 들고 있지요. 이런 모습은 인간의 자연스러운 본성에서 비롯돼요.

그렇지만 우리는 나와 가족, 그리고 사회의 조화를 위해 계속 무너지면서도 다시 마음을 다잡으려 노력하잖아요. 육아도 마찬가지예요. 부모가 마음을 다잡고 꾸준히 나아가려면, 먼저 자신의 감정과 욕구를 들여다보고 이를 다루는 법을 배워야 해요. 다음을 참고해 먼저 자신의 감정과 욕구를 살펴보면 도움이 될 거예요.

① 내 감정 및 욕구 파악하기
'아이가 말을 듣지 않아서 답답해. 말을 잘 들었으면 좋겠어.'

② 내 감정 및 욕구 조절하기
'하지만 무작정 소리치고 화낸다고 해결되진 않겠지? 한두 번 해 본 것도 아니잖아. 우선 조금 진정하자.'

③ 아이 입장 이해하기

'매번 잔소리를 들으니 아이도 힘들 거야. 아직 어린데, 부모가 도와주기는커녕 윽박지르고 강요하니 겁이 날 거야.'

④ 나와 아이의 욕구 조화하기

'아이 마음이 열릴 수 있게 차분하게, 그러나 흔들리지 않게 단호하게 얘기해야 해.'

⑤ 내 욕구 실행하기

'어떻게 말하는 게 효과적일지 조금 더 고민한 뒤 이야기를 꺼내는 게 좋겠어.'

⑥ 내 욕구에 책임지기

'아이는 아직 어린데, 단번에 내 말에 순응하길 바라는 건 욕심이야. 나는 부모로서 아이를 이끌어 줄 성숙한 방법을 찾아야 해.'

어떤가요? 이렇게 생각해 보면, 부모가 자신의 감정을 조절하고 욕구를 다루는 일도 결코 쉽지 않음을 느낄 거예요. 하물며 아직 어린 아이들에게는 얼마나 더 어려운 일일까요.

아이에게 충분한 시간을 주세요. 특히 남들보다 감정 변화가 크고 욕구가 많은 아이들은 더 많은 이해와 기다림, 그리고 꾸준한 가르침이 필요하답니다. 우리 아이들도 분명히 노력하고 있다는 것을 기억해 주세요. 지금도 무척 힘들여 배우고 있는 과정이라는 사실을요.

= 발달 수준에 맞는 기대 갖기 =

아이 수준에 맞게 가르치고 있나요?

아이가 자유롭게 걷고 뛰고, 대화도 어느 정도 통하기 시작하면 어른들은 자기도 모르게 꽤 높은 수준의 인성을 기대하곤 해요. 요즘 사회 분위기가 점점 팍팍해지면서 이런 경향은 더욱 강해졌고, 어린아이가 할 법한 실수나 표현도 쉽게 용납되지 않는 분위기가 조성되고 있어요. 저는 이것을 '조절력 조기교육'이라고 생각해요.

물론 조절력은 인성 및 사회성과 밀접하게 관련되어 있어 어릴 때부터 가르치는 것이 맞아요. 하지만 아이의 발달 수준을 넘어서는 교육은 성공적일 수 없어요. 걷지도 못하는 아이에게 뜀박질을 가르칠 수 없고, 숫자를 모르는 아이가 곧바로 연산을 배울 수 없는 것과 같아요. **조절력 교육도 발달 단계와 순서를 고려해야 해요.**

아이의 도덕성 발달은 생각보다 더디게 진행돼요. 아이가 자기중심적으로 보이거나 이기적인 행동을 할 때 부모는 걱정하지만, 이는 사실 발달 과정에서 매우 자연스러운 모습이랍니다.

   까다롭고 예민한 우리 아이, 왜 이렇게 힘들까요?

도덕적 판단 기준의 예	영유아 (상벌 중심)	초등 저학년 (규칙 중심)	초등 고학년 (관계 중심)	청소년기 (가치 중심)
약속 지키기	약속을 지켜야 TV 볼 수 있어.	규칙이니까 지켜야겠지.	약속을 지켜야 친구들이 나를 좋아할 거야.	상대를 배려해야 해.
도둑질 안 하기	훔치면 혼나.	도둑질은 불법이야.	나는 착한 아이니까.	타인의 권리를 침해하는 일이야.
거짓말 안 하기	솔직히 말해야 칭찬받아.	선생님이 속이면 안 된댔어.	거짓말은 관계를 깰 수도 있어.	정직한 삶이 나의 원칙이야.

영유아기

영유아기는 자기중심적이고, 보상과 처벌을 기준으로 행동을 결정하는 시기예요. 이 시기 아이들은 '칭찬을 받을까? 혼나지 않을까?'를 기준으로 옳고 그름을 판단해요. 또한 공감이나 배려, 양심 같은 추상적인 도덕 개념을 아직 잘 이해하지 못하고, 타인의 입장을 고려하는 역지사지 능력도 부족해요. 특히 까다로운 기질의 아이들은 욕구가 강해서 자기중심성이 더 두드러질 수 있어요.

- **잘못된 기대** 타인의 감정을 배려하고 공감하기
- **적절한 도움** 즉각적인 피드백, 적절한 보상·처벌, 일관된 규칙, 모델링

따라서 영유아기에는 적절한 보상과 처벌, 일관된 규칙을 통해

올바른 행동이 형성될 수 있도록 돕는 것이 중요해요. 추상적인 설명보다는 자신의 행동에 대한 즉각적인 피드백 및 결과와 구체적인 경험을 통해 도덕적 개념을 배우는 것이 효과적이에요. '상대를 배려해서' 혹은 '양심 때문에' 아이가 말을 잘 들으리라고 기대할 수는 없어요. 대신 규칙을 지켰을 때 즐겁게 놀 수 있다거나, 떼를 쓰면 원하는 걸 얻지 못한다는 결과를 반복적으로 경험하면, 아이는 규칙을 내면화할 수 있어요. 부모가 직접 모델링을 보여 주는 것도 매우 중요해요.

초등 저학년기

초등 저학년에 들어서면 아이들은 타인의 시선을 의식하고, 규칙을 지키는 것에 가치를 두기 시작해요. 하지만 이는 규칙의 의미를 깊이 이해해서라기보다 '규칙이니까 지켜야 한다'거나 '잘 보이고 싶어서'라는 동기가 커요.

- **잘못된 기대** 규칙에 대한 장기적 동기 및 추상적인 설명 이해하기
- **적절한 도움** 규칙에 대한 짧고 현실적인 동기 제시 및 구체적 설명, 칭찬 및 구체적 경험 심어 주기

이 시기에는 구체적이고 명확한 규칙이 더 효과적이에요. 예를 들어 "좀 서둘러"보다는 "8시까지 식사 끝내고 화장실 가서 양치해"

 까다롭고 예민한 우리 아이, 왜 이렇게 힘들까요?

처럼요. 그리고 아이가 규칙을 잘 지켰을 때는 아낌없이 칭찬해 주세요. 칭찬은 강력한 동기 부여가 되어, 아이가 올바른 행동을 스스로 반복하도록 만들어요.

초등 고학년기

초등 고학년 아이들은 타인의 입장과 사회적 책임을 조금씩 이해하기 시작하지만, 깊은 공감이나 높은 수준의 책임감을 기대하기는 아직 어려워요. 이 시기 규칙 준수 및 행동의 판단 기준은 도덕적 가치보다 '좋은 친구가 되려고', '신뢰받고 싶어서' 같은 관계 중심 동기예요.

- **잘못된 기대** 성숙한 공감 능력, 깊이 있는 책임감
- **적절한 도움** 관계 속 역할·갈등·책임을 실제 상황에서 경험해 보도록 돕기

초등 고학년 아이들은 행동의 결과를 이해하고 책임지는 것에 관심을 가지기 시작해요. 따라서 실제 관계 속에서 역할을 맡아 보고 갈등을 해결하며, 책임을 져 보는 경험이 도덕성 발달에 가장 큰 도움이 돼요. 책이나 영화를 통한 간접 경험도 좋고, 실제 관계에서 스스로 판단하고 그 결과를 돌아보는 것 또한 아주 유익하답니다.

진짜 조절력을 키우는
훈육의 기본 원칙

═ 하나하나씩, 구체적으로, 섬세하게 알려 주세요 ═

까다로운 아이들은 단순히 혼나거나 지적받는 방식으로는 제대로 배우기 어려워요. 이들에게는 훨씬 더 밀도 있고, 구체적이며, 단계적인 섬세한 가르침이 필요하답니다. 왜 까다로운 아이들에게는 더 섬세한 접근이 필요할까요?

첫째, 정서적 반응성이 크기 때문이에요. 까다로운 아이들은 감정이 격해지면 이성적으로 판단하거나 행동을 조절하기가 어려워요. 갈등 상황에서 감정의 소용돌이에 휩싸이면, 이성적으로 문제를 해결하거나 옳고 그름을 판단하기가 거의 불가능해지죠. 섬세하게 접근하여 가르쳐 주면, 아이는 안정된 상태에서 부모의 말을 이해하고 받아들이는 힘이 생겨요.

둘째, 스스로 상황을 이해하고 납득해야 마음이 열리기 때문이에요. 영문도 모른 채 부모의 말을 따르도록 강요받으면, 아이가 당장은 억지로 복종할지 몰라도 장기적으로는 긍정적인 효과를 낼 수 없어요. 아이가 상황을 충분히 납득할 수 있도록 설명하고 대화를 나눠 주세요. 무엇이 문제인지를 이해하게 되면, 까다로운 아이들은 놀라울 만큼 자기 자신의 잘못을 납득하고 인정하는 모습을 보일 수 있어요. 스스로 잘못을 깨달으면 행동을 고치려는 의지가 강해진답니다.

셋째, 진짜로 모르는 경우가 많기 때문이에요. 아이에게 문제 상황에 대해 설명할 뿐 아니라, 구체적인 대처법을 가르쳐 주세요. 아이들은 '진짜로 몰라서' 문제 행동을 하는 경우가 많아요. 무엇이 잘못되었는지, 왜 그런 행동이 문제인지, 그리고 그 상황에서 어떻게 대처해야 하는지를 하나하나 알려 주는 과정이 필요하답니다.

특히 아이의 취약점을 파악해서 도와주어야 해요. 아이마다 강점과 취약점이 달라요. 강점은 부모가 굳이 가르치지 않아도 아이가 스스로 터득하거나, 작은 힌트만으로도 쉽게 습득할 수 있어요. 하지만 취약한 부분은 달라요. 부모가 세심히 관찰하고 아이가 부족한 점을 인지하고 대처할 수 있도록 하나하나 단계적으로 가르쳐야 해요. 취약한 부분은 배우는 데 시간이 오래 걸릴 수 있고, 일부는 체득하지 못한 채 머리로 이해하는 수준에 머무를 수도 있어요.

이런 취약한 점들은 단순히 꾸짖는다고 개선되지 않아요. 아이의 취약점을 파악하고, 이를 개선하기 위해 필요한 기술을 차근 차근 구체적으로 알려 주며 연습할 기회를 주는 것이 중요해요.

예컨대 사회적 신호를 잘 읽지 못하는 아이라면, 다음과 같이 상황을 설명하고 대처법을 알려 주세요. "친구가 네 장난감을 빌려 달라고 웃으면서 말했지? 그건 친구가 너와 놀고 싶다는 신호야. 네가 웃으며 '그래, 같이 놀자'라고 대답하면 친구가 더 기뻐할 거야."

장난이 지나친 아이라면 다음과 같이 알려 줄 수 있어요. "장난칠 땐 꼭 상대방의 반응을 살펴야 해. 상대가 불편해하면 바로 멈춰야 해. 그건 장난이 아니라 괴롭힘이야."

갈등 상황에서 얼어붙는 아이라면 다음과 같이 대처법을 알려 줄 수 있어요. "친구가 너에게 화를 냈을 때 무서웠지? 그럴 땐 일단 '미안해'라고 말하면 분위기가 풀릴 수 있어. 그다음에 왜 그렇게 화가 났는지 물어보면 돼. 함께 연습해 보자."

 까다롭고 예민한 우리 아이, 왜 이렇게 힘들까요?

아이의 기질에 따라 배워야 할 것이 달라요. 때로는 정반대인 경우도 있어요. 아래 예시들을 통해 우리 아이에게는 어떤 점을 신경 써서 가르쳐야 하는지 파악해 보세요.

눈치가 너무 없는 아이 vs. 눈치를 너무 많이 보는 아이

다른 사람의 감정에 둔감하고 주변의 반응을 잘 읽지 못한다면, 타인의 기분을 살피는 방법을 구체적으로 알려 줄 필요가 있어요.

예를 들어, "친구가 싫다고 말하면 멈춰야 해", "친구의 표정이 안 좋으면 무슨 일이 있었는지 물어보는 게 좋아" 등의 조언으로 상황별로 구체적 대응법을 알려 주면 아이가 조금씩 배워 갈 수 있어요.

반면 타인의 기분에 과하게 민감한 아이는 자신의 감정보다 남의 반응을 먼저 살펴요. 이럴 땐 자기 감정을 우선시해도 괜찮다는 메시지를 전해 주세요. "네 기분도 중요해. 싫을 땐 '싫어'라고 해도 괜찮아"라는 말이 아이에게 큰 힘이 된답니다.

성취욕이 너무 강한 아이 vs. 성취욕이 부족한 아이

성취욕이 강하고 완벽을 추구하는 아이는 작은 실수에도 자신을 탓하며 쉽게 의기소침해지죠. 이런 아이에겐 "실수해도 괜찮아", "과정이 더 중요해"와 같은 말을 자주 해 주세요. '조금 부족해도 괜찮다'는 말은 아이에게 큰 위로가 되고, 마음을 한결 편안하게 해 줄 거예요.

무기력하거나 의욕이 낮은 아이는 작고 쉬운 목표부터 도전할 수 있도록 도와주세요. "오늘은 여기까지만 해 볼까? 이렇게 조금씩 해내면 점점 더 잘할 수 있을 거야"처럼 부담을 덜어 주는 말이 아이에게 큰 도움이 돼요.

감정 표현이 격한 아이 vs. 감정 표현이 적은 아이

화가 나거나 속상할 때 감정을 격하게 드러내는 아이에게는 감정을 조절하는 방법을 구체적으로 배울 기회가 필요해요. 아이에게 감정을 억누르라고 요구하기보다는, "지금 화났구나. 숨을 크게 한 번 쉬어 보자"처럼 감정을 다루는 기술을 차분히 가르쳐 주세요.

자신의 감정을 잘 드러내지 않는 아이에게는 감정을 인식하고 말로 표현하는 훈련이 필요해요. 감정을 구체적으로 묻고, 표현할 수 있도록 도와주세요. "지금 어떤 기분이야?", "기쁘면 크게 웃어도 돼"처럼 말이죠.

변화를 힘들어하는 아이 vs. 충동적이고 즉흥적인 아이

낯선 변화에 민감한 아이는 작은 변화부터 조금씩 적응할 수 있도록 도와주세요. "처음엔 구경만 하고, 다음엔 직접 해 보자"처럼 단계를 나누어 변화를 점진적으로 경험하게 하는 것이 좋아요. 충

    까다롭고 예민한 우리 아이, 왜 이렇게 힘들까요?

동적인 아이에게는 행동 전에 한 번 더 생각하는 습관을 길러 주세요. "이걸 해도 괜찮을까?"처럼 행동 전에 잠깐 멈춰 생각하는 연습이 필요해요.

<h2 align="center">= 너무 흥분했을 땐 배울 수 없어요 =</h2>

아이의 감정이 격해진 상태에서는 '일단 진정시키기'가 매우 중요해요. 반면 아이의 감정이 크게 요동치지 않는 상황에서는 생략이 가능해요.

까다로운 기질의 아이들은 감정이 격해지면 이성적 사고 기능이 마비돼요. 이들은 편도체가 예민하다고 앞서 설명했어요. 이 때문에 작은 자극에도 과민 반응하거나, 감정이 폭발하면 자기 조절이 힘들어질 수 있어요. 편도체를 포함한 변연계(감정의 뇌)가 폭주하면서 부정적인 감정에 완전히 휩싸이기 때문이에요. 이럴 때는 전두엽(이성의 뇌)이 개입하기 어렵죠.

이러한 상태를 '편도체 납치amygdala hijack **상태'라고 불러요. 이는 감정을 조절하는 이성의 뇌보다 감정의 뇌가 너무 강하게 활성화되면서 감정 조절 기능이 마비되는 상태를 의미해요.** 아이가 감정적으로 격앙될수록, 이성적으로 사고하고 조절하는 능력이 현저히 떨어지는 것이죠. 이런 현상은 다음과 같은 경우에 심해질 수 있어요.

- 까다롭고 예민한 기질
- 전두엽이 충분히 발달하지 않은 어린 연령
- 조절 기능이 약한 ADHD 아이
- 심하게 피곤한 상태(수면 부족, 지나친 피로)
- 기본적인 생리적 욕구가 충족되지 않은 상태(배고픔, 갈증 등)
- 심한 불안감이나 스트레스를 느끼는 상태

이러한 상태에서 감정이 격해진 어린아이는 궁지에 몰린 고양이나 다름없어요. 혼비백산하여 도망치고 회피하려 하거나, 너무 당황해서 몸이 얼어붙거나, 심리적 압박이 극에 달한 나머지 공격적인 반응을 보이기도 해요. 이처럼 편도체가 과활성화된 상태에서는 아이가 본능적으로 도망^{flee}, 얼어붙음^{freeze}, 맞서 싸움^{fight} 반응을 보여요.

- **도망치려는 아이** 곤란한 상황을 피하기 위해 방으로 들어가 버림.
- **얼어붙는 아이** 눈물을 뚝뚝 흘리면서 아무 말도 하지 못함.
- **공격적으로 반응하는 아이** 크게 소리를 지르거나 물건을 던짐.

이런 순간에 이성적인 훈육이나 가르침은 거의 효과가 없어요. 아이의 뇌는 이미 위기 상태에 놓여 있고 본능적인 반응을 따를 수밖에 없으니까요. 그러니 편도체가 과열된 상태에서는 아이에게 아무리 지혜로운 말을 해도 들리지 않을 거예요. 이럴 때는 이성의 뇌가 다시 개입할 수 있도록 도와주는 것이 가장 중요해요.

① 우선 진정시키기

훈육을 하려면 아이를 진정시키는 것이 우선이에요. 아이가 충분히 안정돼야 (전두엽이 다시 개입할 수 있고) 합리적인 사고와 대화가 가능해요. 아이에게 격한 감정을 다스릴 시간을 주고, 혼자 있고 싶어 하면 억지로 말을 시키거나 훈육하려 하지 마세요. 아이가 '안전하다'는 느낌이 들 때까지 차분한 말이나 스킨십 등으로 아이의 불안을 가라앉히는 것이 중요해요.

② 부모가 먼저 침착해지기

이때 부모의 역할은 아이의 전두엽 역할을 해 주는 거예요. 두 사람분의 조절력을 발휘해야 하느라 무척 힘이 들겠지만, 부모가 차분함을 유지해야 아이를 도울 수 있어요. 심호흡으로 감정을 가라앉혀 주세요.

③ 극도로 흥분하기 전에 조치하기

편도체 납치 현상이 한번 일어나면 해결하기가 매우 어려워요. 아이가 극도로 흥분하기 전에 신호를 알아채고 미리 진정시켜 주는 것이 좋아요. 평소에 쉽게 흥분하는 아이라면, 일상에서 아이의 상태를 살피며 조치를 취해 주세요. 예컨대 아이가 자극에 지나치게 각성되었다면, 미디어 시청을 제한하고 조용하고 어둑어둑한 방으로 이동해 아이의 홍분을 한 김 식혀 주세요. 평소 피로도가 높은 아이라면 일상의 스케줄을 여유 있고 예측 가능하게 조정해 주세요.

④ 아이 마음 인정해 주기

혼란스러운 아이의 마음을 알아주고 다음처럼 얘기해 주세요.

- "그래, 그게 힘들 수 있지."
- "엄마 아빠라도 그런 마음이 들 것 같아."
- "네 입장에선 충분히 그럴 수 있겠네."
- "네 마음이 이해돼."

⑤ 감정에 공감해 주기

사람은 누구나 부정적 감정을 느끼며, 이는 자연스러운 현상이에요. 불안, 슬픔, 억울함, 외로움, 분노 등의 부정적 감정은 '나쁜 감정'이 아니에요. 그에 따르는 문제 행동은 '나쁜 행동'으로 적절한 제재와 가르침이 필요하겠지만, 아이가 느끼는 부정적인 감정 자체는 자연스럽게 받아들이고 소화해 주세요.

"뭐가 그렇게 불안해!", "네가 뭐가 억울해?", "슬플 일이 아니야!"라며 아이의 부정적 감정을 억누르고 황급히 없애려 하면, 아이의

 까다롭고 예민한 우리 아이, 왜 이렇게 힘들까요?

편도체는 더욱 과열돼요. 반면 감정을 인정받으면 편도체의 과열이 식으며 감정을 적절히 다룰 수 있는 상태가 되죠.

부정적인 감정도 자연스러운 감정이며, 꼭 나쁜 것은 아니라는 사실을 알려 주는 것이 중요하답니다. 그런 감정도 느낄 수 있고 소화될 수 있는 것임을 아이가 배워야 해요.

⑥ 안정된 환경 조성으로 편도체 과열 예방하기

까다로운 아이들은 예측 가능성이 높을수록 안정감을 느껴요. 식사 시간, 취침 시간, 활동 루틴 등 하루 일정이 너무 변동이 크지 않도록 조절해 주세요. 또한 감각 자극에 예민한 아이들은 환경을 적절히 조절해 주는 것이 필수예요. 조용한 공간, 부드러운 옷, 적절한 조명 등 아이의 감각 특성을 고려한 환경을 조성해 주세요.

⑦ 문제 해결 경험이 축적되도록 도와주기

아이가 평소에 문제 해결 경험을 많이 쌓을 수 있도록 도와주는 것이 좋아요. 지금 당장 욕구가 좌절되더라도 다른 때에 다른 방식으로 이를 채울 수 있다는 걸 경험으로 알면, 감정의 과열을 막을 수 있어요. 그래서 훈육에 있어 해결책을 모색하고 대안을 탐색하는 단계가 중요한 거예요.

트라우마(심리적 외상)를 경험한 사람은 편도체가 매우 과민해져요. 과거의 고통스러운 기억과 연관된 자극이 나타났을 때, 현재에도 마치 위협이 실제로 존재하는 것처럼 즉각적인 생존 반응을 일으키는 것이죠.

- 과거와 비슷한 상황을 맞닥뜨리면 이성적 사고가 마비되고 감정이 폭발하며, 작은 자극에도 강한 불안, 공포, 분노를 느끼며 반응함.
- 논리적으로 위험이 없다는 걸 알아도 몸이 자동적으로 반응함.
- 스트레스 호르몬(코르티솔, 아드레날린)이 과다 분비되어 신체적으로 긴장함.

예컨대, 아동기 때 부모에게 심한 꾸지람을 들으며 자랐다면 상사의 작은 지적에도 극도로 위축될 수 있고, 학창 시절 따돌림을 당했던 경험이 있다면 비슷한 분위기의 집단이나 모임에서 불안과 공포를 느낄 수 있고, 사고를 겪었던 사람이 그 당시와 비슷한 소리를 듣게 되면 갑자기 몸이 경직되고 숨이 막히는 경험을 할 수 있어요.

트라우마로 인해 편도체가 지나치게 과열되는 현상이 자주 일어나면, 일상적인 상황에서도 불필요한 공포 반응이 자주 발생해요. 작은 자극에도 과잉 반응하며 감정을 조절하기 어렵고, 스트레스가 누적되어 신체적 질환(두통, 소화 불량, 면역력 저하 등)이 발생할 수 있죠. 감정이 폭발하거나 심리적으로 위축되는 일이 잦아 사회적 관계에서 갈등이 반복적으로 발생할 수도 있어요.

이처럼 트라우마는 일상생활에 많은 불편과 고통을 초래해요. 특히 불안도가 높은 아이는 트라우마가 생기기 쉬우므로 주의해야 해요. 트라우마는 예방이 최선이에요. 만약 이미 트라우마가 발생했다면, 편도체의 과잉 반응을 줄이고 이성적인 사고를 활성화하는 데 많은 도움이 필요해요. 심한 경우 전문적인 치료가 필요하죠. 트라우마를 완화시키기 위해 다음과 같은 방법을 써 보세요.

■ 감정과 반응을 구분하기

- '내가 지금 불안한 이유가 진짜 이 상황 때문인가? 아니면 과거의 경험이 떠올랐기 때문인가?'라는 질문으로 감정과 반응 구분하기.

- 감정에 압도되기 전에 한 박자 쉬며 '내가 느끼는 감정이 과거의 기억에서 온 것일 수 있다'라고 인식하는 연습하기.

■ 신체적 안정 먼저 찾기

- 심호흡, 스트레칭, 근육 이완, 명상 등으로 편도체의 과민 반응 완화하기.

- 심장이 빠르게 뛰거나 호흡이 가빠질 때, '괜찮아, 나는 안전해'라고 스스로에게 말하기.

■ 감정을 언어로 표현하기

- '지금 너무 불안해.' ⇨ "나는 지금 불안을 느끼고 있어. 하지만 실제 위협은 없어."

- 감정을 언어화하면 전두엽이 활성화되어 감정 조절이 쉬워짐.

■ 안전한 환경에서 긍정 경험 쌓기

- 트라우마와 연관된 환경 및 상황에서 긍정적인 경험을 쌓아 가며 편도체의 학습 패턴을 교정하기. 예를 들어, 대인관계가 두려운 사람이라면 처음부터 낯선 사람들과의 큰 모임에 나가기보다 관심사나 흥미를 공유할 수 있는 소규모 만남부터 시작해 천천히 적응하는 것이 좋음.

= **감정 읽기의 진실** =

아이의 감정을 읽어 주라는 말, 많이 들어 보셨죠? 그러나 이 의미를 제대로 이해하는 사람은 드문 것 같아요. 이 메시지가 왜곡되어 퍼지면서 심지어 희화화의 대상이 되기도 해요.

감정은 수용하되, 잘못된 행동은 통제하기

감정을 읽어 주고 수용해 준다는 건, 아이가 자기 마음대로 하게끔 내버려 두는 것이 아니에요. 오히려 감정을 조절할 수 있도록 이끌어 주는 게 목적이에요. 잘못된 행동을 통제하기 위해 그에 선행하는 감정의 정당성을 인정해 주는 것이지요.

- **행동 통제** 아이가 사회적 규칙이나 안전에 어긋나는 행동을 할 때, 그 행동을 적절히 바로잡고 가르치는 것. 행동의 결과와 규칙을 이해하도록 돕고, 잘못된 행동이 반복되지 않도록 지도하는 것.
- **감정 수용** 아이가 그 행동을 하게 된 감정 상태를 이해해 주는 것. 감정 그 자체를 비난하지 않고 안전하게 표현하도록 돕는 것.

행동은 통제하되, 감정까지 통제하진 마세요. 아이의 행동이 부적절하더라도 감정 자체를 비난하진 마세요. 아이가 화가 나서 물건을 던진다면, '물건을 던지는 행위'는 잘못이라는 걸 분명히 알려

    까다롭고 예민한 우리 아이, 왜 이렇게 힘들까요?

줘야 하지만 '화가 난다'는 아이의 감정을 비난의 대상으로 삼지 말라는 뜻이에요. 이러한 훈육 방식을 통해 아이는 마음을 다치지 않으면서도 올바른 사회적 행동을 배울 수 있고, 건강한 한계 내에서 안정적으로 자랄 수 있게 돼요.

아이의 감정은 수용하되, 잘못된 행동까지 수용하진 마세요. 훈육할 때 주의해야 할 점은 '감정 수용'과 '행동 수용'을 혼동하지 않는 거예요. 아이가 자연스럽게 느끼는 감정은 인정해 주지만, 그 감정에서 비롯된 행동이 잘못되었을 때는 명확하게 옳고 그름을 가르쳐 주어야 해요. 이를 통해 아이는 감정을 느끼는 것은 괜찮지만 행동은 조절이 필요하다는 사실을 배우게 돼요.

감정 조절의 첫걸음, '감정 인식'

아이는 문제 상황에서 다양한 종류의 불쾌한 감정을 느끼지만 그 감정이 정확히 무엇인지 알지 못해요. 단순히 '짜증 난다', '싫다' 정도로만 인식할 뿐, 감정의 구체적인 이유와 상태를 깊이 이해하지 못하죠.

이때 부모가 감정을 읽어 주면 아이는 자신의 감정을 구체적으로 인식하고 표현할 수 있게 돼요. 형체가 없는 감정에 이름을 붙여 주는 거예요. 예컨대 "너 지금 속상하고 외롭구나"라고 말해 주면, 단순히 짜증과 화로 느껴지던 감정이 '속상함'과 '외로움'이라는 이름을 얻게 되는 거죠. "억울한 마음이구나"라고 감정을 읽어 주면,

아이는 자신이 느끼는 불쾌함이 뭔지 이해하게 돼요.

이러한 감정 인식 능력은 감정을 조절하는 첫걸음이 돼요. 감정의 복합성을 이해하고 다양한 감정을 정확하게 표현할 수 있는 기반을 마련해 주죠.

감정 코칭의 창시자 존 가트맨John Gottman 교수는 감정에 이름을 붙이는 것은 '감정이라는 문에 손잡이를 만들어 주는 것'이라고 표현했어요. 손잡이가 생기면 문 안팎을 마음껏 드나들 수 있는 것처럼, 감정을 언어로 표현할 수 있게 되면 다양한 상황에서 감정을 조절하는 방법을 터득할 수 있어요. 감정이 격해지는 순간에도 문제 행동으로 치닫지 않고, 좀 더 쉽게 진정할 수 있답니다.

부정적 감정도 자연스럽게 소화하기

아이가 부정적 감정을 표출할 때 부모는 당황해요. 이때 아이의 감정을 경시하며 억압하거나, '그런 감정을 느끼면 안 돼!'라고 엄하게 질책하거나, 혹은 허둥지둥 아이를 달래고 관심을 돌려 버리는 경우도 있어요. 그러면 아이는 감정을 조절하긴커녕 있는 그대로 '느끼는 일'조차 서툴러져요. 이런 경험이 누적되면 정체 모를 감정들이 해소되지 않고 마음속에 쌓여 불안, 우울, 스트레스, 무기력과 같은 정서적 문제로 이어질 수 있어요. 이런 심리적 스트레스가 신체로 전이되어 신체적 증상이 나타나기도 해요.

사람은 누구나 부정적 감정을 느끼며, 이는 자연스러운 현상이

 까다롭고 예민한 우리 아이, 왜 이렇게 힘들까요?

에요. 아이가 불안, 슬픔, 억울함, 외로움, 분노 등의 부정적 감정을 드러낼 때, 황급히 그 감정을 없애려 하지 말고 자연스럽게 받아들이게끔 도와주는 게 중요하답니다. 부정적 감정으로 인한 문제 행동은 훈육이 필요한 '나쁜 행동'일 수 있어요. 그러나 부정적인 감정 자체를 '나쁜 감정'이라 비난하지 않으면 아이는 점차 다양한 감정을 소화할 수 있게 돼요.

= 대안을 찾아 문제 해결력 기르기 =

해결책까지 모색해야 진정한 훈육이라고 할 수 있어요. 이 단계가 무척 중요하답니다. 물론 매번 해결책을 찾을 수는 없고, 그냥 덮고 넘어가야 하는 상황도 많을 테죠. 그러나 욕구가 많은 아이일수록, 욕구를 해소할 '건강한 대안'을 찾는 훈련이 필요해요. 그러한 경험이 많이 쌓여야 욕구가 좌절되었을 때도 무기력이나 분노로 이어지지 않고 적절한 해소법을 찾을 수 있어요.

어떤 해결책이 있을지, 어떤 대안이 있을지, 좌절을 어떻게 이겨 낼지, 앞으로 비슷한 상황에서 어떻게 행동할지 아이와 함께 생각해 보는 단계예요. 처음에는 부모가 도움을 주지만, 점차 아이가 능동적으로 대처할 수 있도록 문제 해결력을 길러 주는 과정이지요.

해결책을 모색하고 대안을 찾는 과정을 통해 다음과 같은 긍정적인 결과가 생겨요.

① 욕구의 건전한 해소법을 익힐 수 있어요

감정 조절력과 자기 통제력만 키운다면, 아이는 사회적으로 문제를 일으키지는 않겠지만 자기 욕구를 적절히 충족시킬 방법을 찾지 못하죠. 함께 대안을 찾고 해결책을 모색하는 과정을 통해, 욕구를 무조건적으로 억누르지 않으면서 올바른 해소법을 찾는 훈련을 할 수 있어요. 이렇게 욕구를 적절히 다루는 능력을 키워야 건강한 방식으로 스트레스와 좌절감을 다스릴 수 있어요.

② 욕구 조절이 수월해져요

욕구가 좌절되어도 또 다른 대안을 찾거나 좌절감을 이겨 내는 경험들이 쌓이면, 점차 좌절 내구성이 생겨요. 기대가 무너지는 상황을 보다 의연하게 받아들일 수 있게 되죠.

③ 자립심이 길러져요

욕구를 해소할 건강한 대안을 찾는 과정은 장기적으로 자립심과 스스로 생각하는 힘을 키워 준답니다. 해결책을 모색하는 과정에서 아이는 상황을 다각도로 바라보고 여러 방안을 생각해 보게 되는데, 이러한 경험은 스스로 문제를 해결하는 능력은 물론 비판적 사고력 발달에도 큰 도움이 돼요. 나아가 더 복잡하고 다양한 문제

     까다롭고 예민한 우리 아이, 왜 이렇게 힘들까요?

상황을 차분하게 바라볼 수 있는 훈련이 되고, 이런 경험이 꾸준히 쌓이면서 자립심이 자라나요. 자립심이 생긴 아이는 스트레스를 받는 상황에서도 '나는 이 문제를 해결할 수 있어'라는 긍정적 신념을 가질 수 있죠.

④ 책임감을 길러요

해결책을 스스로 선택하고 그 결과를 받아들이는 경험을 통해, 아이는 자연스럽게 책임감을 학습하게 돼요. 단순히 외부의 지시에 따라 행동하는 것을 넘어, 스스로의 판단과 선택에 따라 행동하고 그 결과를 받아들이는 성숙한 태도가 길러지는 것이죠. 이러한 경험을 기반으로 점점 더 책임감 있는 선택을 하게 되고, 문제 상황에 적절히 대처하는 능력을 키울 수 있어요.

= 긍정적 마무리가 중요해요 =

긍정적인 마무리는 배움을 효과적으로 저장할 수 있게 해 줘요.

마무리의 중요성을 보여 주는 실험이 있어요. 참여자들에게 고통스러운 내시경 검사를 받게 하고, 이들이 느꼈던 고통의 정도를 질문하여 결과를 그래프로 기록했는데, 흥미로운 결과가 나왔어요. 검사 과정이 전반적으로 고통스러웠어도 마지막 마무리 단계가 편안했던 사람은 검사를 덜 힘들게 기억하고, 상대적으로 평이하게 진행되었지만 마지막 마무리 단계가 고통스러웠던 사람은 검사를 더 괴롭게 기억했어요.

이 실험은 부정적인 일이 생겼을 때 마무리를 잘 짓는 것이 얼마나 중요한지를 보여 줘요. 훈육도 마찬가지예요. 크게 혼냈더라도 애정 어린 대화로 훈훈하게 마무리 지을 수 있다면, 아이는 이를 유익한 시간으로 기억하고 긍정적으로 배울 수 있을 거예요. 반면 소소한 훈육일지라도 짜증이나 감정에 치우친 비난으로 끝난다면 아이가 거부감을 느껴 제대로 배울 수 없을 테죠. 그래서 훈육의 끝맺음을 어떻게 하느냐가 중요해요.

무엇보다 **중요한 건 부모가 잘못한 점이 있을 때 제대로 사과해야 한다는 거예요.** 아이를 키우다 보면 양육자도 욱하는 경우가 많죠. 훈육을 빙자한 화풀이를 하기도 하고, 나도 모르게 심한 말을 쏟아 내기도 해요. 이런 행동이 바람직하지는 않지만, 부모도 사람이니 실수할 수 있어요. 이렇게 훈육 중에 부모가 잘못한 경우에는 꼭 진심으로 사과하고, 실수를 반복하지 않으려 노력하는 모습을 보여 주세요. 훈육 과정에서 부모가 감정을 조절하며 갈등을 풀어 나가는 모습은 아이에게 중요한 모델링이 되니까요.

　　까다롭고 예민한 우리 아이, 왜 이렇게 힘들까요?

아이 마음을 여는
긍정적 훈육법

= 칭찬 포인트 찾기: 의외로 효과 좋은 칭찬 훈육 =

훈육의 관점을 완전히 바꾸어 보세요. 잘못한 상황에 초점을 맞추는 게 아니라, 잘하고 있을 때 이를 짚어 주는 거예요. 아이가 문제 행동을 하지 않을 때를 캐치해서 칭찬해 보세요. **의식적으로 칭찬 포인트를 찾아내서 긍정적 피드백을 주는 거예요.**

예를 들어, 취침 시간에 더 놀겠다고 떼를 쓰는 아이가 있어요. 평소에는 다섯 번, 열 번씩 보채곤 하는데, 어느 날 피곤했는지 세 번만 보채고 그냥 자겠다며 누웠어요. 그럼 이게 칭찬 포인트가 될 수 있겠죠. 아이는 얼떨결에 칭찬을 받고 '아, 나도 덜 보챌 수 있구나'라는 자신감을 얻고, 바람직한 행동이 강화될 수 있어요.

또 예를 들어 화가 날 때마다 괴성을 지르는 아이라면, 아이가 소리 지르는 상황에서 혼을 내는 것은 효과가 좋지 않을 거에요. 이런 경우엔 오히려 반대로, 아이가 소리를 지르지 않을 때 뜬금없이 이를 칭찬해 주는 거예요. "앗, 잠깐만, 오늘 소리를 한 번도 안 질렀는데? 우아, 너무 멋지다! 고마워, 최고야!"라면서요. 아이가 깜짝 놀랄 거예요. 못하는 걸 지적받으면 자신감과 의욕이 떨어지지만, 잘하는 걸 칭찬받으면 효능감이 생기며 훨씬 자발적으로 노력하게 될 거예요.

물론 아이의 문제 행동이 하루아침에 해결되지는 않아요. 같은 문제 행동이 반복되더라도, 과거에 잘 해낸 경험을 상기시켜 주세요. "저번에는 해냈는데 이번엔 참기 힘들었구나. 다음에는 또 잘할 수 있을 거야"라는 식으로요. 이렇듯 아이에게 할 수 있다는 자신감을 심어 주는 것이 중요해요.

양육자는 아이에게 옳고 그름을 가르치기 위해 당근과 채찍을 모두 사용하게 돼요. 그런데 채찍, 즉 벌이나 질책으로 옳고 그름을 배운 아이의 마음에는 죄책감과 실망이 싹터요. 아이 입장에서는 잘못하면 벌을 받고, 잘해야 중간이라고 느끼겠죠. 반면 당근, 즉 인정과 칭찬을 토대로 옳고 그름을 배운 아이 마음에는 행복과 자존감이 쌓여요. 실수하더라도 다음에 더 열심히 해 보려는 의욕과 책임감이 길러지죠. 이렇듯 똑같이 옳고 그름을 배웠더라도 어떤 아이는 위축되어 매사 긴장할 수 있고, 어떤 아이는 당당하고 자존

    까다롭고 예민한 우리 아이, 왜 이렇게 힘들까요?

감 높게 자랄 수 있어요.

방정리를 시켜야 할 때

채찍(벌이나 질책) "당장 정리해! 안 치우면 다 버린다!"

당근(칭찬과 인정) "저번에 보니까 네가 인형 정리를 깔끔하게 잘하더라! 엄마도 배워야겠어. 그때 어디에 어떻게 정리했었지?"

양치하기 싫어할 때

채찍(벌이나 질책) "그냥 좀 해라, 좀! 이 다 썩으면 좋겠어?"

당근(칭찬과 인정) "칫솔질이 많이 늘었더라. 언제 이렇게 컸지? 입 안쪽까지 칫솔이 닿는지 봐 줄게."

식사 후 그릇을 싱크대에 갖다 놓는 걸 깜빡하고 그냥 일어날 때

채찍(벌이나 질책) "그릇 좀 갖다 놓으라고 몇 번 말해!"

당근(칭찬과 인정) "그릇을 같이 정리하니 참 좋아. 오늘도 고마워!"

칭찬과 인정을 통해 긍정적 동기가 생긴 아이는 지시 사항을 억지로 따르는 것이 아니라, 기대감과 성취감을 바탕으로 자발적으로 행동하게 돼요. 당근으로 성장한 아이는 점차 더 좋은 선택을 하려는 마음이 커지죠.

물론 채찍을 아예 쓰지 말라는 말은 아니에요. 보상과 벌이 적절히 섞인 일관성 있는 훈육이면 돼요. 예컨대 '밥 먹고 나서 간식 먹기'라는 규칙이 있는데, 밥을 먹지 않으면 간식도 얻을 수 없겠죠. '숙제 다 하고 TV 보기'라는 규칙이 있는데, 숙제를 계속 미뤄서 못 했다면 TV를 보지 못하는 벌이 따를 수밖에 없을 거예요.

그러나 '칭찬 훈육'이 생활화되면 양육이 훨씬 편해질 수 있어요. 문제 상황에서 바르게 훈육하려 애쓰는 건 많은 에너지가 들지만, 아이가 잘할 때 칭찬해 주는 것은 훨씬 쉽고 서로 기분도 좋은 일이니까요. 일상에서 칭찬 포인트를 찾아내는 습관, 꼭 들여 보세요.

= 아이와 한편이 되기: 아군으로서 훈육할 수 있어요 =

아이를 키우다 보면 훈육하고 지도해야 할 일이 참 많죠. 하루에도 몇 번씩 아이의 욕구에 태클을 걸어야 하는 상황이 생겨요. 그러다 보니 아이 입장에서는 부모가 자신을 이해하지 못하고 늘 자기를 방해하고 막기만 하는 존재라고 생각하기 쉬워요. 특히 본격적인 학습을 시작하는 나이가 되면 부모와 아이가 앙숙이 되는 경우가 많죠.

물론 어느 정도의 갈등은 어쩔 수 없어요. 오히려 아이를 위해 부모가 악역을 자처해야 하는 경우도 있고요. 그러나 아이가 부모를 '적군'으로 인식하면 아이 마음속에 악감정이 걷잡을 수 없이 커져

     까다롭고 예민한 우리 아이, 왜 이렇게 힘들까요?

요. 아이는 점점 더 말을 안 듣고 부모와 싸움이 잦아지겠죠. 한마디로 모두가 점점 더 힘들어지는 거예요.

반면 아이가 부모를 '아군'으로 인식하면 같은 상황에서도 다른 전개가 펼쳐질 수 있어요. 부모와 아이가 한편에서 함께 문제에 대해 논의하고 해결책을 찾을 수 있게 되죠. 그러기 위해서 부모는 아이를 훈육하고 지도할 때 **'나는 너를 돕고 싶어'라는 메시지를 끊임없이 줘야 해요. 물론 본심도 그러해야 하고요. 무엇이 아이를 위한 최선인지 고민하는 모습을 보여 주세요.**

규칙을 지키는 것이 왜 좋은지 알려 주기

- **상황의 예** 아이가 밤늦게까지 게임을 하려고 고집을 부려요. 부모가 단호하게 거절하면, 아이는 반발하며 "엄마는 나만 못 하게 해!"라고 화를 내요.

- **부모의 반응** "게임을 많이 하고 싶은 네 마음이 이해가 돼. 그런데 충분히 자지 않으면 내일 아침에 피곤해질 거야. 우리 주말에 시간을 정해서 마음껏 게임할 수 있는 날을 만들자. 대신 평일엔 건강을 위해 잘 쉬는 거야." 이렇듯 규칙의 이유를 알려 주고 아이를 배려하는 설명을 해 주세요.

- **효과** 아이는 규칙이 단순히 자신을 제재하기 위한 것이 아니라 자신을 위한 안전망이라는 점을 이해하게 돼요. 이러한 이해가 쌓이면 규칙을 지키려는 의지도 더욱 커져요.

아이의 어려움에 공감하기

- **상황의 예** 아이가 학습에 집중하지 못하고 꾸물거릴 때 부모는 조급한 마음에 "왜 그렇게 집중을 못 해? 빨리 좀 해!"라고 말하게 될 수 있어요.

- **부모의 반응** "오늘은 공부하기가 좀 어려운가 보구나. 그래, 머리 쓰는 게 쉬운 일이 아닌데 고생이네. 그래도 수학은 내일 시험이라서 이 부분을 꼭 끝내야 하는데 어쩌지. 잠깐 간식 먹으면서 쉬었다 하면 도움이 될까?"라고 아이의 편에서 함께 고민해 주세요. 아이가 목표를 달성한 후에는 "역시, 해낼 거라고 생각했어"라며 격려해 주세요.

- **효과** 아이는 부모가 자신에게 공부를 강요하는 적이 아닌, 자신을 지지하는 아군으로 느끼게 되며, 점차 부모와 함께 학습하는 시간을 긍정적으로 받아들이게 돼요.

기본 원칙은 지키되 아이의 부담 덜어 주기

- **상황의 예** 아이가 유치원 생활을 너무 힘들어해요.

- **부모의 반응** 아이의 상황에 맞추어 부담을 덜어 주는 융통성을 발휘할 수 있어요. "유치원에 오래 있으면 피곤한가 보구나. 이번 주는 방과후 수업을 빼고 일찍 집에 와서 쉬는 시간을 늘려 보면 어떨까? 한 주 동안 그렇게 지내 보고 컨디션을 보자."

- **효과** 부모는 아이가 유치원에 가야 한다는 대원칙은 유지하면서

도, 아이의 상황에 맞추어 부담을 덜어 주는 유연한 태도를 보임으로써 아이에게 자신이 이해받고 지지받고 있다는 심리적 안정감을 심어 줄 수 있어요. 이는 아이가 유치원 생활을 더 긍정적으로 받아들이고, 피로감을 덜어 낸 후에는 유치원 활동에 더 의욕적으로 참여할 수 있도록 도와준답니다.

함께 문제 해결하기

- **상황의 예** 아이가 학원 스케줄에 지쳐 힘들어해요.

- **부모의 반응** 먼저 아이의 얘기를 귀 기울여 들어 주세요. 스트레스가 과도한지, 일시적인 피로감인지 살펴보고, 그에 따라 학원 일정이 과도한지 함께 검토한 다음, 필요한 경우 스케줄 조정을 고려해 보세요. 먼저 학원에 부탁하여 일시적으로 숙제를 줄여 줄 수 있어요. "네가 너무 힘들면 다른 대안들을 고려할 수 있어. 숙제가 적은 학원으로 옮기거나, 오고 가는 시간을 줄일 수 있는 과외로 대체하거나, 상대적으로 집에서 편하게 할 수 있는 화상수업이나 집공부를 시도해 볼 수도 있지. 네 생각은 어떠니? 더 효율적인 방법을 찾을 수 있으면 좋겠구나. 하지만 바꾼 방법으로 학습이 제대로 이루어지지 않는다면, 그 방법은 너와 맞지 않는 거니 지속할 수 없어."

- **효과** 아이는 자신의 감정을 부모가 이해하고 도와주려는 태도에서 심리적 안정감을 느끼고, 부모에 대한 신뢰를 키울 수 있답니다. 함께 대안을 찾고 실천하는 과정에서 책임감도 길러져요.

함께 규칙 정하기

- **상황의 예** 아이가 잠자리에 드는 시간을 늦추자고 졸라요.

- **부모의 반응** "9시에 불 끄고 눕는 게 우리 집 규칙이잖아. 너는 친구들처럼 취침 시간을 30분 늦추고 싶다는 거지? 네 의견에도 일리가 있어. 네가 일어나는 시간을 잘 지킬 수 있다면 괜찮을 것 같아. 하지만 늦게 자면 그만큼 다음 날 컨디션에 지장이 있을 수 있으니, 주말에 먼저 시도해 보자. 아침에 일어나기 너무 힘들거나 다음 날 너무 피곤한지 지켜보고 다시 같이 얘기해 보자."

- **효과** 아이는 자신의 의견이 존중받고 있다는 느낌을 받으며, 규칙을 강요가 아닌 자기 결정의 일부로 받아들이게 돼요. 이로 인해 규칙을 지킬 동기가 높아지고 책임감을 가질 수 있답니다. 또한 부모와의 협의 과정을 통해 아이는 자기 의견을 표현하는 법과 타협을 배우게 돼요.

행동을 고쳐 주고 싶을 때, 아이 입장을 이해하고 도와주기

- **상황의 예** 아이가 자신의 물건을 정리하지 않고 방을 어지럽혀요. 부모는 "방 좀 치워!"라고 잔소리하지만, 아이는 실천하지 못해요.

- **부모의 반응** "정리하는 게 아직 어려운가 보구나. 같이 하면 조금 더 쉽지 않을까? 순서를 정해서 시작해 보자. 자, 먼저 블록만 골라서 상자에 넣는 거야." 이처럼 아이와 함께 작은 목표부터 설정해서 정리하는 방식을 제안해 보세요.

   까다롭고 예민한 우리 아이, 왜 이렇게 힘들까요?

• **효과** 아이는 부모가 자신을 이해하고 도와주는 사람이라고 느끼게 돼요. 이렇듯 도움을 받아 성공 경험을 쌓으면, 아이는 능숙하지 않은 일을 시도하거나 잘못된 행동을 고치는 데 대한 부담감이 점차 사라지고 자기 관리 능력도 키워 나갈 수 있어요.

이처럼 부모가 비난하지 않고 아이의 입장을 이해하며 함께 고민하는 태도를 보이면, 아이는 부모가 자신의 욕구를 이해하려 하고 자신을 도우려 하는 한편임을 깨닫게 돼요. 아이가 살면서 어려움에 처했을 때 부모를 믿고 의논할 수 있게 되겠죠. 또한 아이가 부모를 적이 아닌 신뢰할 수 있는 내 편으로 인식하면 갈등 상황에서도 보다 협조적으로 마음을 열 수 있게 돼요.

= 유쾌한 분위기 만들기: 더 잘 배울 수 있어요 =

까다로운 아이를 훈육할 때면 부모도 아이도 날이 서서 상황이 악화되곤 해요. 엄마 아빠는 자기도 모르게 다른 아이들과 비교하며 신경이 곤두서고, 아이는 짜증 모드에 들어서죠. 서로 감정이 상하고 서로를 원망하게 돼요. 훈육 후에 후회가 없고 개운한 기분이 들어야 잘한 거라는데, 이런 훈육은 서로에게 상처가 되지요.

하지만 사실 아이들은 긍정적이고 안정된 분위기 속에서 더 잘 배워요. 우리는 종종 훈육을 '무섭게 혼내는 것'이라 착각하지만, 훈육이라고 무조건 엄숙하고 진지할 필요는 없어요. 조금만 마음을 달리 먹으면, 아이를 겁주지 않고도 얼마든지 올바른 방향으로 이끌어 줄 수 있어요. 오히려 밝은 분위기에서 아이가 편안함을 느끼면 더 수월하게 마음을 열게 돼요.

훈육이 중요하지 않아서 대충 하라는 게 아니에요. 오히려 너무나 중요하기 때문에, 더 효과적으로 받아들여질 수 있는 전략을 써야 한다는 거죠.

아이　　　"치카하기 싫어!"

부모 대응 A "쓸데없는 소리 하지 말고 빨리 와!"

부모 대응 B "앗, 하지만 오늘 ○○이 입속에서 충치 벌레들이 파티를 한다는 소문이 있다구! 가만 있을 수 없지, 벌레들을 무찌를 칫솔 작전을 계획해 놨어!"

부모 대응 C "엄마가 ○○이보다 더 크게 입 벌리는 연습을 했어. 우리 대결하자!"

부모가 A로 대응했을 때의 상황이 그려지시나요? 아이는 순식간에 기분이 팍 상할 테고, 아이의 짜증에 부모도 "넌 왜 애가 그 모양이니!"라며 화를 내고, 상황은 엉망진창이 되죠. 반면 부모가 B나 C로 대응했을 때는 아이가 재밌다는 듯이 히죽거릴 확률이 높아요

 까다롭고 예민한 우리 아이, 왜 이렇게 힘들까요?

('빨리 해!' 등의 단호한 표현이 나쁘다는 게 아니에요. 분위기를 유하게 만들면 예민한 아이가 좀 더 수월하게 움직일 수 있다는 말이에요).

유쾌한 훈육의 핵심은 '훈육이 비난이나 처벌이 아닌 편안한 경험'이 될 수 있도록 하는 거예요. 아이가 이해하기 어려운 상황이나 잘못된 행동에 대해 설명할 때는 유쾌하고 친근한 말투를 쓰는 것이 좋아요. 이렇게 하면 아이가 심리적 거부감을 덜 느끼고, 훈육도 부담스럽지 않게 받아들일 수 있어요. 웃음과 긍정적인 상호작용 속에서 훈육이 이루어지면, 아이들은 부모의 지도를 더 수월하게 받아들이고 자신감 있게 올바른 행동을 배우게 돼요.

장난감을 방에 어질러 놓았을 때

- 비난조 훈육 방식 "도대체 방을 왜 이렇게 어지럽히는 거야? 왜 이렇게 말을 안 듣니?"
- 유쾌한 훈육 방식 "이야, 엄마 아빠 몰래 장난감 가게 차렸니? 재고 정리 좀 해야겠는데?"

비난 조의 말투보다는 상황을 유쾌하게 바꿔 주는 말투가 훨씬 효과적이에요. 부모의 재치 있는 한마디에 아이는 웃음을 터뜨리고, 장난감 정리는 재미있는 놀이처럼 느껴지게 돼요. 이렇게 하면 정리 정돈에 대한 거부감도 줄일 수 있답니다.

취침 시간에 더 놀고 싶어 할 때

- 비난조 훈육 방식 "자라고, 좀! 도대체 몇 시야! 엄마 말이 우습니!"
- 유쾌한 훈육 방식 "에너자이저가 따로 없네. 하지만 배터리도 충전이 필요한 법이야~."

말투에 따라 아이의 반응이 크게 달라져요. 비난조로 말하든 유쾌하게 말하든 결국 불을 끄고 눕는 것 자체는 똑같이 지켜야 하지만, 유하게 말하면 아이가 훨씬 기분 좋게 잠자리에 들 수 있어요. 잘 시간을 알려 주면서도 불필요한 감정 소모를 줄일 수 있답니다.

걷기 싫어할 때

- 비난조 훈육 방식 "시끄러워, 징징대지 마."
- 유쾌한 훈육 방식 "우리 저기 보이는 나무까지 누가 더 빨리 걷나 대결해 볼까?"

'너무 하기 싫은 일'을 게임처럼 미션화하여 상황을 재미있게 풀어 낼 수 있어요. 이런 식으로 긍정적 경험을 쌓으면, 아이는 크게 힘들이지 않고 습관을 형성할 수 있어요.

애착가족치료로 유명한 대니얼 휴즈Daniel Hughes는 부모가 지녀야 할 태도 중 하나로 '명랑함'을 강조해요. **부모가 유쾌한 태도로**

가르침을 전할 때, 아이는 부모와 약간의 갈등이 있어도 관계가 손상되지 않는다는 것을 경험하며 안정감 있게 배울 수 있어요.

훈육은 단순히 잘못된 행동을 교정하는 과정이라기보다, 아이와 긍정적인 관계를 쌓고 자존감을 키워 주는 과정이라는 점을 기억해 주세요. 유쾌한 훈육은 아이의 마음을 더 쉽게 열어 주고 긍정적 동기를 심어 준답니다.

만약 이렇게 마음을 다잡았는데도 아이와의 갈등에 화가 다스려지지 않는다면, 부모 역시 도움이 필요한 상태일 수 있어요. 감정 조절이 힘들 정도로 지쳐 있다면 전문가의 도움을 받는 것도 좋은 선택이에요. 저 역시 같은 여정을 겪었고, 제 전작『나는 예민한 엄마입니다』에 그때 도움이 됐던 방법들을 소개해 두었답니다.

= 사회적 표현 가르쳐 주기: 욕구를 조화롭게 충족해요 =

까다로운 아이들은 좋고 싫음이 분명해요. 그러나 자신의 호불호만 내세워서는 사람들과 좋은 관계를 맺기가 어렵죠. 그래서 앞서 강조했듯이, **욕구가 강한 아이일수록 다른 사람의 욕구와 조화를 이루는 법을 배워야 해요. 그러려면 사회적 표현을 배우는 게 매우 중요하답니다.** 내 욕구를 최대한 채우면서도 이를 사회적으로 표현하고 조화롭게 충족하는 방법을 익히면, 아이는 보다 행복하게 성장할 수 있어요.

입맛이 까다로워 싫어하는 반찬을 뱉는 아이를 예로 들어 볼게요. 적당한 수준의 편식이라면 가르침을 통해 비교적 쉽게 완화될 수 있지만, 구강 감각이 아주 예민한 아이라면 억지로 먹일 수 없어요. 입맛이 까다로운 것 자체를 비난할 수는 없죠. 하지만 입에 안 맞는다고 바로 음식을 '퉤!' 뱉어 버리는 행위는 고쳐 줄 수 있어요. 영양 섭취의 문제가 아니라 사회성 측면에서요. 음식을 만들어 준 사람과 함께 먹는 사람들을 배려하는 법을 가르쳐 줘야 해요.

싫어하는 음식을 '퉤!' 뱉는 아이에게 가르쳐 줄 수 있는 사회적 표현들은 다음과 같아요.

- "정 못 먹겠으면 뱉을 수 있어. 하지만 식탁에 막 뱉으면 보는 사람들이 불쾌하단다. 뱉을 때는 꼭 휴지에 싸서 뱉기로 하자."
- "엄마가 애써 준비한 음식을 뱉으니 속상해. '고맙지만~, 미안하지만~'이라고 말해 주면 엄마 마음이 덜 속상할 텐데." ("엄마, 요리해 줘서 고맙지만 이건 내가 먹기 어려운 음식이에요." / "엄마, 미안하지만 이제 배가 불러요.")
- "상대에게 안 좋은 말을 해야 할 때는 좋은 말도 덧붙여 주는 게 좋단다." ("엄마, 저 반찬은 못 먹지만, 이 반찬은 정말 맛있어요!")

이 밖에도 다양한 상황에서 사회적 표현을 알려 줄 수 있어요.

　　까다롭고 예민한 우리 아이, 왜 이렇게 힘들까요?

부모의 관심을 얻고 싶어 할 때

부모의 관심을 얻고 싶을 때 아이는 종종 성급한 명령조의 말투를 사용하곤 해요. 이때 **부모가 올바른 표현을 차분히 가르쳐 주면, 아이는 자신의 필요를 적절하게 표현하면서도 상대의 입장을 배려하는 법을 배울 수 있어요.** 이런 연습을 통해 아이는 자신의 욕구를 충족시키는 동시에 상대방의 상황을 존중하는 태도를 익히게 된답니다.

- **잘못된 표현** "엄마, 이리 와 봐요, 빨리!"
- **올바른 표현 연습** "엄마, 지금 내가 하는 거 봐 줄 수 있어요? 아니면 이따가 될 때 말해 줘요."

장난감을 정리하기 어려워할 때

장난감을 정리하기 어려울 때 아이는 종종 답답함을 그대로 표현하며 짜증 섞인 말을 하기도 해요. 이때 **상대에게 예쁘게 부탁하는 말을 가르쳐 주면, 협력을 통해 문제를 풀어 가는 방법을 배우게 돼요.** 이런 경험은 조화로운 의사소통으로 이어지는 훈련이 되지요.

- **잘못된 표현** "이걸 내가 혼자 어떻게 치워요!"
- **올바른 표현 연습** "정리하고 싶은데 장난감이 너무 많아서 어려워요. 도와주면 열심히 해 볼게요!"

이처럼 아이가 자신이 원하는 바를 이루면서 동시에 예의를 지키는 법을 알려 주는 것이 중요해요. 가족은 아이가 가장 먼저 경험하는 사회이기 때문에, 가정 내에서 자연스럽게 사회적 기술을 배우고 연습해 보는 환경을 제공해 줄 수 있어요. 상대의 기분이 상하지 않게끔 사회적으로 적절히 표현하는 법을 아이가 집에서 차근차근 연습하며 숙달되게끔 도와주세요.

물론, 이러한 사회적 표현 방법은 하루아침에 습득되지 않아요. 꾸준한 연습과 경험을 통해 점차 익숙해질 수 있는 부분이에요. 부모가 아이에게 이를 꾸준히 알려 주고 바르게 표현했을 때 칭찬해 주면, 아이는 점점 더 긍정적이고 효과적인 표현 방식을 익힐 수 있답니다. 가정에서부터 시작된 이러한 연습은, 아이가 점차 다른 사람과의 관계에서도 상대를 존중하고 배려하며 자신의 욕구를 표현할 수 있는 중요한 밑거름이 될 거예요.

= 일관된 규칙 세우기: 함께 세우고 점검해요 =

가정에 가족들이 지켜야 할 일관성 있는 규칙이 있는 게 좋다는 건 모두 아실 거예요. 아이가 '이건 되나, 안 되나?' 헷갈리지 않도록 분명하고 일관성 있는 한계가 설정되어야 해요. 아무런 기준 없이 부모의 기분에 따라 하루는 허용하고 하루는 금지하는 등 갈팡질팡

    까다롭고 예민한 우리 아이, 왜 이렇게 힘들까요?

한 모습을 보여 주면, 아이는 불안을 느껴요.

중요한 건 규칙을 세울 때, 아이도 부모도 지킬 수 있도록 신중하게 정해야 한다는 거예요. 아이도 정해진 한계를 벗어나지 않아야 하지만, 부모도 한계 내에서는 자유롭게 허용하는 게 중요해요. 미디어 시청 시간을 2시간으로 정해 놨다면 2시간이 되기 전까지는 제지하지 않는 것, 주말 점심 메뉴를 아이가 고를 수 있게 정해 놨다면 메뉴가 마음에 안 들어도 따라 주는 것, 놀이가 다 끝난 뒤에 정리하기로 규칙을 정했다면 노는 동안은 정리하라고 잔소리하지 않는 것. **규칙은 아이만 지키는 것이 아니라 부모도 지켜야 하는 것으로, 부모의 기분에 따라 한계를 변경하지 않도록 주의해 주세요.**

특히 반복적인 일과에 관해 일관된 규칙을 세워 놓으면, 아이도 부모도 에너지를 아낄 수 있어요. 초기에 규칙이 자리 잡기까지는 많은 공을 들여야겠지만요. 자기 전에 양치하기, 식사 후 그릇 정리하기, 하원 후 손 씻기 등, 일단 루틴이 형성되면 불필요한 갈등이 훨씬 줄어든답니다.

까다로운 기질의 아이와 함께 규칙을 세우고 지키려면 여러 가지 노력이 필요해요.

규칙을 세울 때 아이 참여시키기

까다로운 기질의 아이들은 일방적인 규칙 지시에 반발할 가능성이 높아요. 이러한 아이들에게는 규칙을 세우는 과정에 참여시키는 것이 효과적이에요. **아이의 의견을 반영해 주면, 규칙이 지시나 강압이 아닌 자발적 선택처럼 느껴져 저항이 줄어들 수 있어요. 그러면 실천 가능성이 높아지겠죠.**

"잘 준비를 위해 해야 할 일들을 순서대로 적어 볼까? 어떤 걸 먼저 할지 네가 골라 보렴."

물론 아이에게 완전한 자율권을 줄 수는 없어요. 그러면 터무니없는 의견을 내기 십상이니까요. 그럴 때는 몇 가지 옵션을 제시해 아이가 스스로 선택하게 할 수 있어요. 예를 들어, 취침 시간을 규칙으로 정하는 상황에서는 이러한 선택지를 제시할 수 있어요.

"요즘 네가 잠자리에 드는 시간이 늦어져서 규칙을 정해야겠어. 두 가지 중 하나를 골라 볼래? 첫 번째는 8시에 잠자리에 들어서 책을 읽다가 9시에 불을 끄는 거야. 두 번째는 9시에 잠자리에 들어서 책은 읽지 않고 바로 자는 거야. 어떤 게 좋을까?"

또 이렇게 이야기할 수도 있어요.

"9시에 잠자리에 들어서 10분 동안 함께 편안한 활동을 하자. 어떤 게 좋을까? 간단한 스트레칭이나 끝말잇기 같은 놀이도 괜찮아."

규칙을 시각적으로 보여 주기

함께 세운 규칙을 글이나 그림으로 표시해 두는 거예요. 규칙을 시각화해서 눈에 잘 띄는 곳에 붙여 두면, 아이는 규칙을 기억하기 쉽고 규칙을 지키려는 의욕도 높아져요.

예를 들어 부모와 아이가 함께 아침 준비 과정을 규칙으로 정했을 때, 말로만 얘기하고 넘어가서는 지켜지지 않을 가능성이 커요. 바쁜 아침 시간에 해야 할 일들을 일일이 기억하기가 쉽지 않죠. 이때, 아침 준비 과정을 시각 자료로 만들어서 아이가 스스로 체크할 수 있게 하면 좋아요. 글로 적혀 있는 체크리스트보다, 그림을 통한 직관적인 시각 자료를 만드는 게 더 효과적이에요.

규칙을 잘 지켰을 때는 구체적으로 칭찬하고 피드백해 주기

아이가 규칙을 지킬 때마다 칭찬하여 긍정적 행동을 강화해 주세요. 칭찬 스티커를 활용해도 좋아요. 아이가 어떤 점을 잘했는지 구체적인 피드백을 주면 더 효과적이에요. 예컨대, "준비 잘했네!"로 끝내지 않고 "양말까지 스스로 잘 신었네", "오늘은 어제보다 5분이나 빨리 준비했어!", "양치까지 잘 기억하다니 대단한걸?" 등의 구체적인 칭찬을 해 주는 거예요.

부모도 함께 규칙 지키기

까다로운 아이들은 자기만 지킬 규칙이 많다며 유독 억울해할 수 있어요. 이때는 부모가 지켜야 하는 규칙도 만들고 이를 잘 지키는 모습을 보여 주면 좋아요. 이런 식으로 부모가 솔선수범하는 모습을 보여 주면, 아이는 규칙 준수에 대한 심리적 거부감이 줄어들어요. '규칙은 모두가 지키는 거구나'라는 생각이 들면서 규칙의 중요성도 느끼고 실천 가능성도 커지죠.

예를 들어, 정해진 독서 시간에 아이뿐만 아니라 부모도 함께 독서하는 규칙을 정하는 거예요. 아이가 독서 노트에 읽은 책 제목을 기록하거나 간단한 독서록을 작성한다면, 부모도 함께하며 서로 격려해 줄 수 있어요.

아이에게 청소 습관을 길러 주기 위해 매주 요일을 정해 가족이 다 함께 대청소를 하는 규칙을 세우거나, 아이에게 운동 습관을 길러 주기 위해 가족이 함께 운동하는 시간을 만드는 것도 좋겠죠.

점검 시간 갖기

규칙을 잘 지켰는지 점검하는 것 뿐만 아니라, 지키지 못했다면 그 이유는 무엇인지 함께 생각해 보는 시간을 가져 보세요. 무리한 규칙이라고 생각되면 함께 의논하고 변경하는 시간을 가져요.

= 협력으로 얻은 기쁨 강화하기: 자발적 동기가 생겨요 =

훈육 없이도 아이가 스스로 협력하려고 노력한다면 얼마나 좋을까요? 협력하는 과정에서 기쁨을 경험한 아이라면, 그럴 수 있어요. 아이가 협력의 기쁨을 자주 경험할 수 있게 되면 자연스럽게 협력에 대한 자발적 동기가 생긴답니다.

타인과 조화를 이루는 기쁨, 함께 무언가를 완성하는 기쁨, 누군가에게 기여하는 기쁨을 통해 아이는 세상과 연결되는 즐거움을 배울 수 있어요.

가족 회의나 결정 과정에 참여시키기

가족 계획(주말 활동, 외식 메뉴 선정 등)에 아이의 의견을 묻고 반영해 주세요. 서로 다른 의견을 조율하는 경험도 제공해 주세요.

"우리 모두의 아이디어 덕분에 이번 주말이 참 즐거웠어. 엄마가 고른 장소에서 재밌게 놀고, 네가 고른 장소에서 맛있게 밥을 먹고, 아빠가 고른 장소에서 맛난 후식까지!"

역할 부여하고, 도움을 요청하기

아이에게 가족 구성원으로서 역할을 부여하고, 다른 사람을 돕는 기회를 주세요.

"엄마 아빠 대신 네가 책을 읽어 준 건 정말 색다르고 재미난 경험이었어."

작은 양보와 배려의 경험 쌓게 하기

아이가 자주 사용하는 물건이나 좋아하는 음식을 다른 사람과 공유하는 연습을 시켜 보세요.

"네가 나눠 준 과자 정말 맛있었어. 덕분에 행복해졌어!"

나눔의 기쁨을 경험하게 하기

아이가 기부나 나눔 활동에 참여할 기회를 만들어 주세요. 나눔의 의미를 설명하며, 타인과 조화롭게 사는 기쁨에 대해 알게 해 주세요.

"더 이상 사용하지 않는 장난감을 정리해 기부하다니, 참 뜻깊고 의미 있구나. 덕분에 다른 친구들이 즐겁게 놀 수 있을 거야."

간단한 집안일에 참여시키기

식탁 정리, 장난감 정리, 세탁기에 빨랫감 넣기 등 아이가 간단한 집안일을 하도록 도와주세요. 일을 마쳤을 때 아이의 노력을 크게 칭찬하며 기여의 즐거움을 느끼게 해 주세요.

"와, 식탁을 깨끗이 치웠네! 네 덕분에 부엌이 참 깔끔해졌어."

형제자매나 친구와의 협력 경험하게 하기

퍼즐 맞추기, 블록 쌓기, 공놀이 등, 협동 놀이나 함께하는 활동을 통해 아이가 조화의 기쁨을 느끼도록 해 주세요. 놀이 후 함께 이룬 성취를 강조하며 긍정적인 협력 경험을 강화해 주세요.

"동생과 함께 퍼즐을 완성했네! 서로 도와줘서 이렇게 멋진 작품이 나왔어."

= 타인의 관점 알려 주기: 사회성과 도덕성이 발달해요 =

아이는 커 가면서 점차적으로 자기중심성에서 벗어나 타인의 관점과 감정을 인식하는 능력을 갖추게 돼요.

어린아이들은 친구가 울고 있어도 친구의 기분보다 자신의 놀이에 더 관심을 두곤 해요. 그러나 연령이 높아지면서 점차적으로 타인을 인식하고 이해하는 능력이 발달하죠. 예컨대, 유치원기에는 아무렇지도 않게 친구를 놀리고 울리다가도, 초등 저학년기에는 장난을 치면서도 살짝 친구의 눈치를 보기 시작하고, 초등 고학년기에는 친구가 싫어할 것을 미리 예측해 자신의 행동을 조절할 수 있게 되는 것이죠. 나아가 청소년기에는 더욱 적극적으로 사람들을 배려하고 도우려 할 수 있고요.

이처럼 타인의 입장을 인식하고 이해하는 능력을 '조망 수용 능력'이라고 해요. 조망 수용 능력이 발달함에 따라, 단순히 타인을 고려하는 것을 넘어 타인의 관점에서 상황을 바라보는 능력을 갖추게 돼요. 점차 자신의 입장과 타인의 입장을 분리해서 바라볼 수 있게 되는 것이죠. 이는 사회성과 도덕성 발달에 중요한 역할을 해요. 조망 수용 능력이 우수한 사람은 나와 다른 입장도 잘 이해할 수 있기에 다른 사람들과 잘 지낼 수 있고, 사회적 문제 상황에서도 적절한 해결책을 찾을 수 있어요.

아이가 점차 조망 수용 능력을 길러서 성숙한 사회 구성원으로 자랄 수 있도록 돕는 것이 양육의 중요한 목표 중 하나예요. 타인의 입장을 인식하고 이해하는 아이는 스스로 타인을 배려하고 자신의 행동을 사회적으로 조절할 수 있게 되죠.

이러한 조망 수용 능력은 인지가 발달하면서 함께 발달하기도 하지만, 경험과 가르침을 통해서 더 잘 길러 줄 수 있어요. 가정에서의 상호작용을 통해 아이의 조망 수용 능력을 기를 수 있는 구체적인 방법들은 다음과 같아요.

감정에 이름 붙여 주기

부모가 아이의 감정을 인식하고 이름을 붙여 주는 것을 '감정 코칭'이라고 해요. 자신의 감정을 먼저 이해하고 인식할 줄 알아야 이를 타인의 감정에도 적용할 수 있답니다. 감정을 이해하려면, 감정을 언어로 구체적으로 표현하는 경험이 필요해요.

- "너 지금 억울한 것 같구나."
- "기다리는 게 답답했지?"
- "친구에게 서운했나 보네."

역할 놀이로 감정 경험하게 하기

부모와 함께 역할 놀이를 하면 아이는 자연스럽게 다른 사람의 입장을 경험할 수 있어요.

- **동물 놀이** "토끼가 친구랑 다퉜구나! 토끼는 어떤 기분일까?"
- **엄마 아빠 놀이** "네가 엄마 아빠 역할을 해 봐. 아이가 떼를 쓰는 상
  황이야."(아이와 부모가 역할을 바꿔서 상황을 연기하며 감정을 경험
  해 보기)

일상 속 대화 나누기

하루 일과에 대해 함께 이야기하는 것만으로도 아이가 다양한
관점을 경험하고 감정을 탐색하도록 도와줄 수 있어요.

- "오늘 학원에서 친구가 울었다며? 친구가 왜 속상했었던 거야?"
- "네가 그 상황이었다면 어땠을 것 같아?"
- "아까 네 기분이 어땠어?" / "오늘 네 기분은 어땠어?"

책과 영화 활용하기

책이나 영화 속 등장인물의 생각과 감정을 대화 주제로 삼아 아
이와 이야기를 나누면, 자연스럽게 다른 사람의 감정에 관심을 갖
게 할 수 있어요.

- "이 주인공은 왜 그런 결정을 했을까?"
- "이 캐릭터는 왜 이렇게까지 슬퍼하지?"
- "네가 주인공이었다면 어떻게 했을 것 같아?"

일상 속에서 감정과 관련된 대화 유도하기

일상적인 상황에서 타인의 감정에 대해 이야기하는 것도 쉽고 효과적인 방법이에요. 아이에게 타인의 감정을 유추해 보게 하면, 타인의 감정을 읽는 연습을 하게 돼요. 이런 식으로, 가정 내 소통과 일상 속 다양한 경험을 통해 조망 수용 능력을 기를 수 있어요.

- "어머, 마트에서 어떤 아이가 울고 있네. 무슨 상황이지?"
- "친구가 방금 한숨을 쉬었어. 무슨 일이 있었을까?"

= 롤모델이 되어 주기: 보면서 자연스럽게 배워요 =

모델링은 부모가 직접 행동으로 아이에게 보여 주는 가르침이에요. 이 방식은 까다로운 기질의 아이들에게 더 강력한 효과를 발휘해요. 말로만 설명하는 것보다 부모가 실제로 보여 주는 모습이 아이에게 더 깊은 인상을 주기 때문이에요. 아이에게 가르치고 싶은 모습·가치·습관들을 직접 보여 주며 롤모델이 되어 주세요.

감정을 표현하고 조절하는 모습 모델링하기

자기의 감정을 솔직하고 건강하게 표현하는 모습, 그리고 부정적 감정을 조절하는 모습을 아이에게 보여 주세요.

- "오늘 속상한 일이 있었는데, 너랑 얘기하니 기분이 한결 나아졌어."
- "지금 정말 행복해! 네가 도와줘서 일이 훨씬 수월해졌거든."
- "지금 화가 나서 발을 쿵쿵 구르고 싶어. 그런데 심호흡을 한 번 하고 차분히 생각하려고 해."
- "오늘 너무 힘들어서 괜히 가족들한테 짜증을 부릴 것 같아. 그러지 않으려면 잠깐 쉬어야겠어."

고민하고 해결하는 모습 모델링하기

문제가 생겼을 때 차분히 고민하고 지혜롭게 해결해 나가는 과정을 아이에게 보여 주세요.

- "차 키를 어디에 뒀는지 모르겠네. 음, 먼저 주머니를 확인하고, 없으면 가방을 뒤져야겠다. 차근차근 찾으면 분명 나올 거야."
- "이런, 친구랑 약속을 겹치게 잡았네. 어쩌지? 먼저 한 약속을 지키는 게 맞을 것 같아. 그리고 다른 친구에게는 사과하고 다음에 만나기로 해야겠다."
- "이번 달에 생활비를 너무 많이 썼어. 이번 주는 되도록 장을 보지 않고 냉장고에 있는 재료들부터 먼저 써야겠다."
- 늦으면 안 되는 중요한 일정이 있어. 시간에 쫓기면 마음이 불편하니까, 더 일찍 나가야겠어. 시간을 미리 계산해 보자."

배려하고 협력하는 모습 모델링하기

타인을 배려하거나 타인과 협력하는 모습을 보여 주면 아이도 자연스럽게 배울 수 있어요.

- "이 줄은 다른 사람이 먼저 서 있었네. 우리 뒤에서 기다리자. 차례대로 하는 게 맞으니까."
- "맛있는 과일 선물이 들어왔네. 친구를 초대해서 함께 먹을까?"
- "식당에서 나오기 전에 이렇게 간단히 그릇을 정리하는 습관을 들이는 게 좋아. 배려는 받는 사람뿐만 아니라 하는 사람도 행복해지거든."

실수나 실패를 받아들이는 모습 모델링하기

실수나 실패에 의연한 모습을 아이에게 보여 주세요.

- "어제는 반찬이 너무 짜게 됐지 뭐야? 열심히 요리했는데 너무 속상하더라. 하지만 이미 벌어진 일이니 어쩔 수 없지. 다음에는 소금 양을 잘 조절해야겠어."
- "예전에 친구와 오해가 생겨서 힘들었던 적이 있어. 안타깝게도 결국 오해를 풀지 못했지. 그땐 정말 마음이 괴로웠는데, 그래도 내 곁에 있는 친구들의 소중함을 깨닫는 계기가 됐어."
- "앗, 실수로 물을 쏟았네. 조금 귀찮지만 얼른 닦으면 되지, 뭐."

     까다롭고 예민한 우리 아이, 왜 이렇게 힘들까요?

규칙을 따르고 책임감을 갖는 모습 모델링하기

규칙을 따르고, 약속을 지키는 모습을 아이에게 보여 주세요.

- "너와 약속했으니까 꼭 지킬게!"
- "약속 시간에 늦지 않으려면 지금부터 준비해야 해."
- "오늘까지 메일을 보내기로 했어. 지금 피곤하지만, 맡은 일부터 하고 맘 편히 쉬어야겠다."
- "주 3회 운동하기로 다짐했으니, 오늘은 꼭 해야 하는 날이야."

5부
안정적인
일상 보내기

까다로운 기질과
수면 장애

= 왜 이렇게 못 잘까? =

'잠만 잘 자도 효자'라는 말이 있을 정도로, 어린아이를 키우는 부모들이 가장 두려워하는 게 바로 수면 문제지요. 수면 문제는 까다로운 기질을 초기에 판별할 수 있는 가장 큰 특징이기도 해요. 설상가상으로 수면 장애 때문에 아이가 더 까다로워지는 악순환이 발생하기도 하죠. 양질의 수면을 충분히 취하지 못한 아이들은 짜증이 늘고, 집중력이 약해지고, 감정 조절이 안 되는 등, 한마디로 더욱더 까다로워져요.

까다로운 기질 ⇨ 수면 문제 ⇨ 더 심각한 까다로움 유발 까다로운 아이를 잠 못 들게 하는 대표적인 요인들을 추려 보면 다음과 같아요.

첫째, 불안한 아이는 긴장 상태가 지속되어 마음 편히 잘 수 없어요. 어른도 중요한 시험을 하루 앞둔 날에는 불안해서 쉽사리 잠들지 못하잖아요. 해결되지 않은 걱정거리가 있어도 잠이 안 오고요. 예민한 어린아이의 뇌는 언제나 비상등이 켜져 있으니 오죽하겠어요. 언제 어디에 위험이 도사리고 있을지 몰라 신경을 곤두세워야 했던 원시 시대와 같이, 불안한 아이의 뇌는 쉽게 잠들지 못해요.

둘째, 각성 조절이 어려운 아이도 잠들기 힘들어요. 어른도 자극이 너무 고조된 상태로 저녁을 보냈다거나 흥분되는 일이 있으면 잠이 잘 안 오죠. 기질적으로 민감하고 각성 조절이 미숙한 아이는 작은 자극에도 뇌가 금세 흥분 상태가 되기 때문에, 그런 상태로 잠자리에 들면 가만히 누워 있는 것조차 힘들어할 수 있어요. 이들의 뇌는 주변의 위험을 탐색하는 데 최적화되어 있어서 잘 시간이 돼도 쉽게 진정되지 않아요.

셋째, 감각이 예민한 아이도 편안히 잠들기 어려워요. 이들에게는 수면을 방해하는 요소가 너무 많아요. 청각이 예민한 아이는 시곗바늘 소리, 이불이 부스럭거리는 소리, 휴대폰을 터치하는 소리에도 벌떡 일어나 버리죠. 촉각이 예민한 아이는 옷이나 이불의 감촉, 온습도의 작은 변화에도 불편함을 느껴서, 좀처럼 노곤노곤 잠이 오는 편안한 상태에 들어서기가 어려워요. 시각이 예민한 아이

   까다롭고 예민한 우리 아이, 왜 이렇게 힘들까요?

는 콘센트나 가습기 등의 작은 불빛에도 방해를 받아요.

= 강경한 수면 교육, 해도 될까? =

아이가 잘 자면 육아가 훨씬 수월해지는 건 사실이에요. 하지만 불안도가 높은 아이에게 '혼자 울다 잠들게 두는' 방치형 교육은 오히려 독이 될 수 있어 주의해야 해요. **수면 교육이 다 해로운 건 아니지만, 예민한 기질의 아이에게 '반응하지 않는 방식'은 장기적으로 부정적인 영향을 줄 수 있다는 논의가 꾸준히 제기되고 있어요.**

강도 높은 수면 교육을 해도 아무런 타격이 없는 아이들도 분명 있어요. 하지만 불안에 대해 깊이 연구한 발달심리학자 대니얼 키팅은 무리한 수면 교육이 불안한 아이에게 의도치 않게 장기적 악영향을 미칠 수 있다고 설명해요.

기질적으로 불안도가 높은 아이는 '양육자를 의지할 수 있다'는 믿음이 단단해야 스트레스 조절력이 건강하게 자라요. 그런데 잠들기 직전에 느끼는 불안함이나 낯선 감각 때문에 부모를 찾았을 때 아무런 반응도 도움도 없다면, 아이의 스트레스 시스템이 경계 태세에 들어가 장기적으로 더 심각한 정서 불안에 시달릴 수 있다는 것이죠.

'우리 아이에게 강경한 수면 교육은 안 맞는 것 같아'라는 생각이

든다면 그 촉을 무시하지 마세요. 불안해서 못 자고 부모를 찾는 아이라면 최소한 부모가 보이게 곁에 있어 주는 것이 좋아요.

편도체는 뇌에서 위험·불안·공포·경계 반응을 담당하는 곳이에요. 스트레스를 받을 때 가장 먼저 활성화되는 부위이기도 하고요. 예민한 아이의 편도체는 원래 더 민감하게 반응하는 경향이 있어요. 이런 아이들은 '도움을 요청했는데 응답을 받지 못하는 상황'에서 편도체가 더욱 강하게 반응해요.

아이가 잠들기 전 불안해서 울며 도움을 요청할 때 응답을 받지 못하면, 아이는 생존적으로 '위험 상황'이라고 판단해요. 이때 편도체가 과도하게 활성화되고, 스트레스 호르몬인 코르티솔 수치가 상승하며 신경계 전체가 경계 상태에 들어가요. 예민한 아이일수록 이 반응이 크게 나타나서 한층 더 잠들기 어려워지죠.

게다가 이런 경험이 반복되면 편도체의 민감도 자체가 더 높아져, 스트레스에 더욱더 취약해지고 장기적 정서 조절에도 악영향이 생겨요. 특히 어린아이의 뇌는 경험에 따라 구조와 경로가 형성되는 시기에 있기 때문에 더욱 그렇죠. 즉, 단순히 '잠을 혼자 못 잔다'의 문제에서 그치는 것이 아니라 자율신경계 균형이 무너지고, 감정 조절 기능 발달에 방해가 되며, 위험 신호를 과대 해석하는 패턴이 생길 수 있으므로 주의가 필요해요.

사실 까다로운 아이의 수면 문제는 시간이 답이에요. 이 문제는 **단순히 아이를 잠재우는 방법이나 기술의 문제가 아니라, 아이의**

뇌가 안정화되는 과정과 맞물려 있어요. 발달적·생리적 성숙이 필요한 과정이기 때문에 즉각적인 변화는 어렵답니다.

아이의 정서가 안정되고 수면 능력이 발달하기까지, 부모가 해줄 수 있는 것은 사실상 아이에게 맞는 수면 환경을 파악하고 최대한 편안한 환경을 제공하는 것뿐이에요. 즉각적인 개선을 기대하진 마세요. 우리의 목표는 아이가 건강하고 지속 가능한 수면 습관을 들일 수 있도록 돕는 거예요. 그러려면 아이가 마음 편히 잠자리에 들 수 있도록 보다 장기적인 관점에서 접근해야 해요.

= 수면을 방해하는 '불안' 완화해 주기 =

불안이 아이의 수면을 방해한다면, 장기적인 관점에서 불안도를 낮춰 주고 잠을 친숙하게 느끼게 해 주는 것이 필요해요.

No - 협박해서 재우지 마세요

우리가 어릴 때는 어른들이 '망태할아버지가 잡아간다'라는 말로 겁을 주어 아이의 잘못된 행동을 바로잡으려 했죠. 요즘은 아예 잠 안 자는 아이를 혼내 주는 앱도 생겼어요. 그런데 불안도가 높은 아이에게는 이런 접근이 크나큰 공포가 될 수 있어요. 오히려 불안이 가중되고, 악몽에 시달릴 수도 있기 때문에 양질의 수면을 취하기 어렵답니다. 아이가 두려운 마음에 억지로 누워 있을 순 있겠지만, 이는 결코 근본적인 해결책이 아니에요.

유년기에는 마음이 편안해야 기본 정서가 안정되게 자라는데, 이렇게 두려운 경험에 자주 노출되면 정서 불안의 씨앗이 되지요. 또한 나중에 부모가 자신을 재촉하며 했던 말이 거짓임을 알게 되면, 아이는 부모에 대한 신뢰를 잃어 버릴 수도 있어요. 당장 아이를 한 시간 빨리 재우는 것보다 정서가 안정된 아이로 자랄 수 있도록 돕는 것이 훨씬 중요하답니다.

No - 두려움을 주는 자극 노출을 조심해요

평소, 아이에게 조금이라도 무서운 상상을 자극할 수 있는 요소들을 제한해 주세요. 특히 미디어에 무분별하게 노출되는 경우 그러한 영향이 클 수 있어요. 불안도가 높은 아이들은 도둑이 나오거나 길을 잃는 이야기처럼 평범한 내용에도 불안을 느낄 수 있어요.

No - 웬만하면 아이의 잠자리를 바꾸지 마세요

수면 리듬이 어느 정도 안정되었더라도, 이사나 여행으로 인해 다시 엉망이 되기도 해요. 까다로운 아이들은 잠자리가 바뀌면 낯설고 불안해서 잠들기 어려우므로, 웬만하면 잠자리가 자주 바뀌지 않도록 해 주세요.

Yes - 오전에 햇빛을 봐야 해요

불안도가 높은 아이는 세로토닌 불균형인 경우가 많아요. 세로토닌은 정서를 조절할 뿐 아니라 수면에도 중요한 영향을 미쳐요. 아침에 햇볕을 쬐면 몸을 깨우는 세로토닌이 분비되고, 밤에는 수면 주기를 안정시켜 주는 멜라토닌이 분비돼 숙면을 도와요.

Yes - 일상의 불안 요소를 점검해요

만약 아이가 평소보다 유난히 불안한 상태로 지내며 수면의 질이 악화된다면, 일상의 불안 요소를 점검해야 해요. 낮 동안 부모와의 애정 교류가 부족하진 않았는지, 지나친 스트레스는 없었는지, 트라우마가 생길 만한 사건을 모르고 넘어가진 않았는지, 걱정거리가 있는지 등을 살펴보세요. 아이의 수면 문제는 아이가 어느 정도 스트레스를 받고 있는지 가늠할 수 있는 척도가 되기도 한답니다.

Yes - 잠들기 전 해피타임을 가져요

아이가 맘 편히 잠자리에 들 수 있도록, 계속해서 잠에 대해 좋은 이미지를 심어 주는 것이 중요해요. 자기 전 아이와 같이 누워 스킨십하고 애정 어린 말과 다정한 눈빛을 주고받으세요. 물론 고된 하루의 끝에 부모도 많이 피곤하고 짜증이 나기 쉽지만, 빨리 자라고 화난 얼굴로 재촉하면 불안한 아이는 잠들기가 더 힘들어진답니다.

책 읽기나 인형놀이 등 아이가 좋아하는 가볍고 정적인 놀이는 잠들기 전 하루의 좋은 마무리가 될 거예요.

Yes - 충분한 시간을 주세요

불안한 아이에게 수면은 힘든 과제예요. 어두운 곳에 가만히 누워 있어야 하고, 머릿속에선 자꾸 걱정거리가 떠오르고, 내 안전기지인 부모와 멀어지는 듯한 기분이 드는 데다 잠이 올 듯 말 듯한 아득한 느낌조차 아이에겐 낯설고 두려울 수 있어요. 내 아이의 속도에 맞게 아이가 편안한 마음을 가질 수 있도록 지지해 주며 기다려 주세요. 아이는 부모와의 애착을 기반으로 점점 안정된 모습을 보여 줄 거예요. 그러면서 자연스레 편안하게 잘 수 있게 된답니다.

Yes - 자신감을 심어 주세요

아이에게 자신감을 심어 주세요. 아이가 밤에 아무리 잠들기 힘들어했더라도, 밤새 여러 번 깨서 울었더라도, 아침에는 웃으며 칭찬해 주세요. "잠들기 어려워하더니 이렇게 잘 자고 일어났네! 역시 잘할 줄 알았어. 푹 쉬었더니 아침이 됐지? 잘했어, 우리 아가!"라는 칭찬이 잠에 대한 아이의 두려움을 점차 없애 줄 거예요. '나는 잠을 잘 자는 아이야'라는 긍정적인 자아상이 생기면, 아이도 기분 좋게 잠들려는 노력을 할 수 있게 된답니다. 반면 '나는 잠을 잘 못 자는 아이야'라는 자아상이 생기면, 더욱 자신감이 떨어지고, 자려고 누웠을 때 불안해지겠지요.

　　　　까다롭고 예민한 우리 아이, 왜 이렇게 힘들까요?

<h2 align="center">= 수면을 방해하는 '과한 각성' 낮춰 주기 =</h2>

아이가 편안히 잠들려면 먼저 뇌를 진정시켜야 해요. 잘 시간이 되어도 흥분해 있거나 각성된 아이를 억지로 눕혀 재우기란 정말 어렵지요. 그러므로 아이가 지나치게 각성되기 전에 미리 대응하는 것이 훨씬 효율적이랍니다.

No - 너무 피곤한 하루를 보내면 안 돼요

일반적으로 아이가 낮 동안 활동을 많이 해서 몸이 피곤하면 꿀잠을 잔다고들 하지요. 하지만 흥분 조절이 어려운 아이는 오히려 반대예요. 같은 환경에서도 남들보다 더 쉽게 자극을 받고, 각성될 수 있어요. 특별한 일정을 보낸 날에는 자극과 각성이 과해져 아이의 피로가 더욱 증폭되는데, 그러면 스트레스 호르몬인 코르티솔 수치가 높아져 수면을 더 방해할 수 있어요. 덜 피곤해도 잠들기 어렵고, 지나치게 피곤해도 오히려 각성돼 잠을 못 자요. 그래서 아이에게 맞는 적당한 피로도를 유지해 주어야 해요. 이런 점을 인지하고 일상 활동량을 조절해 주세요.

No - 취침 전 과한 자극을 조심해야 해요

정해진 취침 시간을 지키려면 2~3시간 전부터 자극을 관리해 줘야 해요. 이른 저녁부터 주변 자극을 조절해 주세요. 형광등 대신 약한 노란빛 불을 켜고, 불빛 나는 장난감을 치우고, 요란한 음악도 끄는 게 좋아요. 잠들기 어려운 아이라면 저녁 시간 이후 미디어 시청을 제한해야 해요. 예민한 아이는 잠들기 전 몸과 마음을 정돈하는 '진정의 시간'이 반드시 필요하답니다.

No - 요구를 다 들어주진 마세요

아이가 어느 정도 이야기가 통할 나이라면, 자기 전에 하는 요구를 다 들어주진 마세요. 아이는 졸리면 혼란스러워져서 이것저것 요구가 많아질 수 있어요. 이럴 때는 규칙을 정하는 게 좋아요. 예컨대, 자기 전에 꼭 물을 찾는 아이에겐 어떻게 해야 할까요? 어린 아이라면 물통에 물을 미리 준비해 주고, 큰 아이라면 혼자 부엌으로 가서 물을 먹고 오게 하되 세 번까지만 허용해 주세요. 취침 시간이 너무 늦어진다면 잠자리 독서량에도 제한을 두는 것이 좋아요.

Yes - 수면 루틴이 필요해요

아이에게는 '잠 때'라는 생체 리듬이 있어요. 이때를 놓치면 졸음 신호가 사라지고, 대신 교감신경이 활성화되면서 각성도가 올라가 버려요. 그러면 쉬이 잠들지 못할 뿐 아니라 피곤한데도 잠이 더 안 오는 악순환이 생기죠. 그러므로 우리 아이에게 필요한 낮잠과 밤잠의 시간대를 파악하고, 꾸준한 수면 루틴을 만들어 취침 시간을 지켜 주는 것이 중요해요. 따뜻한 물로 가볍게 목욕하고, 조용한 공

      까다롭고 예민한 우리 아이, 왜 이렇게 힘들까요?

간에서 책을 읽거나 방의 조도를 낮춰 수면 분위기를 만들어 주세요. 이런 루틴이 반복되면 아이의 몸과 마음도 점차 편안해지고, 자연스럽게 '지금은 잠들 때구나'라는 신호를 인식하게 된답니다.

Yes - 기상 규칙을 확실히 해 주세요

아이를 밤에 억지로 재우는 건 힘들지만 아침에 시간 맞춰 깨우는 건 가능하지요. 기상 시간이 일정하면 취침 시간도 차차 안정된답니다. 늦게 자고 늦게 일어나는 습관이 들었다면 기상 시간을 10분씩 앞당겨 주세요. 반대로 수면량이 모자랄 정도로 일찍 일어난다면 기상 시간에 대한 규칙을 정하는 게 좋아요. "짧은 바늘이 7자에 가면 일어나도 돼. 그 전에는 깨었더라도 침대에 누워 있어야 해. 누워서 조용히 노는 건 괜찮아" 같은 식으로요. 물론 너무 어린 아이에게는 어려운 규칙이니 아이의 발달 수준을 고려해 주세요.

Yes - 아이의 컨디션을 살펴 낮잠을 재워 주세요

일찍 낮잠을 떼고도 잘 지내는 아이들도 있어요. 그러나 어떤 아이들은 아직 낮잠이 필요한데도 좀처럼 못 자기도 해요. 만약 아이가 낮잠을 건너뛰었을 때 너무 피곤해하고 컨디션이 나빠진다면, 이 시기에는 어떻게든 아이가 잠들 수 있는 방식으로 낮잠을 재워 주세요. 그게 엄마 품이든, 카시트나 유모차든 상관없어요. 낮잠 시간을 일정하게 지켜야 하루 리듬이 안정돼요.

감각이 까다로운 아이는 잠자리가 편안하도록 맞춰 주는 것이 관건이에요. 필요한 조건은 아이마다 다르니 관찰이 필요해요.

No - 시청각·촉각 자극을 차단해 주세요

침실에 암막커튼을 두 겹으로 달아서 수면을 방해하는 외부 빛을 차단해 주세요. 에어컨이나 공기청정기의 스위치 불빛도 가리는 게 좋아요. 초침 소리가 나는 시계나 바스락거리는 이불은 금물이고요. 촉각이 과민한 아이는 선풍기 바람이나 엄마와의 접촉으로도 수면 장애를 겪을 수 있어요. '너무 다 맞춰 주니까 아이가 점점 더 예민해진다'라는 핀잔을 받기 쉽지만, 그게 아니란 걸 기억하세요. 아이가 너무 예민하고 까다롭기 때문에 조금이라도 편안히 잘 자고 건강하게 발달할 수 있도록 도와주는 거랍니다. 아이가 자랄수록 잠자리에서의 까다로움은 점점 약해져요.

Yes - 아이에게 맞는 수면 조건을 찾아요

감각이 예민한 아이들은 놀랄 만큼 수면 조건이 까다로워요. 일정한 온도와 습도에서만 잠드는 아이도 있고, 조명이 너무 밝아도 너무 어두워도 안 되고, 잠옷과 이불은 특정 소재여야 하고, 엄마가 감기에 걸려 쌕쌕 숨소리라도 내면 날밤을 새기도 해요. 수면일지

를 쓰며 아이에게 맞는 최적의 수면 조건을 찾아 주세요. 약간의 온
도와 습도 차이로도 아이의 수면 질이 달라지기도 해요.

Yes - 배불리 먹여 재워요

감각이 예민한 아이들은 배고픔도 크게 느끼기 때문에, 배가 고
프면 더 자주 깨고 잠들기 어려워해요. 잠들기 직전에 먹는 습관은
수면에 좋지 않다지만 배가 고프면 아이가 아예 못 자는걸요. 이 역
시 아이가 자랄수록 차차 안정되므로 아이가 어릴 때는 배불리 먹
여 재워도 괜찮아요.

Yes - 아기가 원한다면 안고 흔들어 주세요

왜 아기들은 안고 흔들어 줘야 진정될까요? 졸릴 때 건드리면 불
편할 것 같은데 오히려 흔들어 줘야 편안히 잠들 수 있다니 참 신기
하지요. 아이들이 엄마 뱃속에서 양수에 동동 떠다니며 지냈기에
흔들림이 있는 환경을 더 편안하게 느끼기 때문이래요.

그래서 어린 아기들은 대부분 안고 흔들어 줄 때 울음이 진정되
고 잠에 빠져들어요. 그러다 자라면서 중력에 익숙해지고 다양한
감각이 통합되기 시작하면서 서서히 누워서도 자기 시작해요. 그
런데 어떤 아이들은 세상에 감각적으로 적응하는 데 남들보다 시간
이 오래 걸려요. 중력의 묵직함도 불편하고, 자기 몸의 무게감과 움
직임도 신경 쓰이죠. 이런 아이들은 계속 불편함을 느끼기 때문에

편안히 자는 게 어려워요. 가만히 있을 때 불안해하고 흔들림이 있어야 진정된다면, 부모 품에서만 잠들고 내려놓으면 바로 깬다면, 감각 통합의 문제를 고려해 보세요.

감각 통합에 문제가 있는 아이의 경우 수면 문제만 독립적으로 해결하긴 어려워요. 조급하게 생각하기보다는 장기전으로 보고, 신체 놀이를 통해 전반적인 감각 통합 발달에 신경 써야 해요.

= 병리적 문제인지 살펴봐요 =

수면 장애를 일으키는 의학적 원인이 있는 경우도 있어요. 대표적인 것이 편도(목의 면역 기관)와 아데노이드(코 뒤쪽에 있는 면역 조직)의 비대증이에요. 이 부위가 커지면 기도가 좁아져 코골이가 생기고, 심하면 자는 동안 몇 초씩 숨을 멈추는 수면무호흡증이 나타나죠. 뇌는 이를 큰 위험으로 인식하고 밤새 깨어 있으려 애써요. 그러니 아이가 깊은 잠에 들 수 없겠죠. 심지어 지속적인 산소 공급 부족으로 뇌 발달과 성장까지 저해될 수 있으므로 전문적 치료가 꼭 필요해요.

멜라토닌 등 신경전달물질의 결핍이나 불균형으로도 수면 장애가 생길 수 있어요. 멜라토닌은 수면 호르몬이라고 불리며, 저녁이 되면 자연스럽게 증가해 숙면을 도와줘요. 그런데 멜라토닌 분비가 원활하지 않으면 밤이 되어도 잠이 잘 안 오고, 잠드는 데 시간이 오래 걸리겠죠. 특히 저녁 시간대에 스마트폰이나 LED 조명 등의 강한 빛에 노출되면, 멜라토닌 분비가 원활하지 못해 잠들기 어려워질 수 있어요.

철분이 부족하거나 도파민 분비가 원활하지 않으면 하지불안 증후군이 생겨요. 하지불안 증후군은 잠들기 전 가만히 누워 있을 때 다리에 이상한 감각이 느껴져 자꾸 움직이게 되는 질환이에요. 다리의 불편감 때문에 눕는 시간이 괴로워지고, 그만큼 잠들기 어려워지는 것이죠.

철 결핍은 빈혈 문제도 일으켜요. 철분은 혈액 속 헤모글로빈이 우리 몸의 각 조직과 장기로 산소를 운반하는 데 꼭 필요한데, 부족하면 산소 공급이 줄어 뇌가 위험을 느껴요. 그 결과 밤 동안 각성 상태가 빈번해져 깊이 못 자고 새벽에 일찍 깨는 양상을 보이죠.

야경증(비REM 수면 각성 장애)도 있어요. 깊은 수면 도중 갑자기 각성하여 공포 반응을 보이는 현상으로, 3~7세에 가장 흔해요. 비명을 지르거나, 맥박과 호흡이 증가하고, 현실 인식이 떨어지고, 깨어난 후에도 바로 진정되지 않아요. 발달적으로 뇌가 '잠'과 '깸'을 매끄럽게 전환하는 능력이 미숙해서 '부분 각성'이 일어나기 때문이에요. 피로나 스트레스 등의 이유로 각성 전환이 더 불안정해질 수도 있어요.

식사 시간 전쟁 끝내기

= 까다로운 식사 시간 =

까다로운 아이들은 식사 시간에도 참 까다롭지요. 입이 너무 짧다든가, 편식이 아주 심하기도 해요. 양육자에게는 식사를 준비하고 먹이는 시간이 아주 고역이 되어 버리죠. 아이에게 건강한 영양식을 주고 싶은데 매일 거절당하면 그 좌절감이 정말 커요. 편식하는 아이들은 부모와의 갈등이 훨씬 많다는 통계도 있어요.

우선 '밥을 잘 안 먹는 아이들은 생각보다 흔하다'라는 사실을 아는 것이 중요해요. 꼭 까다로운 기질이 아니어도 많은 부모가 아이의 소식 및 편식으로 고민한답니다. 심지어 주는 대로 잘 먹던 아이도 음식 취향이 생기면서 편식을 하게 될 수 있어요.

어린아이의 위는 아이의 주먹 만한 크기로, 너무 많이 먹이려 하면 부모와 아이 모두 힘들어져요. 또한 아이들은 가만히 앉아 있기 어려워해서 앉아서 식사하는 습관을 들이기도 쉽지 않아요. 물론 아이가 음식을 골고루 잘 먹고 식사 태도까지 좋으면 더할 나위 없이 좋겠지만, 너무 높은 기대를 가지면 좌절하기 마련이랍니다. 특히 까다로운 기질의 아이에게는 더욱 융통성을 발휘하는 것이 좋아요.

아이가 선호하는 음식은 계속 바뀌어요. 어느 날은 과일만 먹을 수도 있고, 어느 날은 고기만 먹기도 하죠. 이 시기 아이들은 매일 컨디션이 다르듯 입맛도 변덕스러우니, 잘 먹을 때도 있고 아예 안 먹으려 할 때도 있다는 것을 자연스럽게 받아들여 주세요. 하루 단위로 섭취 칼로리를 따지기보다 주 단위로 보는 것을 권장해요.

= 억지로 먹여도 될까? =

대부분의 경우 몇 가지 방법을 사용해 설득해 보는 것은 괜찮지만, 새로운 음식이나 특정 음식에 거부감이 강한 아이에게는 주의가 필요해요. 이러한 음식을 아이에게 억지로 먹이거나 몰래 섞어 먹이면, 구토나 강한 불안 반응이 나타나는 등 오히려 역효과가 날 수 있어요. 여러 연구에 따르면, 억지로 먹이기는 단기적으로는 한두 입 먹이는 데 도움이 될 수 있지만, 장기적으로는 음식 네오포비아(낯선 음식에 대한 두려움 및 거부)를 악화시키는 경향이 있어요. 강압적으로 먹이려 할수록, 아이는 '먹기'보다 '저항'이라는 감정에 몰두하게 되기 때문이에요.

반면, 강요 없이 반복적으로 다양한 음식에 노출되도록 하고 아이의 속도에 맞춰 탐색과 시도를 기다려 주는 방식이 훨씬 효과적이라는 결과가 여러 체계적 연구에서 확인됐어요.

소아정신과 전문의이자 부모교육 전문가인 오은영 선생님 역시 '먹기 경험 자체가 즐거워야 한다'고 강조해요. 올바른 식습관의 첫 단계는 배고픔을 느끼고, 배가 고프면 스스로 맛있게 먹고, 만족스러운 포만감을 경험하는 것이에요. 5대 영양소를 골고루 채워 준다거나 바른 식사 예절은 다음 문제고, 아이가 먹을 수 있는 음식 위주로 '먹는 기쁨'을 느끼게 해 주는 것이 우선이라는 거죠. 오은영 선생님의 아들도 편식하는 아이였고, 본인도 어릴 때 거의 먹지 않아 모유를 세 돌까지 먹고, 고기는 19살이 되어서야 먹기 시작했다고 해요. 그래서 편식이 심한 아이는 억지로 먹이지 말고 기다려 주면 서서히 좋아진다는 점을 늘 강조하죠. 골고루 먹이는 데만 집중하면 실랑이 끝에 아이도 부모도 지쳐, 식사의 즐거움을 잃게 돼요.

편식 아동 연구에서도 '강압 없이, 긍정적인 분위기에서, 다양한 음식을 자주 접하게 하는 것'이 핵심이라고 말하죠. 아이가 골고루 많이 먹지 못하더라도, 식사 시간이 편안하고 즐거운 경험이 되는 것이 가장 중요해요

    까다롭고 예민한 우리 아이, 왜 이렇게 힘들까요?

식사를 방해하는 두 가지 큰 이유는 '심리적 불안'과 '과민한 감각'이라고 할 수 있어요.

첫째는 불안이에요. 음식을 먹는다는 건 외부 물질을 몸 안으로 들이는 행위죠. 따라서 '내가 이걸 먹어도 안전할까?'라는 걱정은 본능이며, 특히 미각이 예민하고 불안도가 높은 아이는 이를 더 강하게 느껴요. 이로 인한 편식은 단순한 식습관 문제가 아니라 음식 네오포비아 문제로 접근해야 해요.

어른들이 낯선 외국 음식을 선뜻 먹기 어려운 것처럼, 예민한 아이들은 매일 그런 두려움과 거부감을 느껴요. 같은 메뉴여도 재료나 조리법이 조금만 달라지면 그 차이를 느끼고 거부하기도 하죠.

둘째는 감각 문제예요. 감각이 너무 예민하니 특정 맛·질감·냄새·온도·모양 등의 조합이 공포처럼 느껴지는 것이죠. 음식은 미각뿐 아니라 후각, 시각, 손으로 느끼는 촉각 그리고 입안에서 음식의 온도·질감·저작감 등을 느끼는 구강 감각을 비롯해 여러 감각이 동시에 작용하는데, 감각이 예민한 아이는 자극을 훨씬 강하게 느껴, 뇌가 쉽게 과부하에 걸릴 수 있어요.

아주 미세한 비린내도 강하게 느껴지고, 음식의 질감이 조금만 달라져도 뇌에서 경보가 울리고, 국물과 건더기를 같이 먹을 때 작용하는 '복합 감각 자극'이 너무 부담스럽게 느껴지기도 해요. 구강 감각이 예민한 아이들이 볶음밥처럼 다양한 재료가 섞인 음식을 힘들어하는 이유도 바로 이 감각 과부하 때문이에요.

불안과 예민한 감각, 이 두 요소가 겹치면 아이의 음식 선택 폭이 극도로 좁아지고, 새로운 음식을 시도하는 것이 고역이 돼요.

= 음식과 서서히 친해지기 =

구강 감각이 예민하고 불안도가 높은 아이는 낯선 감각을 위협으로 느끼고, 이전에 겪은 부정적 경험 때문에 식사 시간 자체를 긴장되는 시간으로 받아들여요.

안전하게 느껴지는 식사 환경을 만들어 줄 때, 아이는 비로소 마음을 열고 서서히 다양한 음식과 친해질 수 있어요.

예상 가능한 식사 환경을 만들어 주세요

"무슨 음식이 나올까?", "또 나를 괴롭게 하는 메뉴가 있으면 어쩌지?" 예민하고 불안도가 높은 아이들은 불확실한 상황에 취약하므로 예상 가능한 식사 환경을 만들어 주는 것이 필요해요.

오늘의 메뉴를 미리 알려 주고, 메뉴와 관련된 루틴을 만드는 것도 좋아요. 식탁에 새로운 메뉴를 올릴 때는 잘 먹는 메뉴를 함께 차려 주고요.

아주 가벼운 접근부터 시작하게 해 주세요

처음부터 '새로운 음식 한 숟가락 먹기'를 목표로 하지 마세요. 첫 단계는 그 음식을 식탁에 올린 것만으로도 충분해요. 그다음 '냄새 맡기 ⇨ 만져 보기 ⇨ 입술 대 보기 ⇨ 혀끝으로 살짝 대 보기' 순서로 가볍게 접근하면서 조금씩 경계심을 풀 수 있게 도와주세요. 극심한 거부 반응을 보이던 음식을 눈으로 보기만 해도 잘한 거예요.

잘 먹는 음식에 변형을 주세요

익숙한 음식에서 아주 작은 변화부터 시작해야 뇌가 새로운 감각을 천천히 받아들일 수 있어요. 잘 먹는 음식을 다양한 모양·질감·온도로 제공해 입맛을 확장해 주세요.

- **바나나를 좋아한다면** 바나나를 다양한 모양으로 잘라 먹기
- **꿀물을 좋아한다면** 차갑게도, 따끈하게도 먹어 보기
- **삶은 감자를 좋아한다면** 통째로·으깨서·잘라서 다양하게 먹어 보기

잘 먹는 음식을 섞어 먹여 보세요

볶음밥처럼 여러 재료가 섞인 음식을 못 먹는 아이들이 있어요. 예측할 수 없는 다양한 맛을 한꺼번에 경험하는 것이 두렵기 때문이죠. 여러 재료가 섞인 음식은 다양한 맛·냄새·질감 등에 대한 감각 입력을 폭증시켜 아이의 뇌를 피로하게 만들기도 하고요. 그래

서 다음처럼 안전한 조합부터 시작하는 게 좋아요.

- **우유와 딸기를 좋아한다면** 딸기를 우유에 말아 먹기
- **쌀밥과 치즈를 좋아한다면** 밥에 치즈 올려 먹기
- **과자와 아이스크림을 좋아한다면** 과자를 아이스크림에 찍어 먹기

아이에 대한 기대치를 낮춰 주세요

부모의 과한 기대는 아이에게 큰 압박감을 줄 수 있어요. 특정 음식을 강요하거나 실망하는 모습을 보일수록, 아이의 거부감이 더 커질 수 있어요. "괜찮아, 오늘은 보고만 있었네? 그것도 발전이야!" 이런 식의 격려로, 먹기 실패가 안전한 경험이 되게 해 주세요. 아이들은 당장은 먹지 못하더라도 '안전했다'는 경험을 토대로 다음 단계로 나아갈 힘을 얻어요.

거부감 드는 음식을 뱉을 자유를 주세요

아이가 음식을 입에 넣었다가 '못 먹겠어'라고 느꼈을 때, 억지로 삼키게 하는 것은 오히려 큰 트라우마가 될 수 있어요. 특히 불안도가 높은 아이들은 몸 안에 들어오는 음식에 대한 경계심이 아주 커요. 아이가 음식을 뱉는 것은 실패가 아니라 감각 탐색의 일부라고 생각해 주세요. 대신 다른 사람들 앞에서 '퉤!' 뱉기보다는 조용히 휴지에 처리하도록 알려 주세요.

    까다롭고 예민한 우리 아이, 왜 이렇게 힘들까요?

편안한 식사 자리를 세팅해 주세요

의자에 앉았을 때 아이의 발이 땅이나 발받침에 닿는지 꼭 확인하세요. 발이 뜨면 몸이 안정되지 않아 자꾸 자세가 흐트러지고 집중하기 어려워요. 식탁을 불편해한다면, 좌식 테이블을 이용하는 것도 좋아요. 편안한 자세는 곧 편안한 식사 경험으로 이어져요.

구강 감각 자극 놀이로 감각 경험을 확장시켜 주세요

구강 감각이 과민한 아이는 놀이를 통해 서서히 감각 경험을 확장시키는 것이 좋아요. 다음과 같은 놀이는 단순해 보여도 입안의 다양한 감각을 경험하는 좋은 연습이 돼요.

- 아몬드 깨물어 보기(강한 저작감 경험)
- 빨대로 물감 불기(구강 근육 사용과 호흡 조절을 돕는 활동)
- 눈 감고 과자 먹기(예상치 못한 맛과 식감에 대한 거부감 완화)
- 입 모양 따라 하기(입술·혀·턱 및 구강 움직임 조절 감각 강화)
- 접시에 담은 우유 핥아 먹기(독특한 감각 경험 수용)

요리에 참여시켜 주세요

아이를 요리에 참여시키거나, 요리 과정을 옆에서 보게 해 주세요. 식재료의 형태와 질감이 변해 가는 과정을 보면 '이 음식은 위험하지 않아'라는 감각적 이해가 생겨요. 간단한 반찬 만들기, 과일

꼬치 만들기, 과일 주스 만들기, 카스텔라 꾸미기 등 부엌에서 요리와 관련된 체험을 하며, 아이가 식재료의 다양한 모양·맛·냄새·촉감·온도를 경험하도록 해 주세요. 냉장고 속 식재료를 꺼내 섞어 보는 놀이(잡탕 요리 놀이)도 감각 통합 발달에 도움이 돼요.

눈으로 먹게 해 주세요

통계적으로 아이가 새로운 음식을 익숙하게 받아들이기까지 10회 이상의 노출이 필요해요. 그러니 아이가 잘 먹지 않는 음식도 일상에서 자연스럽게 꾸준히 노출해 주세요. 가족이 맛있게 먹는 모습, 요리 방송, 식탁에서 느끼는 음식의 냄새와 색 등이 아이에게 큰 학습이 돼요. 새로운 음식을 입에 넣지 않더라도 반복 노출만으로도 뇌는 불안을 낮추는 학습을 한답니다.

예쁜 모양으로 제공해요

아이들은 시각적 자극에도 민감하므로 음식 모양이나 플레이팅 역시 중요해요. 같은 음식이라도 귀엽게 꾸며서 주면 아이가 시도하기 훨씬 쉬워져요. 샌드위치를 별 모양으로 자르거나, 주먹밥을 귀엽게 만들어 주는 것만으로도 아이의 태도가 달라질 수 있어요.

아이에게 선택권을 주세요

아이가 요리 및 식사 과정에서 스스로 선택했다고 느끼면, 식사에 대한 거부감이 확 줄어들어요. 자기가 결정했다는 것만으로도 아이는 안정감을 느끼고, 새로운 음식을 시도하려는 마음이 커지거든요. 선택권 제시의 예를 들어 볼게요.

- "밥을 말아 줄까, 따로 줄까?"
- "과일을 통째로 줄까, 잘라서 줄까?"
- "감자를 삶아 줄까, 볶아 줄까?"
- "포크로 먹을래, 젓가락으로 먹을래?"

사회적 거절법을 알려 주세요

아이에게 음식을 차려 준 사람에 대한 예의와 함께 식탁에서 지켜야 할 기본적인 매너 및 표현을 꾸준히 가르쳐 주세요. 음식이 입맛에 맞지 않아 못 먹을 수는 있지만, "안 먹어!"라고 소리치거나 다른 사람이 정성 들여 준비한 음식을 "맛없어!"라고 면전에서 평가하는 것은 예의에 어긋난다는 점을 알려 줘야 해요.

대신 아래와 같은 정중한 거절 표현을 자연스럽게 사용할 수 있도록 도와주세요.

- "미안해요. 제 입맛에는 조금 어려워요."
- "향이 강해서 못 먹겠어요. 그래도 고마워요."
- "지금 배가 불러서 조금만 먹을게요."

디지털 미디어,
어떻게 활용할까?

= 디지털 미디어, 나쁘기만 할까? =

요즘 부모들의 공통적 고민거리는 바로 스마트폰과 영상물이지요. 하지만 이것이 무조건 나쁜 건 아니에요. 아이가 지나치게 집착하거나 일상에 지장을 주는 게 아니라면 적절히 활용해도 괜찮아요. 영상의 도움으로 엄마 아빠가 잠시 숨을 돌리거나 급한 일을 처리할 시간을 버는 것도 중요하니까요. 요즘에는 자극적이지 않고 유익한 콘텐츠도 많답니다. 아이들은 영상을 통해 간접 경험을 쌓기도 하고, 새로운 지식을 배우며 즐겁게 휴식하기도 하죠.

디지털 게임에 대한 긍정적 연구 결과도 적지 않아요. 디지털 게임은 다른 수동적인 영상 매체와 달리 능동적인 참여로 성과를 만들어 가는 활동이기 때문에, 자발성·즐거움·공정한 경쟁·규칙 준수·주체성과 같은 건강한 놀이의 요소를 갖고 있어요. 이런 특성 덕분에 게임은 몰입감과 성취감을 주고, 협력 플레이를 통해 사회적 연결감을 높여 정서 안정에도 도움이 돼요. 게임으로 스트레스를 풀면서 공격성이나 우울감이 줄고 회복탄력성이 높아진다는 연구 결과도 있어요.

또한 인지 능력과의 긍정적 연관성도 보고돼요. 대규모 연구에서는 꾸준히 게임을 한 청소년들이 주의집중, 작업기억, 충동 조절, 처리속도, 공간 능력, 문제 해결력 등 여러 인지 영역에서 더 좋은 성과를 보이기도 했어요.

대부분의 부모가 게임을 부정적으로 인식하고, 아이가 문제 행동을 보이거나 성적이 떨어지면 게임을 탓하곤 해요. 그런데 흥미로운 건, 현대 사회에서 건전하고 유익하다 평가받는 바둑을 즐기는 것도 먼 옛날에는 한심한 중독으로 취급했대요. 처음 그림책이 나왔을 때 그림이 아이들의 상상력을 저해한다는 비판이 있었고, 이후 컬러 그림책이 나왔을 때는 흑백 그림책에 비해 너무 자극적이라 성장기 뇌 발달에 좋지 않을 거라는 우려가 있었다고 해요.

게임도 마찬가지예요. 능동적으로 생각하고 계획해야 하는 전략적인 게임은 오히려 전두엽 발달에 도움이 돼요. 너무 자극적이고 파괴적이거나, 단순히 쾌락을 추구하거나, 도박적 요소가 많은 게임은 피해야 하지만, '마인크래프트'나 '슈퍼마리오 메이커'처럼 능동적으로 참여해 기획력과 창의력을 발휘하는 게임이나, 코딩 게임처럼 전략을 세워 과제를 푸는 게임은 유익한 점이 많아요.

= 디지털 미디어 활용 규칙 세우기 =

디지털 미디어는 이미 우리 삶에 깊이 자리하고 있어요. 디지털 미디어 시대에 태어난 아이들은 디지털 기기를 사용하는 생활이 너무나 자연스럽고 당연한 것이지요. 특별히 가르치지 않아도 전자 기기를 이용한 미디어 사용에 매우 능하기도 하고요. 따라서 이를 무작정 금지하고 피하기보다는 무엇을, 얼마나, 어떻게 활용할지에 대한 규칙을 세워 두는 편이 훨씬 건강한 접근이라고 볼 수 있어요.

콘텐츠를 신중히 골라 주세요

아이가 아무 제한 없이 스마트폰을 사용하는 것은 매우 위험해요. 특히 요즘에는 유튜브의 유해 콘텐츠가 큰 문제가 되고 있어요. 폭력적이거나 성적 콘텐츠처럼 나이에 맞지 않는 영상에 쉽게 노출될 수 있어, 부모의 관리가 꼭 필요해요.

유해한 내용이 아니더라도, 아이들은 꾸준히 보는 유튜버의 말투나 태도에 영향을 받기 쉬워요. 그러므로 아이가 지속적으로 봐도 괜찮은 채널인지 부모가 살펴봐야 해요.

숏폼은 정말 안 좋아요

숏폼은 강한 자극, 빠른 전환, 높은 보상 구조로 설계되어 있어요. 이런 숏폼에 지속적으로 노출되면, 아이의 뇌는 '즉각적인 자극'에만 반응하도록 훈련돼 버리죠. 자극적인 짧은 영상의 재생이 빠르게 반복되면 도파민이 급격히 분비되는데, 이는 까다롭고 예민한 아이에게 특히 큰 영향을 미쳐요.

이런 아이들은 숏폼에 오래 노출될수록 심리적 피로와 짜증이 쉽게 쌓이고, 일상으로 돌아왔을 때 집중력이 감소하거나 과민해지기 쉬워요. 교육적 가치는 거의 없고 중독성은 매우 강하므로, 숏폼 노출은 최소화해 주는 것이 좋아요.

상호작용을 챙겨 주세요

디지털 미디어 그 자체보다 더 큰 문제는 미디어 사용으로 인해 사람과의 상호작용 시간이 줄어드는 것이에요. 아이들은 상호작용을 통해 정서적 안정감을 얻고, 언어와 사회성을 발달시키며, 다양한 것을 배우고 문제 해결력을 키워요.

따라서 아이에게 질 높은 상호작용 및 건강한 신체 활동을 할 기회를 제공하는 것이 매우 중요해요. 부모와 아이가 함께하는 놀이, 대화, 야외 활동, 혹은 가족이 함께 미디어를 보며 생각과 감정을 나누는 활동도 좋아요. 이런 대안 없이 무작정 미디어를 금지하는 것은 큰 의미가 없어요.

아이에게 숨구멍이 있어야 해요

우리나라 아이들은 학업량이 많고 자유롭게 노는 시간이 부족해 어린 연령 때부터 큰 스트레스를 받기 쉬워요. 그러다 보니 빠르게 위안을 주는 디지털 미디어에 기대기 십상이죠. 이런 현실을 고려하면 디지털 미디어를 완전히 금지하는 것은 오히려 아이에게 가혹할 수 있어요.

핵심은 미디어 금지가 아니라, 아이의 일상에서 놀이·휴식·상호작용이 고르게 숨 쉴 수 있도록 균형을 잡아 주는 것이에요. 아이가 긴장을 풀고 심신을 회복할 수 있는 시간과 공간을 충분히 가질 수 있도록 돕는 것이 무엇보다 중요해요.

= 좀 더 주의해야 하는 요인들 =

까다로운 아이들은 디지털 미디어 자극에 특히 더 민감할 수 있어요. 연령이 어릴수록 악영향이 더 크게 나타날 수 있으니 주의가 필요해요.

• **시청각이 예민한 경우** 신경계가 과자극에 시달려 신체가 긴장하고, 스트레스·불안이 증가해요. 빠른 화면 전환은 뇌에 과부하를 일으켜 감정 조절을 더 어렵게 만들 수 있어요.

    까다롭고 예민한 우리 아이, 왜 이렇게 힘들까요?

- **수면이 어려운 경우** 저녁 이후 미디어 노출은 수면 장애를 유발해요. 멜라토닌 분비가 억제되어 수면 리듬이 깨지고, 자주 깨거나 깊이 못 자게 돼요.

- **불안도가 높은 경우** 자극적인 미디어는 편도체를 자극해 불안을 높이고, 전두엽 발달을 방해해요. 갈등, 긴장, 공포 요소가 있는 영상은 불안을 더 악화시킬 수 있어요.

- **각성 조절이 어려운 경우** 강한 자극의 세계에 있다가 일상으로 돌아오면 일상이 '너무 심심'하게 느껴져요. 원하는 자극을 얻기 위해 과잉 행동을 할 수도 있어요.

- **중독에 취약한 경우** 미디어가 없으면 초조해하거나 일상이 흐트러진다면 중독 신호일 수 있어요. 일상은 물론 사회적 활동에까지 방해가 된다면 점검이 필요해요.

- **현실 스트레스가 커서 미디어로 도피하는 경우** 문제의 본질은 '미디어'가 아니라 스트레스 그 자체예요. 학교 생활, 친구 관계, 학업 스트레스 등을 함께 살펴봐 주세요.

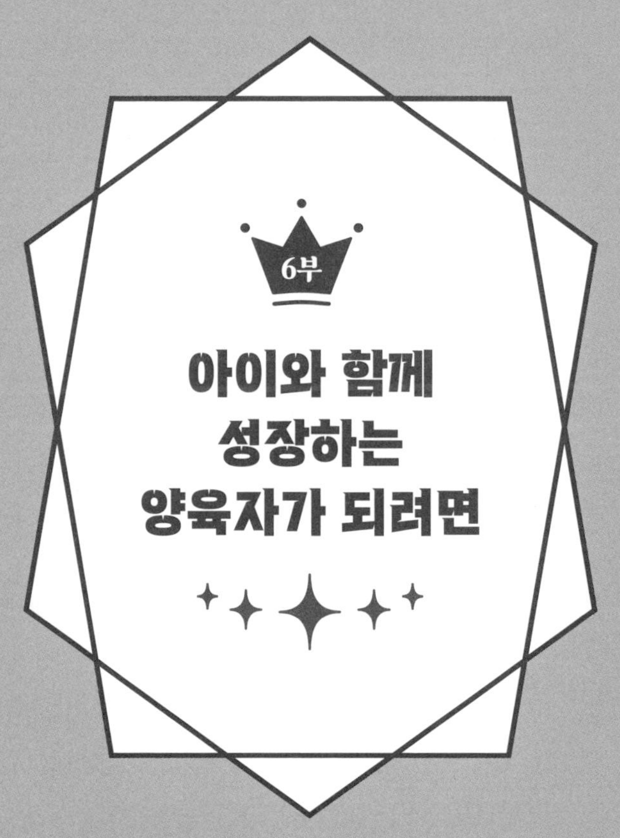

6부

아이와 함께
성장하는
양육자가 되려면

단단한 양육자 마인드 세팅하기

= 진심으로, 내 아이의 기질을 받아들이자 =

까다로운 기질의 아이를 둔 부모들은 기질에 대해 알아 가며 혼란에 빠지곤 해요. 까다로운 기질을 이해하고 받아들이는 데 복잡하고 다양한 감정을 경험하죠.

'에이, 까다로운 기질이라니, 아닐 거야', '말도 안 돼, 왜 내 아이만 이렇게 힘든 거야!', '아, 양육법을 바꿔 보면 좋아지겠지?', '너무 힘들어… 내가 나쁜 부모일까…'

미국의 정신과 의사 엘리자베스 퀴블러-로스Elizabeth Kübler-Ross는 이처럼 어려운 상황을 받아들이는 과정에서 겪는 감정의 흐름을

5단계로 설명해요(이 5단계는 각 단계를 순서대로 반드시 거치는 것은 아니며, 사람에 따라 순서가 달라지거나 특정 단계가 생략되거나 반복될 수도 있어요).

1. 부정(denial)

'우리 아이가 정말 까다로운 기질일까?', '괜찮을 때도 있는데…', '그냥 한때일 거야', '크면 나아질 거야'와 같이, 처음에는 아이의 까다로운 기질을 곧바로 인정하기 어려워요. 아이의 까다로운 행동을 기질 때문이 아닌 일시적인 문제나 성장 과정의 일부로 보려 하면서, 아이의 고유한 특성을 받아들이기보다 자라면서 저절로 바뀔 것이라 기대하기도 해요. 부모는 이 단계에서 종종 아이를 다른 아이들과 비교하며 이상하다는 생각을 하기도 해요. '다른 애들은 이렇지 않은데, 왜 우리 아이만 다르지?', '이상하다, 왜 나만 쩔쩔매지?'라는 생각을 할 수 있어요.

2. 분노(anger)

까다로운 기질의 아이를 키우는 일이 무척 힘들다 보니, 점점 좌절감과 피로가 쌓이면서 양육자는 분노를 느낄 수 있어요. '우리 아이는 도대체 왜 이렇게 힘들게 구는 걸까?', '왜 나만 이렇게 육아가 힘들지?' 등의 생각이 들며 분노하고 불만을 가질 수 있어요. 특히 다른 부모들이 순한 기질의 아이를 편하게 키우는 모습을 보며 더

   까다롭고 예민한 우리 아이, 왜 이렇게 힘들까요?

욱 억울함이나 분노를 느낄 수 있어요. 주변 사람들로부터 원치 않는 조언을 받을 때면 더욱 화가 나죠. 나를 너무 힘들게 하는 아이마저 미워지기도 해요.

3. 협상(bargaining)

이 단계에서 부모는 양육이 편해질 방법이 있을 것이라는 기대를 가지고 협상하는 마음을 가져요. 다양한 양육법에 대해 공부하며, '그래, 그동안 이걸 안 한 게 문제였군! 이 방법을 쓰면 모든 게 달라질 거야'라는 식의 기대를 하게 돼요. 이에 따라 양육법에 변화를 줘 보지만, 아이의 기질이 바뀌는 것은 아니기에 순한 아이처럼 양육이 편해지지는 않아요. 오히려 아이에게 맞지 않는 양육법을 시도하다가 더 크게 고생하기도 해요.

4. 우울(depression)

최선을 다했으나 기대가 무너지면, 부모는 깊은 무력감과 우울을 경험할 수 있어요. 남들보다 배로 힘들면서도 결과가 좋지 않은 것 같아서 큰 부담감을 느껴요. '이대로 평생 까칠한 아이로 자라면 어쩌지?', '힘들어서 도저히 견딜 수가 없어' 등의 생각이 꼬리를 물며, 끝이 보이지 않는 어려움에 대해 절망감을 느낄 수 있어요. 아이가 까다로운 기질을 타고났음을 인정하면서도, 아이를 잘 키울 수 없을 것 같다는 생각에 빠질 수 있어요. 양육에 자신감을 잃고 한동

안 좌절하기도 하고, 순한 아이를 키우는 부모들과 거리를 두기도 해요.

5. 수용(acceptance)

마지막으로 '남들보다 육아가 힘들 수 있다'는 사실을 받아들이는 단계예요. 아이러니하게도 그러면서 오히려 여유가 생겨요. 육아는 원래 힘들다는 것을 편안하게 받아들이고 과도한 기대를 내려놓게 돼요. 아이의 기질을 있는 그대로 받아들이고, 그에 맞는 양육 방법을 찾는 쪽으로 나아가 안착하게 돼요. 점차 까다로운 아이를 깊이 있게 이해하고 이에 맞는 양육법에 확신을 갖게 돼요. 기질을 바꾸려 하지 않고 아이를 있는 그대로 바라보며, 아이의 성장 과정에 필요한 도움과 지지를 제공하면서 인내심을 기르게 돼요. 아이의 속도에 맞춰 주며, 한층 편안해진 마음으로 아이를 돕는 역할을 긍정적으로 수행하게 돼요.

수용의 단계는 까다로운 기질의 아이를 양육하는 과정에서 가장 중요한 단계예요. **수용이란 포기하거나 체념하는 것이 아니에요. 아이의 고유한 특성을 있는 그대로 받아들이며 거기서 긍정성을 찾아내는 것을 의미해요.** 이처럼 부모가 아이의 기질을 진심으로 받아들이고 포용하게 되면, 아이와 부모 모두에게 깊은 심리적 안정감이 생기며 긍정적인 양육 관계가 형성될 수 있어요.

까다로운 기질을 단순히 독특한 성격으로 치부하지 않고 아이가

까다롭고 예민한 우리 아이, 왜 이렇게 힘들까요?

세상을 경험하는 고유한 방식으로 이해해야 해요. 기질을 바꾸려 하기보다 아이 고유의 세상 경험 방식을 이해하는 것이 중요해요. 순한 아이와 아무리 비교해도 아이가 순해지지 않을뿐더러, 아이도 부모도 더 큰 스트레스와 어려움을 겪게 돼요. '내 아이는 순한 아이들과는 다르게 프로그래밍되어 있다'는 사실을 진정으로 받아들이면, 아이의 반응이 '잘못된' 것이 아니라 그저 '다를 뿐'이라는 점을 이해할 수 있어요. 게다가 아이의 '다름'이 바로 강점이자 재능, 그리고 인생에서 중요한 무기가 될 수 있다는 것을 알게 되면, 부모는 그 기질을 억제하기보다 오히려 긍정적으로 발전시키는 방향으로 아이를 지원할 수 있게 돼요. 이러한 인식 변화는 부모와 아이 모두를 좋은 길로 이끌어 줄 수 있어요. 부모에게 있는 그대로 수용받은 아이는 자기 자신을 긍정적으로 받아들이고, 나아가 도전하고 성장해 나가는 힘을 기를 수 있답니다.

혹시, 너무 힘들어서 아이를 원망하고 계신가요? 아이의 기를 꺾어야겠다고 벼르고 계신가요? 혹은 좌절에 빠져 계신가요? 현실을 부정하고 계신가요? 회피하고 있진 않나요?

괜찮아요! 까다로운 기질의 아이를 양육하면서 느낄 수 있는 자연스러운 마음이에요. **그런 감정들을 황급히 억누르지 말고 마음을 돌봐 주세요. 잘하고 있다고 다독여 주세요. 잘할 수 있다고 응원해 주세요. 충분히 스스로를 인정하고 격려해 주면, 점차 아이의 고유한 기질을 조금씩 받아들일 여유가 생길 수 있어요.**

양육에서는 'Slow and Steady(천천히, 꾸준하게)'가 중요해요. 아이의 속도에 맞춰 천천히 그러나 꾸준하게 걸어가는 것이죠. 까다로운 기질의 아이는 서서히 성장하기에 부모의 꾸준한 인내심이 요구돼요. 기질적 특성은 쉽게 달라지지 않으며, 조절력을 기르는 데 오랜 연습과 시간이 필요하니까요.

아이가 밀도 있게 성장할 수 있도록 긴 호흡으로 지켜봐 주는 태도를 가져야 해요. 천천히 아이의 리듬에 맞추어 가는 양육이 건강한 성장에 매우 중요하답니다. 저는 이것이야말로 까다로운 아이 양육의 정도(正道)라고 생각해요.

SLOW(천천히)

양육의 지름길을 찾으려 하거나 단기적인 성과에만 집착하지 마세요. 아이를 조금이라도 빨리 도와주고 싶다 보니, 부모는 자기도 모르게 바로 눈에 띄는 결과나 즉각적인 변화를 기대하기 쉬워요. 빨리 변하지 않는 아이의 모습에 답답함을 느끼기도 하고요.

그러나 진정한 성장은 하루아침에 이루어지지 않아요. 작은 배움이 하나하나 쌓여 아이의 인격을 형성해 나가는 것이므로, 단기적인 해결책이나 빠른 방법을 찾기보다는 기초부터 차근차근 다져가는 길을 선택해야 해요.

STEADY(꾸준하게)

그렇다고 Slow and Steady를 '느린 속도'로만 해석하면 안 돼요. Steady, 즉 느리더라도 '꾸준하게' 나아가는 것이 핵심이에요. 특히, 까다로운 기질의 아이를 키울 때는 **매일매일 꾸준히 가르치는 것이 무척 중요해요. 저절로 배울 거라 생각하지 말고 아이의 여정에 함께해 주세요. 곁에서 함께 걸어 주며, 언제라도 도움을 줄 수 있는 든든한 지지자가 되어 주세요.** 어떤 아이는 크게 신경 쓰지 않아도 알아서 잘 자라기도 해요. 그러나 까다로운 기질의 아이들은 더 많은 도움이 필요하답니다.

결국 'Slow and Steady'는 아이에게 필요한 시간과 여유를 주면서도 부모가 꾸준히 곁에서 지지하고 가르치는 과정을 의미해요. 지름길을 찾지 않고 정도를 걸어가는 것이 힘들고 지칠 수 있어요. 그러나 오랜 시간이 지난 후 되돌아봤을 때, 부모가 아이에게 보여 준 인내와 꾸준함은 아이의 성장에 엄청난 자양분이 된 밑거름이었음을 알게 될 거예요.

이 길을 묵묵히 걸어 온 부모는, 아이가 자율적으로 옳고 그름을 판단하며 건강하게 자라난 모습을 보며 말로 표현할 수 없는 기쁨과 보람을 느끼겠죠. 비록 시간이 걸리더라도, 우리 정도를 걸읍시다! 길게 보고, 멀리 봅시다!

저는 '피할 수 없으면 즐기자'라는 말을 좋아해요. 또 '즐길 수 없으면 피하자'라는 말도 좋아하지요. 이 두 구절만 있으면 살면서 겪는 대부분의 문제들을 지혜롭게 다룰 수 있다고 느꼈어요. 이를 육아에도 대체로 적용할 수 있었답니다. 까다로운 아이를 다른 사람 손에 맡기기가 어려워 좋아하던 일을 내려놓고 육아에 올인해야 했을 때, '피할 수 없으면 즐기자'라는 마음으로 아예 육아에 몰두하며 그 안에서 즐거움을 찾았어요. 반면 편식이나 낯가림, 예민한 감각의 문제 등 당장 손쓰기 어려운 문제들을 만나면 '즐길 수 없으면 피하자'라는 마음으로 스트레스를 줄여 나갔죠.

그러나 절대 피할 수도 없고, 결코 즐길 수도 없는 게 하나 있었어요. 바로, 까다로운 아이와의 갈등 상황이에요. 차라리 아주 어릴 때는 아이와 대치할 일이 적었는데, 아이가 자라면서 훈육할 일도 많아지고 학습으로 인한 신경전도 벌어질 수밖에 없더군요.

아이와의 갈등, 결코 즐길 수 없었어요. 부모 자식 간의 갈등은 누구에게도 어렵겠지만, 까다로운 아이와의 갈등은 정말이지 더욱 피를 말리는 일이었어요.

그렇다고 피할 수도 없었어요. 잠깐씩 회피할 수는 있어도, 문제를 근본적으로 해결하지 않으면 갈등은 더 커지고 반복될 뿐이니까요. 결국 갈등은 반드시 마주해야 하며, 고통스러워도 감당해야 하는 것이란 점을 받아들였죠. 갈등 속에서도 아이와 더 깊은 대화를 나누고 서로를 이해할 방법을 찾는 것이 부모로서 해야 할 중요한 일이더군요.

갈등은 그 자체보다 '갈등을 어떻게 풀어내느냐'가 더 중요해요. 부부 관계에 있어 부부 싸움을 '안' 하는 것보다 부부 싸움을 '잘' 하는 것이 중요하다는 말이 있듯이, 부모와 자식 간의 갈등도 마찬가지예요. 갈등을 풀어 나가고 끝맺이하는 과정에 따라 결과가 완전히 달라질 수 있어요.

갈등 상황에서도 부모가 이성을 유지하며 차분히 대화할 수 있다면 가장 좋겠지만, 현실적으로 항상 그러기는 쉽지 않아요. 갈등 과정에서 때로는 부모도 감정적으로 폭발할 수 있고, 아이에게 상처 주는 말을 쏟아 내기도 해요. 이때 굉장히 자괴감이 들죠. 물론 까다로운 기질의 아이라면 부모의 그런 모습에 더 민감하게 반응할 수 있으니 조심해야 해요. 내가 자제력을 잃을 것 같다 싶으면, 일단 멈추고 심호흡을 하며 과열된 감정을 식히는 것이 중요해요.

지혜로운 갈등의 핵심은, 불가피하게 감정싸움을 하게 되더라도 그 이후에 어떻게 대처하느냐예요. 이에 따라 부모와 아이가 갈등을 통해 서로를 더 잘 이해하고 신뢰를 쌓아 갈 수도 있고, 반대로 감정의 골이 깊어질 수도 있어요. 어영부영 넘어가지 말고 잘못한 부분은 확실하게 사과하는 게 좋아요. 부모가 먼저 자신의 잘못을 솔직하게 인정하고 진심으로 사과하는 모습을 보여 주면, 아이는 아무리 갈등이 있었어도 부모가 자신을 존중하고 사랑한다는 것을 느낄 수 있어요. 반면 잘못에 대한 사과 없이 호지부지 넘어가 버리면 예민한 아이 마음에 불신이 쌓이게 된다는 점을 기억하세요.

= 당당히, 내 아이의 전문가가 되자 =

까다로운 아이를 양육하다 보면, 부모는 종종 이전에 상상했던 육아의 모습과는 전혀 다른 현실에 부딪히게 돼요. 아이의 강렬한 감정 표현과 예측 불가능한 행동에 쩔쩔매는 자신을 보며 당황하게 되지요. 물론 육아는 원래 정신없고 불안정한 게 당연하지만, 까다로운 아이와 함께하는 일상은 상상 이상으로 불안정하니까요.

까다로운 아이의 부모는 이러한 상황에 맞춰 현실적인 양육 방식을 찾아 나가게 돼요. '살길을 찾는다'고 해야 할까요? 아이의 독특한 기질과 요구를 이해하며, 문제를 미리 예방하고 아이가 최대한 편안함을 느끼도록 환경을 조정하는 전략을 쓰게 돼요. 아이가 울음을 터뜨리기 전에 미리 달래 주고(울음이 한번 터지면 통제가 안 되니까요), 아이가 싫어하는 것은 최대한 피해 주고(괜히 시도했다가 더 큰 악영향이 생기니까요), 최대한 아이의 신호에 맞춰 주게 되죠(신호를 한번 놓치면 걷잡을 수 없는 상황이 벌어지니까요).

이처럼 까다로운 아이의 부모는 아이에게 안정된 환경을 제공하

     까다롭고 예민한 우리 아이, 왜 이렇게 힘들까요?

기 위해 애써요. 하지만 이런 노력 때문에 주변 사람들에게 따가운 시선을 받기도 하지요.

"왜 그렇게 아이에게 끌려다녀?"
"그렇게 다 맞춰 주니까 아이가 더 난리지!"
"부모가 유난이야."
"애들이 다 똑같지, 뭐."
"나처럼 이렇게 해 봐."

환경을 아이에게 맞도록 조정하는 피땀 어린 노력을, 그저 아이에게 휘둘리는 거라 오해받곤 하죠. 부모는 이미 아이를 안정시키기 위해 많은 에너지를 쏟고 있는데, 주변 사람들의 이러한 시선은 부모에게 추가적인 스트레스와 자책감을 유발해요. 아이에게 맞는 양육관을 어렵게 확립했다가도 주변의 말 한마디에 또다시 스스로의 양육 방식을 의심하게 되지요.

까다로운 아이를 키우는 것은 매우 힘든 일이에요. 순한 아이를 키우는 부모는 절대 이해할 수 없는 경험이지요. 오죽하면 순한 아이 서너 명보다 까다로운 아이 하나 키우는 게 더 힘들다고들 해요. 잠깐씩 보는 가족이나 지인들도 이런 사정을 이해하기 어려울 거예요. 심지어 부양육자도 주양육자의 고충을 이해하지 못하는 경우가 많으니까요. 그럴수록 흔들리지 않는 믿음이 필요해요. '내 아이는 내가 잘 안다'라는 마음으로 양육 태도의 중심을 잡는 게 중요해요. 물론 그러려면 육아에 관해 공부하고 적절한 양육법을 실생활에 적용해 보며 누구보다 내 아이를 잘 아는 사람이 되어야겠죠.

심리적·정신적 컨디션은 그 중요성이 평가절하되곤 해요. 사람들은 신체적 어려움에 대해서는 쉽게 공감하고 이해하는 편이에요. 하지만 마음의 어려움에 대해서는 대체로 그렇지가 않아요. 심리적·정신적 고통은 스스로 통제할 수 있는 의지의 문제로 간주하고, 나약함만 극복하면 된다고 생각하는 경향이 있죠.

외적으로 보이는 증상이 있거나, 검사로 정확한 수치가 나오는 신체적 어려움은 주변 사람들로부터 배려받기가 쉬워요. 예컨대 다리를 다쳐 목발을 딛고 다니면, 누구도 그것을 당사자의 의지 문제로 치부하지 않죠. 그러나 우울증에 걸린 사람은 어떤가요? "생각을 바꿔 봐", "마음먹기에 달린 거야"라는 말을 듣기 십상이에요. 이는 정신 건강을 신체 건강과 동일한 수준으로 여기지 않는 편견에서 비롯돼요. 흔히 심리적·정신적 어려움은 고통을 객관적으로 증명하거나 설명하기 어렵고 과소평가되는 경우가 많아요.

아이에 대해서도 마찬가지예요. 선천적으로 심장이 약한 아이에게 누구도 "그럴수록 더 강하게 운동해서 심장을 단련시켜야 해"라는 무책임한 말을 하지 않아요. 선천적으로 피부병이 있는 아이에게 "의지로 없애 봐"라는 말도 하지 않아요. 선천적으로 폐가 약한 아이에게 "부모가 잘못 키워서 그래"라고 하지 않죠. 선천적으로 심

　　　　까다롭고 예민한 우리 아이, 왜 이렇게 힘들까요?

한 알러지가 있는 아이에게 "그냥 밀어붙여"라고 조언하지 않아요.

그러나 아이 기질에 대해서라면 얘기가 달라요. 선천적으로 불안도가 높은 아이는 "그럴수록 더 강하게 내몰아서 단련시켜야 해"라는 말을 듣기 십상이고, 선천적으로 조절 능력이 낮은 아이는 "의지 좀 발휘해 봐"라는 말을 지겹게 들으며, 선천적으로 충동성이 높은 아이는 "부모가 안 혼내서 그래"라는 말을 지긋지긋하게 들어요. 아이의 적응력에 대해 고민하는 부모에게 "단호하게 밀어붙이면 다 적응하게 돼 있어"라는 말은 단골 멘트죠.

예컨대, 만약 호흡기가 약한 아이를 일반 아이와 똑같이 키우면 어떻게 될까요? "추운 날에도 밖에서 뛰어놀아야 건강해지는 거야"라는 말에 흔들려, 추위에 취약한 아이를 보호 장비 없이 겨울날 놀이터로 내보내면요? 보통의 아이는 아무렇지 않거나 약한 감기로 지나갈지 몰라도, 똑같은 상황에서 호흡기가 약한 아이는 고열에 시달리거나 폐렴에 걸리기도 해요.

알러지가 있는 아이에게 남들처럼 아무 음식이나 먹이면 어떻게 될까요? 보통의 아이는 아무 문제가 없겠지만, 알러지가 있는 아이에겐 치명적일 수 있어요. '다른 애들도 다 먹는데 우리 아이도 괜찮겠지'라는 생각은 위험해요.

이와 마찬가지로, **아이의 기질도 신체적 특성만큼이나 선천적인 요소예요.** 부모가 이를 이해하고 적절한 환경을 제공하는 것은 아이의 건강한 성장 발달에 매우 중요한 필수 요소랍니다.

중요한 건 부모가 이에 대해 확신을 가질 만큼 단단하고 안정된 양육자 마인드 기반을 갖추는 거예요. 남들은 유난이라 할지라도, 까다로운 아이를 키우는 부모는 유난을 좀 떨어도 돼요. 더 많은 육아서를 읽고, 전문가의 의견을 듣고, 아이를 더 면밀히 살피고, 더 깊이 고민하는, '유난 떠는' 부모님께 온 맘 다해 응원을 보냅니다!

= 기꺼이, 기초 공사에 공들이자 =

아이 키우기가 참 힘든 시대라고 하지요. 아마도 이에 절절히 공감하는 분들은 참 많이 노력하는 부모일 거예요. 제가 생각하기에, **아이를 '대충' 키우는 건 그리 힘들지 않아요. 하지만 아이를 '제대로' 키우는 건 무척 힘들어요.** 특히 요즘처럼 경쟁이 치열한 세상에서는 아이를 '잘' 키워 내야 한다는 부담감이 참 크죠. 그로 인해 요즘 부모들은 육아 스트레스가 상당해요.

그렇다고 무작정 '너무 애쓰지 마라, 열심히 육아하지 마라, 아이들은 스스로 잘 자란다'라고 하는 건 요즘 세상에 무책임한 발언일 수 있어요. 불안정하고 불확실한 미래에 출산율마저 바닥을 치고 있는 상황인데, 아이를 낳기만 한다고 해서 부모 역할이 끝난 게 아니잖아요? 아이가 앞으로의 삶을 준비할 수 있도록 돕는 것이 책임감 있는 양육이죠. '아이는 자기 밥그릇을 들고 태어난다'는 말은 이

    까다롭고 예민한 우리 아이, 왜 이렇게 힘들까요?

제 옛말이 되어 버렸어요. 점점 더 복잡해지는 현대 사회에서 아이가 유해한 길에 빠지지 않고 건강하게 성장하여 독립적인 사회 구성원으로 자리 잡기까지 부모의 역할이 더욱 중요해졌어요.

요즘 부모들은 육아에 과도하게 신경을 써서 문제라는 시선도 있지만, 이러한 노력은 사회의 변화에 따른 자연스럽고 필요한 일이에요. 어려운 환경에서 부모로서 더욱 책임감을 갖는 것이죠. 특히, 까다로운 아이를 키울 때는 조금 더 애써야 해요. 미련하다 싶을 정도로 양육에 공들여도 괜찮아요. 왜냐하면 우리 아이들에게는 기초 공사가 매우 중요하기 때문이에요.

근시안적인 관점에서 보면 쉽게 키울 수도 있을 거예요. 아이가 떼쓸 때 윽박이나 체벌로 굴복시키면 당장은 편하고, 심심하다고 보챌 땐 스마트폰을 보여 주면 조용해지니까요. 밥 안 먹고 간식만 먹든 말든, 숙제 안 하고 게임만 하든 말든, 그냥 놔두면 부모도 편해요. 그러나 우리는 그렇게 하지 않아요. 아이가 떼를 쓰면 윽박지르는 대신 옳고 그름을 학습할 수 있도록 차근차근 가르쳐 주고, 심심해하면 책을 읽어 주거나 함께 놀아 주고, 혹시라도 놓친 부분이 있을까 봐 아이의 발달을 면밀히 살피곤 해요.

쉬운 길을 놔두고 굳이 힘든 길을 택하는 이유는 뭘까요? 그 힘든 길이 바로 옳은 길이란 걸 알기 때문이에요. 힘든 길 끝에 아이의 진정한 성장과 안정된 미래가 있음을 알기 때문이에요. 결국 아이의 장기적인 자립을 위해서예요. 그렇기에 우리는 매일 수고로움을 선택하는 것이지요.

우리는 열심히 '기초 공사'를 하고 있어요. 아이가 건강하게 주체적으로 성장할 수 있는 밑거름이 될, 아주 중요한 기초 공사를요. 건물의 기초 공사가 부실하면 아무리 멋지게 인테리어를 해도 결국 무너질 수밖에 없듯이, 양육에 있어서도 기초가 튼튼해야 해요.

건물을 지을 때 '철근 한두 개 빼먹는다고 큰일 나겠어?'라는 생각으로 날림 공사를 하면 어떻게 될까요? 겉보기에는 별문제가 없어 보일 수 있지만 시간이 지날수록 건물에 구조적 불안정이 발생하게 돼요. 기초 공사가 튼튼하지 않으면 건물 전체가 외부의 압력이나 환경 변화에 쉽게 취약해지고, 균열이 생길 수 있으며, 심할 경우 붕괴 위험까지 초래할 수 있죠. 기초 공사는 건물의 안전과 내구성을 결정짓는 가장 중요한 단계이기 때문에 작은 것 하나라도 소홀히 하면 안 돼요.

아이를 키우는 것도 마찬가지예요. 아이의 성장 과정에서 기반이 흔들리지 않도록 철저히 다져 주는 일이야말로 아이의 장기적이고 건강한 성장을 위한 바른 길이에요. 특히 까다로운 아이일수록 기꺼이 양육의 기초 공사에 공들여 주세요. 게다가 까다로운 기질의 아이들은 부모의 노력에 더 크게 반응한다니, 얼마나 좋은 소식인가요? 기꺼이 애쓸 가치가 있답니다. 의심 말고 공들이세요. 우리의 노력은 아이의 평생을 지탱해 줄 든든한 기반이 될 거예요.

기억하세요, 우리가 얼마나 중요한 일을 하고 있는지를요!

= 적당히, 나의 실수를 안아 주자 =

부모가 아무리 열심히 노력하고 철저히 계획한다 해도, 마음대로 되지 않는 게 육아죠. 특히 까다로운 아이를 키우는 일은 더욱더 그래요. 무너지고 일어서고가 수없이 반복되는 과정이지요. 때로는 실수도 하고 실패도 할 수 있으며, 그게 당연한 거랍니다. 시행착오는 필연적이에요. 아이에게도, 부모에게도요. 그러니 맘 편히 시행착오를 겪을 수 있기를 바라요.

육아 과정에서 잘못한 점이 있다면 반성하는 것도 필요하지만, 자책에만 몰두하여 좌절에 빠지지 않고 실패를 통해 배운다는 관점을 취하는 게 중요해요. 시행착오는 점진적인 성장을 가져온다는 점을 기억하세요. 육아 과정에서 실수를 하더라도 이를 당연한 과정으로 받아들이고 성장의 발판으로 삼을 수 있어요.

때로는 정답을 알아도 그대로 따를 수 없을 거예요. 심지어 정답을 도저히 알 수 없을 때도 많죠. 도무지 모르겠을 때는 답을 찍어 보기도 하고, 오답을 통해 배우려 하기도 하고, 때로는 끝까지 정답을 알아내지 못한 채 흐지부지 지나가 버릴 때도 있을 거예요. 이런 순간들은 부모라면 누구나 겪는 보편적인 과정이에요.

괜찮아요, 누구나 실수하는 게 육아예요. 특히 까다로운 아이와 함께하는 일상은 부모를 한계치 너머로 몰아붙이곤 하죠. '누구에게라도 어려울 만한 상황이었다'라고 생각하는 것도 하나의 방법이에요. 그렇게 나를 토닥인 뒤 다시 일어서면 돼요.

괜찮아요, 아이도 부모도 실수를 통해 자랄 수 있어요. 실수는 오히려 더 나은 방법을 찾는 기회가 될 수 있어요. 실수를 통해 배우고 더 나아지려 노력하는 모습을 아이에게 보여 주세요. 그러면 '실수해도 괜찮아. 중요한 건 그다음에 어떻게 하는가야'라는 메시지를 전해 줄 기회로 삼을 수 있어요. 그게 바로 우리가 아이들에게 가르치고 싶은 것이잖아요. 오히려 이러한 실수를 통해 성장의 본보기가 될 수 있어요.

괜찮아요, 한 번의 실수가 영원한 실패로 이어지지 않아요. 나의 잘못된 판단으로 아이에게 트라우마를 남길까 봐 걱정될 수 있어요. 특히 까다로운 기질의 아이들은 감정적으로 민감하고 강렬하게 반응하기 때문에 부모로서 더 큰 부담을 느낄 수밖에 없죠. 그러나 부모가 아이의 감정을 이해하고 회복을 도우려는 태도를 보인다면, 아이는 오히려 역경을 통해 더 강해질 수 있어요. 아이와 진심어린 마음을 나누며 함께 문제를 해결해 가면, 오히려 무너지고 다시 일어서는 과정에서 아이에게 헌신과 사랑을 보여 줄 수 있어요.

까다로운 아이를 키우는 부모들이 죄책감을 많이 느끼는 것은 우리가 나쁜 부모여서가 아니에요. 아이를 덜 사랑하는 부모여서가 아니에요. 오히려 좋은 부모여서, 누구보다 아이를 사랑하고 위하는 부모여서, 그래서 더 힘든 거예요. 사랑하기에 더 잘하고 싶고, 사랑하기에 실수하기 싫고, 그런 마음에 스스로에게 더 엄격해

 까다롭고 예민한 우리 아이, 왜 이렇게 힘들까요?

지는 거죠. 완벽주의는 양육자를 몹시 지치게 할 수 있어요. 자기 자신의 실수를 포용할 수 있는 부모가, 아이의 실수도 안아 줄 수 있답니다.

잘못한 일을 자책하며 전전긍긍하기보다, 잘하고 싶은 내 마음을 응원해 주세요. 넘어진 나를 비난하기보다, 다시 일어서는 내 손을 잡아 주세요. 괜찮아요, 오늘이 조금 힘들었다면 내일은 더 나아질 거예요. 육아는 하루로 끝나는 일이 아니잖아요. 오늘의 좌절은 내일의 새로운 시도로 이어질 수 있어요.

= 맘 편히, 시행착오를 겪자 =

까다로운 아이를 키우는 부모는 종종 아이의 부정적인 행동이나 문제 상황에 좀 더 주목하게 되는 '부정 편향'을 갖기 쉬워요. **부정 편향이란, 사람들이 긍정적인 경험보다 부정적인 경험에 더 민감하게 반응하고, 이를 더 오래 기억하는 심리적 경향을 말해요.**

이로 인해, 같은 강도의 긍정적 사건과 부정적 사건이 발생했을 때 사람들은 부정적 사건에 더 큰 영향을 받고, 긍정적인 정보와 부정적인 정보가 동시에 있을 때 부정적인 정보를 우선적으로 처리하거나 과장하여 인식하게 되죠.

예컨대, 부모는 아이가 열 번 잘 행동했더라도 한 번의 실수를 더 강하게 인식하게 되고, '얘 또 문제를 일으켰어'라고 과장되게 받아들일 수 있어요. 이런 시선이 반복되면 부모는 아이를 부정적인 관점에서 바라보게 되고 아이는 자신을 부정적으로 인식하기 쉽죠.

아이에게 긍정적인 마음을 심어 주기 위해서는 부모가 먼저 긍정적인 시선을 키워야 해요. 이는 단순히 아이의 취약점을 외면하라는 말이 아니에요. 아이의 약점과 어려움을 인정하되, 그것에 매몰되지 않고 아이의 강점과 가능성을 함께 바라보는 것이 중요해요. 부모의 시선은 아이에게 큰 영향을 미치기 때문에, 부모가 긍정적인 에너지를 전달하면 아이도 자연스럽게 긍정적인 방향으로 성장할 가능성이 커져요.

이렇게 현재의 어려움을 고정된 한계로 보지 않고 변화와 발전의 가능성으로 바라보는 태도를 '성장 마인드셋'이라고 해요. **성장 마인드셋을 가진 부모는 아이의 느린 변화 속도나 실패를 배움의 과정으로 보고, 이를 통해 아이가 더 단단하게 성장할 수 있다고 믿어요.** 그러면 당장의 결과가 썩 좋지 않더라도 아이가 시도하고 노력한 점을 인정하고 격려하며, 작은 진전도 놓치지 않고 칭찬해 줄 수 있어요. 또한 육아 과정에서 난관에 부딪혀도 다른 방법을 모색하고 새롭게 도전하는 발판으로 삼을 수 있지요.

반면 '고정 마인드셋'을 가진 부모는 아이의 현재 상태를 영원히 지속될 한계로 받아들이는 경향이 있어요. 아이에게 부정적 낙인이 찍히면 아이도 부모도 무력감에 빠지기 쉬워요. 예컨대, 아이가

성장 마인드셋	고정 마인드셋
실패를 배움과 도전의 기회로 여김	실패를 한계나 부족함으로 받아들임
노력을 통해 능력 향상이 가능하다고 믿음	노력해도 변하지 않을 것이라 생각함
어려운 문제를 해결하려고 도전함	어려움을 피하고, 쉬운 길을 선택함
비판을 개선의 기회로 삼음	비판을 거부하거나 방어적으로 반응함
다른 사람의 성공을 영감으로 여김	다른 사람의 성공을 위협으로 느낌

글씨 쓰는 데 서투른 모습을 본 부모가 '얘는 학습의 기본인 글씨조차 제대로 못 쓰니, 앞으로 공부는 어떻게 하려고 이래?'라고 절망하는 것이 고정 마인드셋 반응이에요.

반면 성장 마인드셋을 가진 부모는 '아직 어렵겠지. 계속 연습하면 점점 나아질 거야. 어떻게 하면 아이가 즐겁게 연습할 수 있을까?'라고 문제 상황을 개선 과정으로 바라보게 되죠. 성장 마인드셋은 아이에게도, 부모에게도 힘이 될 수 있는 강력한 도구랍니다.

아이의 분리불안이 심할 때 부모가 '다른 애들은 다 괜찮은데, 얘는 진짜 큰일이다'라고 좌절하는 것은 고정 마인드셋 반응이에요. 반면 '조금 느린 부분이 있을 수 있어. 아직 어리잖아. 앞으로 잘 배울 수 있을 거야. 조금씩 성장하는 모습을 찾아내서 응원해 줘야지'라고 발전 가능성을 생각하는 것은 성장 마인드셋 반응이에요.

또, 아이가 자전거 타기를 배우는데, 습득 속도가 느려서 답답한 상황에서 부모가 '얘는 운동신경도 없고, 의지도 없고, 이래서 앞으로 뭘 할 수 있으려나?'라고 한탄하는 건 고정 마인드셋 반응이에요. '원래 무언가를 배운다는 건 어려운 일이야. 그래도 처음에는 의자에서 균형도 못 잡더니 이제는 페달도 좀 돌리네'라고 작은 성취를 알아보는 게 성장 마인드셋 반응이에요.

아이가 마음이 여리고 감수성이 예민하여 친구를 쉽게 사귀지 못하는 상황에서 '얘는 참 사교성이 없어. 이러다 평생 외톨이 되는 거 아냐?'라고 생각하는 건 고정 마인드셋 반응이에요. '아직 마음에 맞는 친구를 못 만났나 보다. 결이 맞는 친구를 만나면 깊은 관계를 맺을 수 있을 거야. 그때까지는 내가 아이의 대화 상대가 되어 주고, 편안한 환경에서 친구들과 어울리는 경험을 늘려 줘야겠다'라고 여유를 가지고 도우려 하는 게 성장 마인드셋 반응이에요.

그러니, 아이의 시행착오를 맘 편히 바라보세요! 그러한 여유가 있어야 또다시 도전할 수 있어요. 그 과정에서 배운 것들이 결국 아이와 부모 모두를 더 나은 방향으로 이끌어 줄 거랍니다.

= 결코, 지금의 힘듦이 영원하지 않다 =

아이는 자랍니다. 지독하게 잠을 못 자던 아이도 언제부턴가 숙면을 취하기 시작하고, 심각한 엄마 아빠 껌딱지였던 아이도 점차

　까다롭고 예민한 우리 아이, 왜 이렇게 힘들까요?

부모보다 친구를 찾고, 부모와 떨어지면 세상이 무너질 듯 울던 아이도 아무렇지 않게 기관과 학교에 가는 날이 오게 돼요. 조금만 불편해도 무턱대고 울어 버리던 아이도 어느새 말로 의사 표현을 하기 시작하고, 늘 아무 생각 없어 보였던 아이도 어느 순간 자기 관리에 관심을 갖기 시작해요. 매사에 도움이 필요하던 아이가 점차 혼자 할 수 있는 일이 늘어나고, 늘 "엄마! 아빠!"를 외치며 나를 찾던 목소리가 언제부턴가 뜸해지고, 늘 분주하던 나의 일상에 당황스러우리만큼 빈 공간이 생기게 되죠.

육아가 너무나 힘들 때는, 마치 지금의 어려움이 끝나지 않을 것처럼 고되고 절망스럽게 느껴질 때가 많아요. 하지만 아이는 천천히 그러나 분명히 자라고 있어요. 지금도 저는 아침에 아이 혼자 현관문을 나서는 모습을 보면 신기하답니다. 초등학교 저학년 때까지는 꼭 저를 데리고 다녔거든요. 1학년 때는 부모와 함께 등하교하는 아이들이 많아서 괜찮았지만, 2학년이 되니 다른 아이들은 죄다 알아서 잘 다니는데 저희 아이만 제 손을 놓지 못해서 걱정이 됐어요. 물론 그때도 '그래, 뭐, 중학생 때까지 이러겠어? 언젠가 같이 다니고 싶어도 못 다니는 날이 올 거야!'라고 마음먹고 따라다니긴 했지만, 아쉬움이 남아요. 그 시간을 더 즐겁게 누릴 걸….

아이가 한글을 배우던 시기도 생각나네요. 저희 아이는 유난히 시지각 발달이 느려서 초등학교 1학년 때도 한글 때문에 고생을 많이 했어요. 이제는 당연하다는 듯이 책을 쫄쫄 읽는 아이를 보면 아직도 그때가 떠올라 신기해요. 친구를 못 사귀어서 걱정하던 때가 엊그제 같은데, 이제는 이 친구 저 친구 너무 초대를 많이 해서 잔소리하게 되고요. 신체 발달이 느려 걱정하던 게 무색하게, 어느새 축구 시간을 제일 좋아하는 아이가 되었네요. 짜증이 많고 어딘지 모르게 우울해 보였던 아이의 표정에, 이제는 장난기와 웃음기가 가득해요.

아이의 성장에 따라 집안 분위기도 달라졌어요. 아이가 매우 까다롭게 굴던 어린 시절에는 부부 사이도 살얼음판이었어요. 매순간이 긴장의 연속이다 보니, 서로 어찌나 날이 서 있었는지 몰라요. 지금처럼 다시 평화롭고 사이좋은 날이 찾아올지, 그때는 기대도 못 했어요. 이럴 줄 알았으면 서로 탓하고 원망하지 말 걸 그랬죠.

지난 모든 고민들이, 지나고 나니 그야말로 '지난 일'이 되었다는 걸 느껴요. 물론 그렇다고 해서 그때의 걱정들이 무의미했다는 건 아니에요. 그렇게 치열하게 고민하고 공부하고 노력하고 무너졌다가도 다시 일어섰던 시간들 덕분에, 지금처럼 성장한 아이가 있는 거니까요. 다만, 지금의 힘듦이 영원하지 않다는 걸 아셨으면 좋겠어요. 아이도 부모도 모두 더 좋은 길을 향해 가고 있다는 것을, 언젠가 뒤돌아보고 웃으며 추억할 때가 오리라는 것을요. '맞다, 그런 걱정이 있었지?'라고 할 만큼 가물가물한 기억이 될 수 있다는 것을, 심지어 하루 빨리 벗어나고 싶던 그 시절이 돌아보면 참 소중하게 느껴지리란 것을요.

  까다롭고 예민한 우리 아이, 왜 이렇게 힘들까요?

물론 시기마다 새로운 고민들이 찾아와요. 하지만 저에게는 '믿는 구석'이 있어요. 지난날의 경험을 통해 아이는 성장하는 존재라는 확신이 생겼거든요. 아이만 성장한 게 아니에요. 부모로서 저의 '육아력'도 엄청난 성장을 했어요. 까다로운 기질의 아이와 수년간 365일 지지고 볶으며 합이 맞춰졌달까요? **앞으로도 예상치 못한 다양한 어려움들이 닥치겠지만, 아이와 함께 길러 온 '문제 해결력'이 있으니 걱정 없어요.**

어제의 아이와 오늘의 아이는 비슷해 보이지만, 1년 전의 아이와 오늘의 아이는 꽤 많이 달라져 있어요. 3년 전, 5년 전과 비교하면 그 변화가 더 선명하게 느껴질 거예요. 몇 년 전 사진을 보면 '이렇게 작은 아이에게 뭘 그렇게 바랐을까?'라는 미안한 마음이 들기도 하죠. 그 작고 여린 아이가 부모의 기대를 품고 얼마나 열심히 하루하루를 살아 왔는지를 떠올리게 돼요.

그 마음 그대로 지금의 아이를 바라봐 주세요. 지금의 아이도 어린아이인걸요.

아이가 이미 잘 헤쳐 나간 것들을 기억해 주세요.

앞으로의 여정도 해낼 수 있다는 신뢰를 가져 주세요.

아이의 애씀을 알아봐 주세요.

아이의 성장 가능성을 믿어 주세요.

아이는, 자랍니다.

아이를 키우며
나를 돌아보기

= 나도 '하이니즈' 부모일까? =

까다로운 아이 때문에 기질과 심리에 대해 관심을 갖게 된 부모들은, 이에 대해 공부하면 할수록 이러한 생각이 들어요.

'어? 이거… 내 얘긴데?'

부모와 아이의 기질이 반드시 같은 것은 아니지만, 일부 비슷한 면을 찾을 수 있을 거예요.

'예민하고 스트레스를 잘 받는 성격이라고? 이거 완전 나잖아!'

'스트레스가 내재화되면 불안이 된다고? 맞아, 그래서 내가 아이 키우면서 유난히 힘들었나 봐.'

'스트레스가 밖을 향하면 충동성이 된다고? 그래서 내가 아이에

게 화를 못 참나 봐.'

당신도 남들보다 욕구가 많은 '하이니즈'한 부모인가요? 하이니즈 부모 역시, 욕구가 충족되지 못한 채로 억눌려 살아간다면 우울과 불안 등의 내면화 문제가 생기거나, 공격성 및 분노 조절의 어려움 등 외현화 문제로 폭발할 수 있어요. 그 화가 아이에게 향할 가능성도 크겠죠.

나 자신의 내면 욕구를 잘 살피고 다뤄 주어야 해요. 그렇다고 내 욕구에만 몰두하느라 양육의 중요한 시기를 놓쳐서도 안 되겠죠. 아이와 마찬가지로, 하이니즈 부모도 자신의 욕구를 파악하고 상황에 맞게 조절하며 적절히 충족시킬 방법을 찾는 것이 중요해요.

첫째, 육아에 대한 욕구를 파악하고 충족하기

아마 당신은 남들보다 생각이 많고, 의미와 본질을 중요시하고, 다양한 가능성을 고려하고, 넓고 깊이 성찰하고, 더 멀리까지 보려 하는 사람일 거예요. 무작정 시류를 따르기보다 '정말 그럴까?'라는 비판적 사고를 하는 사람일 거예요. 그러느라 남들보다 스트레스도 더 많이 받고, 때로는 작은 문제에 집착하기도 하고, 여러 가지 걱정으로 밤을 지새우기도 하고, 각 선택지의 장담점을 지나치게 고려한 나머지 결정의 어려움을 겪기도 하겠죠.

무엇보다 중요한 양육이라는 과제를 잘 해내고자 하는 마음이 너무 커서 스스로를 많이 채찍질하고 있을 거예요. 양육은 안 그래도 그 자체로 어렵고 복잡한 일인데, 여기에 잘하고 싶은 강한 욕구가 더해지면 이는 당신의 마음을 부글부글 끓게 만들 거예요.

보통은 이럴 때 '육아를 너무 열심히 하려 하지 마라'라는 조언이 일반적이죠? 하지만 저는 반대로 말하고 싶어요. 육아, 한번 열심히 해 보세요! 당신의 진심과 끓어오르는 열정을 육아에 쏟아 보세요. '아이를 잘 키우고 싶다'라는 생각이 이미 당신 마음속에 중요한 욕구로 자리 잡은 이상, 억지로 이를 외면한다고 해서 마음이 편안해지진 않아요. 오히려 더 불안해지겠죠.

강한 욕구를 에너지로 활용해 보세요. 다만 올바른 방법으로요. 힘센 엔진이 준비돼 있으니, 바른 방향을 향하도록 핸들을 조정하고 힘차게 달려 나가면 돼요.

이렇듯 진심과 열정으로 가득한 부모들에게 이 책이 육아의 길잡이가 될 수 있기를 바라요. 아이를 주의 깊게 살피며 아이에게 맞는 양육의 큰 그림을 그려 주세요. 이러한 양육관이 마음속에 단단히 자리 잡으면, 그것이 나침반이 되어 당신의 육아를 이끌어 줄 거예요.

둘째, 육아 외의 욕구도 적절히 수용하기

육아에 열정을 쏟으라고 해서, 육아 외의 모든 것을 버리라는 말은 결코 아니에요. 오히려 육아 외의 욕구들도 어느 정도 충족돼야 양육이라는 마라톤에서 지치지 않을 수 있어요.

물론 부모가 된 이상, 내가 원하는 모든 것을 다 하고 살 수는 없어요. 부모라는 역할은 개인으로서의 삶에 제한을 줄 수밖에 없고, 어느 정도 포기해야 하는 것들이 생기는 게 당연하죠. 이러한 현실은 억울해하거나 부정하기보다는 있는 그대로 받아들이는 것이 좋아요. 그리고 적당히 타협하세요. 육아에 쏟는 에너지와 육아 외적인 것에 쏟는 에너지의 비중을 조정해 가며, 때에 따라 조금씩 양보하세요. 때로는 욕심을 부려도 괜찮고요. 그만큼 내 에너지가 충족되면 아이를 한 번 더 안아 줄 수 있잖아요. 그만큼 내 스트레스가 풀리면 아이에게 한 번 더 웃어 줄 수 있잖아요.

아이에게 트라우마가 생길 만한 파괴적 스트레스를 주는 것만 아니라면, 뭐라도 괜찮아요. 너무 힘든 시기에는 아이가 뒷전이 되어도 괜찮아요. 애착이 중요한 걸 알아도, 아이와 사이가 나쁜 시기도 있을 수 있어요. 아이에게 예쁜 말을 해 주고 싶어도, 마음처럼 안 되는 때도 있을 거예요. 때로는 아이보다 내 일을 우선시할 수도 있어요. 내 마음을 정성껏 돌볼 시간도 필요하잖아요.

괜찮아요. 아무리 그래도 당신의 마음의 중심에는 항상 아이가 있을 거예요. 당신은 균형을 잡을 수 있을 거예요. 너무 멀리 가 버리진 않을 거예요. 때로 문제가 생겨도 수습할 수 있을 거예요.

책을 쓰기까지 고민이 참 많았어요. 힘든 만큼 빛날 우리 아이들을 하루라도 빨리 돕고 싶었지만, 아주 신중하고 섬세하게 전달해야 하는 메시지라는 생각이 들었거든요. 이 책은 철저히 아이 입장에서 쓰여졌어요. 가장 이상적인 육아법을 다루고 있고, 아이가 편안히 자랄 수 있는 '완벽한' 환경을 강조해요. 까다로운 아이를 키우는 부모들이 꼭 알아야 할 중요한 내용들이지만, 안 그래도 힘든 부모들이 더 부담을 느끼실까 걱정이 많았어요.

다른 아이들보다 환경의 영향을 더 많이 받고 흡수하는 기질, 양육자의 태도에 따라 아주 다른 모습으로 자랄 수 있는 기질…. 이런 얘기를 들으면 부모 마음이 참 무겁죠. 하지만 불편하다고 그저 외면하면 안 되는 중요한 사실이기에, 우리는 우선 올바른 양육법을 공부하고 이를 바탕으로 건강한 틀을 잡아야 해요.

다시 한번 강조하자면, 이 책에서는 가장 이상적인 육아법을 다루고 있어요. 철저히 아이 입장에서, 아이가 편안히 자랄 수 있는 완벽한 환경에 대해 이야기해요. 이는 까다로운 기질의 아이들을 이해하기가 어렵고 키우기는 더 어렵기 때문에 그에 필요한 정보를 드리기 위함이지, 죄책감을 드리려는 게 아니랍니다.

이 책에서 전하는 육아 지침을 다 지키지 못해도 괜찮아요. 단언컨대 세상 그 어떤 부모도 이론대로 완벽히 키울 수는 없답니다. 우

리가 5대 영양소의 중요성을 몰라서 정크푸드를 먹는 게 아니잖아요? 매일 규칙적인 운동과 수면을 지키는 사람이 얼마나 있을까요? 알코올, 카페인, 건강에 안 좋다는데 그냥 다 마시고 살잖아요?

육아도 마찬가지예요. 어느 정도는 마음을 내려놓는 게 필요해요. 다만 올바른 방향성을 알고, 할 수 있는 만큼은 최선을 다해야겠죠. 아예 바른 방향을 모르는 것과, 알면서 조금씩 타협하는 건 큰 차이가 있어요. 바른 방향에 아예 관심이 없는 것과, 관심을 두되 현실적인 절충안을 찾는 것은 차원이 다른 일이에요. 바른 방향을 알려고 하지 않는 사람과, 바른 방향을 공부하고 그 길을 걷기 위해 노력하면서 넘어졌다가 일어나기도 하고, 때때로 딴 길로 셌다가 돌아오는 사람은 종국에 아주 다른 결과를 맞이하게 될 거예요.

아이가 정서적으로 불안정한 시기에는, 많은 노력을 쏟아 보겠다고 다짐해 보세요. 이는 오로지 아이만을 위한 희생이 아니에요. 부모를 위해서도 양육 초반에 공들이는 것이 최고의 투자가 돼요. 어린 시절에 아이의 마음 밭이 탄탄해지면, 그 뒤로는 육아가 훨씬 수월해지거든요. 그러니 아이뿐만 아니라 양육자 자신을 위해서도 딱 몇 년만 최선을 다해 보세요. 단, 최선이라는 것은 완벽이 아니며, 그 정도나 기준이 각자 다를 수 있다는 점을 잊지 마시고요! **나는 나만의 최선을 다하면 돼요.**

아이가 정서적으로 안정되고 나면, 그 뒤에는 조금 힘을 빼서도 돼요. 최선의 육아는 아이의 만족과 부모의 만족을 둘 다 고려해야 해요. 아이가 내 삶의 전부를 지배하는 때도 분명 있겠지만, 그러한 노력을 통해 육아의 기반이 마련되면 '지속 가능한 육아'가 되게끔 '부모의 만족'의 지분을 넓히는 거죠. **그동안 아이를 돌보았듯 지친 나를 다정히 돌봐 주세요.**

육아 참 힘들다고들 말하지요. 그런데 기질적으로 까다로운 아이를 키우는 건 더 힘들어요. 아무리 애정이 넘치는 부모라도 무너지는 순간이 올 수 있어요. 누구나 그래요. 자책하며 힘들어하지 말고 잘한 점을 많이 많이 떠올리며 스스로를 칭찬해 주세요. 당신은 이미 충분히 노력하고 있는 멋진 부모예요.

그 증거는, 이렇게 아이를 이해하기 위해 열심히 책을 읽고 있다는 사실이죠. 육아서를 읽는 부모의 비율이 생각보다 낮은 거 아세요? 당신은 이미 더없이 아이를 사랑하고 있으면서도, '더 제대로 사랑할 수 있을까?'를 고민하는 부모일 거예요.

이러한 노력이 결국 나에게도 좋은 결과로 돌아올 거라는 것, 꼭 기억하시면 좋겠어요. 아이가 안정적으로 자라는 만큼, 결국 부모도 몸과 마음이 편안해질 테니까요. 아이가 행복한 어른으로 성장하는 만큼, 부모도 더 행복해질 테니까요. 육아가 힘들었던 만큼 부모의 인생도 더 깊이 있고 향기롭게 무르익을 거예요. 이건 까다로운 아이가 주는 선물이랍니다.

정말, 고생 많으세요. 부디 이 책을 통해 아이를 있는 그대로 사랑하고 조급해하지 않을 수 있길, 아이에 대해 알아 가며 나 자신과 배우자에 대해서도 배울 수 있길, 그래서 가족 모두가 행복한 길로 나아가는 데 도움이 되길 바랍니다.

= 온 마을이 아이를 함께 키운다는 말 =

'온 마을이 함께 아이를 키운다'는 말이 있지요. 예전에는 이 말을 양육자 혼자 어린아이를 키우려면 힘드니까 주변 가족들이 도와주는 게 좋다거나, 기관의 도움을 받을 수 있다거나, 이웃과 교사들도 아이에게 영향을 미친다는 뜻 정도로 받아들였어요.

그런데 부모로서 아이의 성장을 지켜보며, 이 말의 의미가 훨씬 더 심오하다는 걸 느끼게 돼요. 아이의 세계는 점점 넓어져요. 주양육자에게만 기대는 시기를 지나 점차 가족 전체로 애착 범위가 넓어지고, 사춘기에 가까워질수록 친구, 교사의 피드백, 사회적 시선까지 아이에게 중요한 의미를 갖게 돼요. 그만큼 부모의 자리는 조금씩 줄어들고, 아이가 머무는 사회의 영향이 커지죠.

그래서 많은 부모들이 이렇게 생각하죠. '사춘기가 되면 부모 말 안 들으니까, 그 전에 다 잡아 놔야 돼.' 하지만 반대로도 볼 수 있어요. 그만큼 조력자들이 생기는 거예요. 아이로 하여금 '잘하고 싶다'라는 동기를 불러 일으키는 존재가 많아지는 거죠. 아이는 선생님께 칭찬받고 싶어서 규칙을 따르게 되고, 높은 등수를 뽐내고 싶어서 공부를 하게 되고, 친구들과 재밌게 어울리고 싶어서 스스로 사회성을 키우고, 이성 친구에게 잘 보이고 싶어서 자신을 가꾸게 돼요. 부모의 잔소리로는 어림도 없던 일들이, 아이에게 또래 집단의 중요성이 커지면서 저절로 해결되기도 해요.

저희 아이는 운동신경이 약한 편이에요. 집 앞에 멋진 자전거 코스가 있어서, 저희 부부의 작은 소망은 아이와 함께 자전거 라이딩을 하는 것이었어요. 그런데 어려서부터 운동 능력 발달이 느렸던 아이는 자전거 타기를 완강히 거부했지요. 억지로 시켜 봐도 서로 감정만 상했고, 아이 마음에 한번 거부감이 생기니 배움 자체가 불가능해 보였어요. 10살이 넘도록 변화가 없어서 어느 순간 마음을 정리했죠.

그런데 이게 웬일! 부모가 아니라 또래 집단이 아이를 움직이기 시작했어요. 친구들이 한 명씩 자전거를 타기 시작하고, 학교에서 자전거 안전 교육을 받으며 조금씩 흥미를 보이더니, 결국 하루 만에 친구의 형에게 자전거 타기를 배워 왔어요. 부모가 아무리 애써도 되지 않던 일이 자연스럽게 또래와 사회의 힘으로 이루어지는 모습을 보며 많은 생각을 하게 됐어요. '아, 온 마을이 함께 아이를 키운다는 게 이런 뜻이구나.'

부모가 아둥바둥하지 않아도, 아이는 자라면서 점차 사회 속에서 자신의 삶을 가꾸어 나가려는 동기를 갖더라고요. 그러니 동기가 생기기도 전에 아이를 질리게 만들거나 실패를 겁내게 만드는

    까다롭고 예민한 우리 아이, 왜 이렇게 힘들까요?

것만은 피해야겠죠.

결국 부모의 가장 중요한 역할은 아이가 안정되고 편안한 정서를 기반으로 자신의 삶을 사랑할 수 있도록 하는 것, 건강한 자존감으로 사회에 즐겁게 적응하고 어울리며, 자기 속도에 맞게 성장하도록 지켜봐 주는 것이라고 생각해요. 학습에 관해서도 마찬가지예요. '지금 학습 습관을 잡아 놔야 한다, 안 그러면 망한다!'라는 조급함에 빠지면 안 된다는 걸 그동안의 경험을 통해 느꼈어요. 외적인 강요는 내적 동기의 힘을 절대 따라갈 수 없으니까요.

부모의 역할이란 아이를 세상에 내보낼 준비를 돕는 것이지, 대신 살아 주는 것이 아니더라고요. 아이는 다양한 관계 속에서 자라나고, 그 관계를 이루는 사람들과 사회가 아이에게 또 다른 날개가 되어 준답니다. 무엇보다도 육아의 우선 순위를 잊지 말아야겠어요. 우리 아이들이 안정된 정서를 바탕으로 이 넓은 세상을 보다 편안한 마음으로 누리며 배울 수 있었으면 좋겠습니다. 그리고 부모도 스스로를 돌보며 안정된 마음으로, 아이가 혼란스러울 때마다 기댈 수 있는 든든한 안전기지가 되어 줄 수 있기를 바랍니다.

까다로운 아이를 키우는
당신에게

'우리 애는 왜 이렇게 키우기 힘들까?'

'내가 육아에 소질이 없나?'

'다른 엄마들은 괜찮아 보이는데…'

'쩔쩔매는 내 모습이 싫어.'

까다로운 아이를 키우는 부모가 자주 느끼는 감정이에요.

부모가 되는 순간, 모두가 '아이를 행복하게 잘 키우기'라는 목표에 몰두하게 되죠. 그러나 아이가 까다로운 기질을 타고났다면 그게 참 쉽지 않아요. 부모는 잘해 보려 애쓰지만, 숱한 좌절을 겪으며 점점 지치고 자신감을 잃어 가게 돼요.

그러나 까다로운 아이들은 말 그대로 'difficult temperament', 즉 '키우기 어려운 기질'을 타고났답니다. 부모가 뭔가를 잘못해서 아이가 까다롭게 구는 것이 아니라, 기질 자체가 그런 거예요. 아이의 까다로운 기질 특성은 일상에서 부모에게 더 많은 에너지와 노력을 요구해요. 부모가 지속적으로 인내하고 관심을 기울여야 하니, 육아 부담이 클 수밖에 없어요.

당신은 무척 피로감을 느꼈을 거예요. 까다로운 아이들은 보통의 아이들보다 몇 배로 양육이 어려우니까요. 양육자는 육체적 피로뿐만 아니라 정신적 소진도 느끼기 쉬워요.

당신은 아마 좌절감을 느꼈을 거예요. 무엇 하나 계획한 대로 되지 않는 일상에 지치고 무력해지기 일쑤니까요.

당신은 아마 당혹감을 느꼈을 거예요. 통제할 수 없는 상황에서 어찌할 바를 몰라 곤혹스러웠던 일도 많았을 거예요.

당신은 사람들 앞에서 조금 창피하기도 했을 거예요. 내가 무능력한 양육자가 된 것 같고, 주변의 시선이 부담스러울 수 있어요.

또 당신은 죄책감도 느꼈을 거예요. 내가 부족한 양육자라 아이를 잘 키우지 못한다는 자책감과 두려움이 엄습할 수 있어요.

혹시 외로움도 느꼈나요? 다른 부모들과 어울리거나 공감대를 형성하기 어렵다고 느끼며 고립감을 경험할 수 있어요.

당신은 두려움도 느꼈을 거예요. 내가 무너지지 않고 잘 해낼 수

     까다롭고 예민한 우리 아이, 왜 이렇게 힘들까요?

있을지, 아이의 기질에 앞으로 어떤 영향을 미칠지에 대한 걱정에 밤을 지새웠을지 몰라요.

때로는 화가 났을 수도 있어요. '왜 나만 이렇게 힘든 거야?'라며, 순한 아이를 키우는 부모가 얄미워 보였을 수도 있어요.

그러나, 그럼에도 불구하고…

당신은 그 누구보다 특별한 순간들을 경험할 거예요. 까다로운 아이는 키우기 힘든 만큼 개성과 에너지가 넘쳐요. 당신의 지지 속에서 안정적으로 자란 아이는 독창적이고 빛나는 모습으로 무엇보다도 값진 기쁨을 선사할 거예요. 아이가 자기만의 방식으로 세상을 탐험하고 성장하는 과정을 지켜보며, 반짝이는 아이 모습에 감탄하게 될 거예요.

당신은 그 누구보다 큰 감동을 느낄 거예요. 까다로운 아이가 처음으로 스스로 감정을 조절했을 때, 새로운 도전을 성공적으로 마쳤을 때, 자신감을 가지고 한 발짝 더 나아갔을 때, 아이의 성장에서 느껴지는 그 감동은 이루 말할 수 없을 거예요.

당신은 그 누구보다 보람을 느낄 거예요. 까다로운 아이가 점차 마음을 열고 조금씩 기질적 어려움을 극복해 나가는 모습을 보며, 당신의 노력이 헛되지 않았음을 깨달을 거예요. 아이는 빛나는 미소로 당신의 헌신에 보답할 거예요.

당신은 그 누구보다 깊은 사랑을 느낄 거예요. 함께 우여곡절을 극복하며 당신과 아이 사이에 아주 깊은 유대감이 쌓일 거예요. 아이가 당신을 신뢰하며 의지하는 순간, 그리고 당신과의 관계 속에서 안정과 사랑을 느낄 때, 그 유대감은 말로 표현할 수 없을 만큼 소중할 거예요.

당신은 그 누구보다 반짝이는 희망을 느낄 거예요. 매년 자라나는 아이의 모습을 보며, 지금의 어려움이 아이를 더 큰 가능성으로 이끄는 디딤돌이라는 걸 알게 될 거예요. 아이가 점차 자신의 강점을 찾아 가고, 이를 통해 더 나은 미래를 만들어 갈 것을 진심으로 믿고 기대하게 될 거예요.

당신은 그 누구보다 성숙한 지혜를 얻을 거예요. 까다로운 아이와 함께하는 여정은 단순히 양육 기술을 배우는 데 그치지 않아요. 매일매일 아이를 이해하기 위해 노력하고, 문제를 해결하며, 시행착오를 통해 깨달음을 얻는 과정에서 당신은 인생의 깊은 지혜를 얻게 될 거예요.

당신은 그 누구보다 단단하면서도 유연하게 성장할 거예요. 하나씩 고비를 넘을 때마다 스스로에 대한 믿음이 커질 거예요. 사람들에 대한 이해도와 포용심이 깊어지고, 자연스럽게 다른 사람의 어려움에도 공감하게 될 거예요. 세상에 대한 더 깊고 넓은 시야를 갖게 될 거예요.

너무 힘든 시기를 보내고 있다면, 이 말이 좀처럼 와닿지 않을 수도 있을 거예요. 그러나 한번 믿어 보세요.

힘들게만 느껴졌던 아이의 기질을 점차 좋아하게 될 거예요. 아이를 통해 발견한 나의 내면을 탐색하고 성찰하는 과정에서 나 자신도 더 깊이 이해하고 사랑하게 될 거예요. 나에게 새로운 세상을 열어 준 아이에게 고맙다는 마음을 갖게 될 거예요.

까다로운 아이를 키우는 당신은 참 강인한 부모예요. 좋든 싫든, 우린 더 깊고 특별한 길 위에 섰어요. '힘든 만큼 빛날 아이'를 키우며, 우리 또한 '힘든 만큼 빛나는 나'로 성장할 거예요.

그 빛나는 길에 서 있는 당신에게 응원을 보냅니다.

2026년, 송희재 드림

참고 문헌

「The Determinants of Parenting: A Process Model」, Jay Belsky, 〈Child Development〉, 1984
https://www.jstor.org/stable/1129836?origin=crossref

「Parental Reactions to Children's Negative Emotions: Longitudinal Relations to Quality of
Children's Social Functioning」, Nancy Eisenberg, Richard A Fabes, Stephanie A Shepard,
Ivanna K Guthrie, Bridget C Murphy, Mark Reiser, 〈Child Development〉, 1999
https://academic.oup.com/chidev/article/70/2/513/8284328

「Relations among temperament, parenting and problem behavior in young children」,
Annemiek Karreman, Stans de Haas, Cathy van Tuijl, Marcel A G van Aken, Maja Deković,
〈Infant Behav and Development〉, 2010
https://www.sciencedirect.com/science/article/abs/pii/S0163638309001003

「Stability and Change in Individual Temperament Diagnoses from Infancy to Early Childhood」,
William B. Carey, Sean C. McDevitt, 〈Journal of the American Academy of Child Psychiatry〉,
1978
https://www.sciencedirect.com/science/article/abs/pii/S0002713810600969

「Mother-Child Interaction at Age Two Years and Perceived Difficult Temperament」,
Carolyn L. Lee, John E. Bates, 〈Child Development〉, 1985
https://www.jstor.org/stable/1130246?origin=crossref

「Difficult Temperament and Behaviour Problems: A LongituFdinal Study from 1.5 to 12
Years」, Diana Wright Guerin, Allen W. Gottfried, Craig W. Thomas, 〈International Journal of
Behavioral Development〉, 1997
https://journals.sagepub.com/doi/abs/10.1080/016502597384992

「For Better and for Worse: Differential Susceptibility to Environmental Influences」,
Jay Belsky, Marian J. Bakermans-Kranenburg, Marinus H. van IJzendoorn, 〈Current
Directions in Psychological Science〉, 2007
https://journals.sagepub.com/doi/abs/10.1111/j.1467-8721.2007.00525.x

「Beyond Diathesis-Stress: Differential Susceptibility to Environmental Influences」,
Jay Belsky, Michael Pluess, 〈Psychological Bulletin〉, 2009
https://pubmed.ncbi.nlm.nih.gov/19883141/

「Differences in sensitivity to parenting depending on child temperament: A meta-analysis」,
Slagt, Meike Dubas, Judith Semon Deković, Maja van Aken, Marcel A. G., 〈Psychological
Bulletin〉, 2016
https://psycnet.apa.org/record/2016-39046-001

「Finish your soup': counterproductive effects of pressuring children to eat on intake and
affect」, Amy T Galloway, Laura M Fiorito, Lori A Francis, Leann L Birch, 〈Appetite〉, 2006
https://pubmed.ncbi.nlm.nih.gov/16626838/

「Gaming Your Mental Health: A Narrative Review on Mitigating Symptoms of Depression
and Anxiety Using Commercial Video Games」, Magdalena Kowal, Eoin Conroy, Niall
Ramsbottom, Tim Smithies, Adam Toth, Mark Campbell, 〈JMIR Serious Games〉, 2021
https://pubmed.ncbi.nlm.nih.gov/34132648/

『Behavioural individuality in early childhood』, Alexander Thomas, Stella Chess,
Herbert G. Birch, Margaret E. Hertzig, Sam Korn, New York University Press, 1963
https://psycnet.apa.org/fulltext/2013-21510-000-FRM.pdf

『The Fussy Baby Book』, William Sears Martha Sears, Harpercollins Pub Ltd, 2005

『콰이어트』, 수전 케인, 알에이치코리아, 2012

『남보다 더 불안한 사람들』, 대니얼 키팅, 푸른숲, 2018

『선택이론』, 윌리엄 글래서, 한국심리상담연구소, 2017

까다롭고 예민한 우리 아이,
왜 이렇게 힘들까요?
까다로운 기질, 하이니즈 베이비 맞춤 육아법

1판 1쇄 발행 2026년 2월 10일

지은이 송희재 | 펴낸이 이수정
펴낸곳 북드림 | 교정교열 고혜림

표지 디자인 북디자인 경놈
본문 디자인 슬로스

주소 경기도 남양주시 다산순환로20 C동 4층 49호
전화 02-463-6613 | 팩스 070-5110-1274

등록 제2020-000127호
도서 문의 및 출간 제안 suzie30@hanmail.net

ISBN 979-11-91509-62-5 (13590)